Horst-Dieter Försterling · Mathematik für Naturwissenschaftler

Studienbücher Naturwissenschaft und Technik

Band 6

Horst-Dieter Försterling

Mathematik für Naturwissenschaftler

Vieweg · Braunschweig

1975

Satz: Günter Hartmann, Nauheim

Umschlaggestaltung: Peter Steinthal, Detmold

ISBN 978-3-528-19244-0   ISBN 978-3-322-85920-4 (eBook)
DOI 10.1007/978-3-322-85920-4

Vorwort

Das vorliegende Buch entstand aus einer 4-stündigen Vorlesung für Studienanfänger der Chemie und benachbarter naturwissenschaftlicher Fächer (vor allem Biologie, Mineralogie, Lebensmittelchemie). Ziel dieser Vorlesung ist es, die z.T. sehr unterschiedlichen Grundkenntnisse der Studenten auszugleichen und soweit zu erweitern, daß die Studenten den Grundvorlesungen in Allgemeiner Chemie, Physik und Physikalischer Chemie folgen können. Selbstverständlich ist dieses Ziel nur bei einer Begrenzung des Stoffes erreichbar; dies führte zu einer Eingrenzung auf die Eigenschaften von Funktionen einer und mehrerer Veränderlicher. Gebiete wie Kombinatorik, Vektorrechnung, lineare Algebra u.ä. wurden ausgeklammert und einer aufbauenden Vorlesung im zweiten Semester vorbehalten.

Die hauptsächlichen Schwierigkeiten der Studienanfänger liegen auf zwei verschiedenen Ebenen. Zum einen ist es nötig, vieles, was eigentlich von der Schule her bekannt sein sollte, zu wiederholen; deshalb ist der erste Abschnitt über elementare Funktionen verhältnismäßig ausführlich gestaltet worden. Zum zweiten kommen auch Studenten, die die Schulmathematik beherrschen, in Schwierigkeiten, wenn sie einen mathematischen Formalismus auf ein naturwissenschaftliches Problem anwenden sollen; hierzu gehört z.B. das Umdenken von den üblichen Variablennamen x, y auf Namen für physikalische Größen, auf den Umgang mit Größengleichungen und darauf, daß eine physikalische Meßgröße immer mit einem bestimmten Fehler behaftet ist. Deshalb wurde großer Wert darauf gelegt, Beispiele aus dem naturwissenschaftlichen Bereich zur Erklärung heranzuziehen. Diese Beispiele sind meist sehr einfach gewählt, um die mathematischen Schwierigkeiten nicht durch zusätzliche physikalische Schwierigkeiten unnötig zu vergrößern.

Eine entscheidende Voraussetzung für das Verständnis der Vorlesung ist die Teilnahme an den Übungen. Deshalb wurden die Übungsaufgaben als ein Teil des Textes angesehen und nicht einfach an das Ende eines Abschnittes gestellt. Der Student soll beim Durcharbeiten des Buches nach einer Übungsaufgabe erst weiterarbeiten, wenn er die gestellte Aufgabe bewältigt hat; eine ausführliche Lösung findet er im letzten Abschnitt, so daß er immer in der Lage ist, seine Lösung mit der angegebenen Schritt für Schritt zu vergleichen.

Für wertvolle Diskussionen möchte ich besonders Herrn Prof. Dr. F. P. Schäfer (Göttingen) herzlich danken. Weiter danke ich Herrn G. Andratschke für das Anfertigen der Zeichnungen und Photos, der Feinmechanikerwerkstatt unter Herrn H. Schüßler für die Herstellung der Modelle und Frau S. Bamberger für die Reinschrift des Manuskriptes.

Marburg, im Mai 1975   H. D. Försterling

Inhalt

I. Funktionen

1. Übersicht über elementare Funktionen

Zur Beschreibung naturwissenschaftlicher Sachverhalte ist es nicht ausreichend, nur qualitativ zu argumentieren (z.B.: Chlor und Wasserstoff reagieren miteinander; Natronlauge macht eine Lösung alkalisch; Phthalocyanin ist ein blauer Farbstoff; das Volumen eines Gases ändert sich mit der Temperatur); erst eine quantitative Beschreibung ermöglicht es, Versuchsbedingungen reproduzierbar festzulegen und aus den gewonnenen Ergebnissen auf das Verhalten ähnlicher Systeme zu schließen (man möchte z.B. wissen: wie schnell reagieren Chlor und Wasserstoff bei einer gegebenen Temperatur miteinander? Wie ändert sich der pH-Wert bei Zusatz von Natronlauge? In welchem Wellenlängenbereich absorbiert Phthalocyanin? Wie ändert sich das Gasvolumen bei Temperaturerhöhung?). Bei den angeführten Beispielen wird danach gefragt, wie eine Eigenschaft des betrachteten Systems, (z.B. das Volumen eines Gases) von einer anderen Größe abhängt, die wir vorgeben (z.B. die Temperatur). Mathematisch heißt das, daß wir eine Größe in Abhängigkeit von einer anderen Größe betrachten; eine solche Abhängigkeit wird als Funktion bezeichnet.

Volumen = Funktion der Temperatur

Bezeichnen wir das Volumen mit dem Symbol V, die Temperatur mit dem Symbol T, dann können wir auch kurz schreiben

$$V = f(T) \tag{1}$$

wobei f ( ) bedeuten soll „Funktion von". Wie sieht diese Funktion konkret aus? Um dies zu erfahren, müssen wir ein Experiment machen; wir bringen das Gas in das Innere eines Zylinders mit frei beweglichem Kolben (Abb. 1) und stellen auf den Kolben ein Gewichtstück; dadurch wird auf den Kolben ein konstanter Druck p ausgeübt. Den Zylinder stellen wir in ein Wasserbad mit der Temperatur T. Wir stellen verschiedene Temperaturen T ein und messen jedesmal das Volumen V des Gases. Haben wir eine Stoffmenge $\nu = 1$ *mol* an Gas eingefüllt und ist p = 1 *atm*, dann erhalten wir beispielsweise die in Tab. 1 aufgeführten Werte.

Damit haben wir eine Darstellungsmöglichkeit für eine Funktion gefunden,

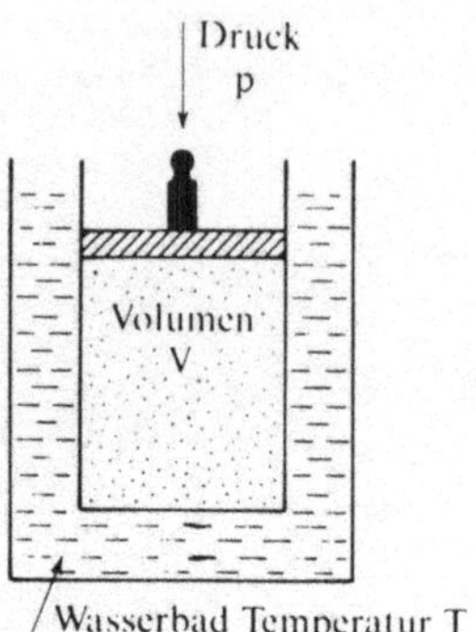

Abb. I 1
Meßvorrichtung
zum idealen Gasgesetz

Tab. I 1: Volumen
eines idealen Gases in Abhängigkeit
von der absoluten Temperatur
($v = 1$ *mol*, p $= 1$ *atm*)

$\dfrac{T}{{}^0K}$	$\dfrac{V}{l}$
150	12,3
200	16,4
250	20,5
300	24,6
350	28,7
400	32,8

nämlich die der *Wertetabelle*. Wir können das Experiment nun weiter aus-
dehnen, indem wir ähnliche Wertetabellen aufstellen, die für andere Drücke p
des Gases gelten; dabei sehen wir, daß wir für jeden neuen Druck eine neue
Wertetabelle erhalten; eine quantitative Beschreibung des Gases ist dadurch
zwar im Prinzip möglich, aber sehr unübersichtlich. Zu einer Vereinfachung
gelangen wir, wenn es uns gelingt, die Aussage der Wertetabelle in einem allgemeinen Ausdruck zusammenzufassen; dies ist hier besonders einfach möglich,
denn wir sehen, daß einer Verdopplung von T eine Verdopplung von V entspricht, und können versuchsweise probieren

$$V = \text{const. } T$$

Für die Konstante wird aus weiteren Experimenten der Ausdruck const. $= \dfrac{v\,R}{p}$
($v = $ Stoffmenge, R $= $ Gaskonstante
$= 0{,}08205\ l\,atm/mol \cdot Grad$) erhalten, also

$$V = \frac{v\,R}{p}\,T \tag{2}$$

Diese Art der Darstellung bezeichnet man als *analytische Darstellung*.
Zu einer dritten Art der Darstellung gelangen wir, wenn wir versuchen, das Versuchsergebnis graphisch wiederzugeben. Dazu wählen wir ein rechtwinkliges Koordinatensystem und tragen auf der Abszisse die Temperatur, auf der Ordinate das Volumen gemäß Tab. 1 auf. Eine solche *graphische Darstellung* ist in Abb. 2 gegeben.

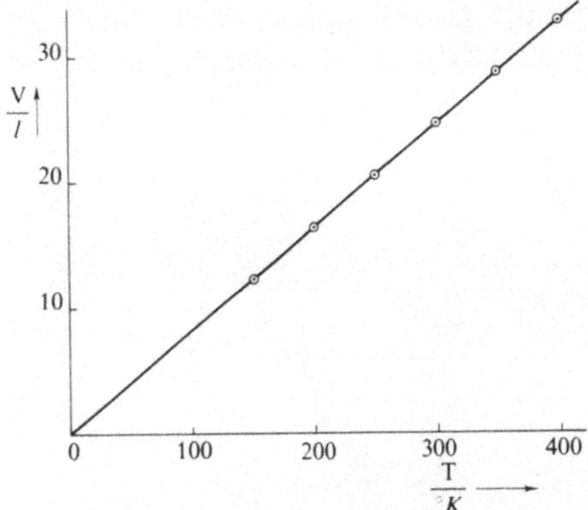

Abb. I 2
Graphische
Darstellung
von (2) mit
$v = 1$ *mol*;
Meßpunkte
aus Tab. 1

Wir wollen von dem konkreten Beispiel abstrahieren und schreiben an Stelle von (1) allgemein

$$y = f(x) \tag{3}$$

abhängige   unabhängige
Variable   Variable

Die Funktion $f(x)$ kann dargestellt werden durch eine Wertetabelle, durch einen analytischen Ausdruck und durch eine graphische Darstellung. In unserem konkreten Beispiel gehörte zu jedem Wert von T nur 1 Wert von V; eine solche Funktion bezeichnet man als *eindeutig*. Es gibt auch *mehrdeutige Funktionen*, bei denen zu einem Wert der unabhängigen Variablen mehrere Werte der abhängigen Variablen gehören; Beispiele dafür siehe Seite 43, 48, 49.

Übungsaufgabe 1

Gegeben ist die Wertetabelle einer Funktion $y = f(x)$

x	y
0	0
1	1
2	4
3	9
4	16

Man versuche, diese Funktion analytisch und graphisch darzustellen.

Im folgenden wollen wir eine Reihe von speziellen Funktionen näher untersuchen.

Lineare Funktion (Gerade)

Diesen Funktionstyp haben wir im Prinzip bereits in dem Beispiel auf Seite 12 kennengelernt; verallgemeinern wir Abb. 2 so, daß die Gerade nicht speziell

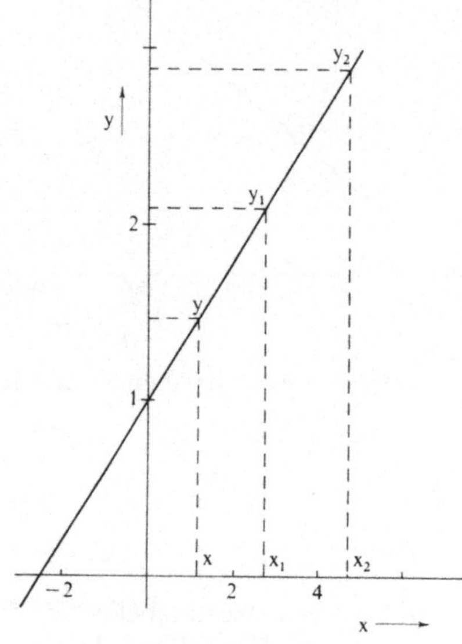

Abb. I 3
Graphische Darstellung
einer linearen Funktion
(Gerade)

durch den Nullpunkt geht, dann erhalten wir Abb. 3. Eine lineare Funktion ist dadurch gekennzeichnet, daß die Steigung der Kurve an allen Stellen gleich groß ist, daß also z.B. gilt

$$\frac{y_2 - y_1}{x_2 - x_1} = \frac{y_2 - y}{x_2 - x} \tag{4}$$

Lösen wir diese Gleichung nach y auf, dann erhalten wir

$$y = -(x_2 - x)\frac{y_2 - y_1}{x_2 - x_1} + y_2$$

$$= y_2 - x_2 \frac{y_2 - y_1}{x_2 - x_1} + \frac{y_2 - y_1}{x_2 - x_1} \, x \tag{5}$$

$$y = \qquad\qquad a \qquad + \quad b\,x \tag{6}$$

Wir bezeichnen die Größe $a = y_2 - x_2 \dfrac{y_2 - y_1}{x_2 - x_1}$ als Achsenabschnitt und $b = \dfrac{y_2 - y_1}{x_2 - x_1}$ als Steigung der Geraden.

Übungsaufgabe 2

Man gebe die analytische Darstellung der linearen Funktion in Abb. 3 an.

Wertetabellen oder graphische Darstellungen, die sich bei naturwissenschaftlichen Experimenten ergeben, lassen sich meist nicht exakt in analytischer Form darstellen, weil die Meßwerte infolge von unvermeidbaren Ungenauigkeiten der Messungen (z.B. Ablesefehler, Nullpunktschwankungen) etwas streuen. Auch dann ist es aber sinnvoll, die Werte durch eine analytische Darstellung zu beschreiben; man muß es nur so einrichten, daß die Kurve ausgleichend durch die Meßpunkte gezeichnet wird (Abb. 4, 5); es hat in all diesen Fällen

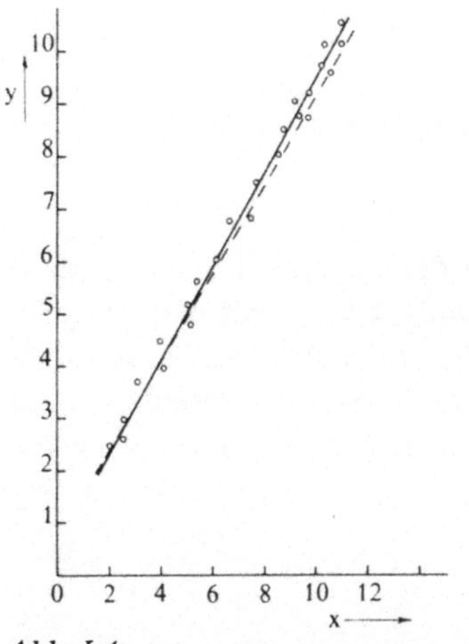

Abb. I 4
Meßpunkte mit ausgleichenden Geraden
(siehe auch Übungsaufgabe 3)

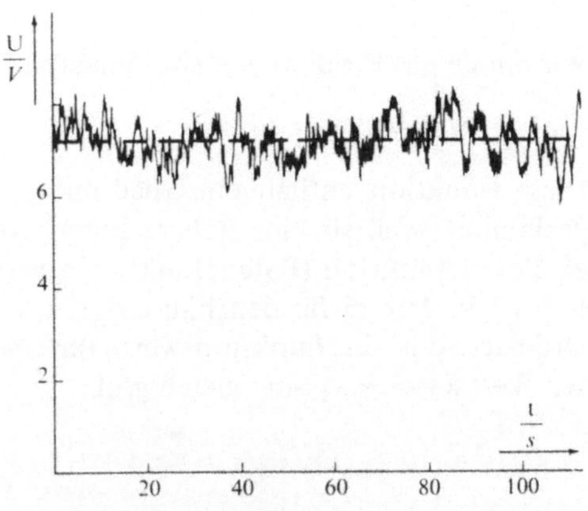

Abb. I 5
Nullpunktschwankungen eines Meßgerätes
zur Messung elektrischer Spannungen

keinen Sinn, die Meßpunkte wie bei einer Fieberkurve miteinander zu verbinden. Das Ausgleichen kann graphisch geschehen, indem man ein Lineal so anzulegen versucht, daß etwa gleich viele Meßpunkte oberhalb wie unterhalb der Linealkante liegen. Ein genaueres numerisches Verfahren wird später (Seite 163) beschrieben.

Übungsaufgabe 3

Man gebe die analytische Darstellung der linearen Funktionen in den Abb. 4 und 5 an; man schätze ab, mit welcher Ungenauigkeit die Konstanten a und b behaftet sind.

Übungsaufgabe 4

Gegeben ist die Gleichung einer Geraden

$$y_1 = 2 + 3x$$

sowie die Gleichung einer Konstanten

$$y_2 = 2$$

Man gebe die Gleichungen und die graphischen Darstellungen der Funktionen

$$y_3 = y_1 - y_2 \quad \text{und} \quad y_4 = y_1\, y_2$$

an.

Potenzfunktionen

Wir bilden das Produkt aus zwei linearen Funktionen $y_1 = a \cdot x$ und $y_2 = b \cdot x$

$$y_3 = y_1\, y_2 = a\, b\, x^2 \tag{7}$$

Diese Funktion enthält ein Glied mit x^2, das bei der linearen Funktion nicht vorkommt; weil sie eine höhere Potenz von x enthält, bezeichnet man sie auch als Potenzfunktion (Potenzfunktion zweiten Grades) oder Parabel. Diese Funktion ist in Abb. 6 für den Fall $a = 1$, $b = 2$ dargestellt. Sie ist symmetrisch zur Ordinate, d.h. die Funktionswerte für einen beliebigen Wert x_1 und einen zweiten Wert $x_2 = -x_1$ sind gleich groß.

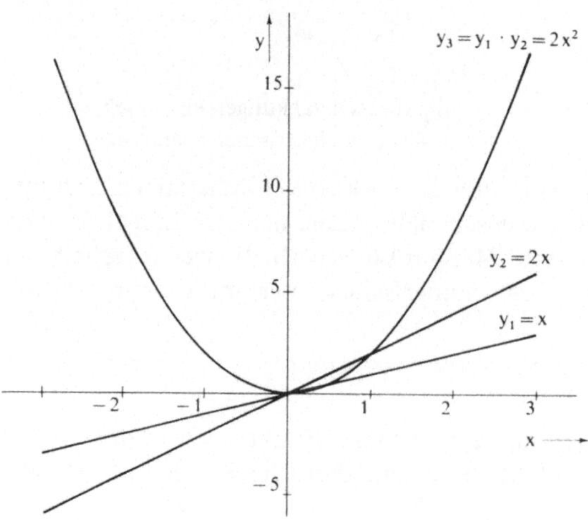

Abb. I 6
Potenzfunktion als Produkt
zweier linearer Funktionen

Übungsaufgabe 5

An welchen Punkten schneidet die Kurve für $y = 2x^2$ die Kurven $y = x$ und $y = 2x$ (Abb. 6)?

Ein Beispiel für eine Potenzfunktion ist die **Weg-Zeit-Funktion** beim freien Fall (Abb. 7)

$$s = \frac{1}{2} g t^2 \tag{8}$$

(g = Erdbeschleunigung = $9{,}81\ m/s^2$, s = Fallstrecke, t = Fallzeit)

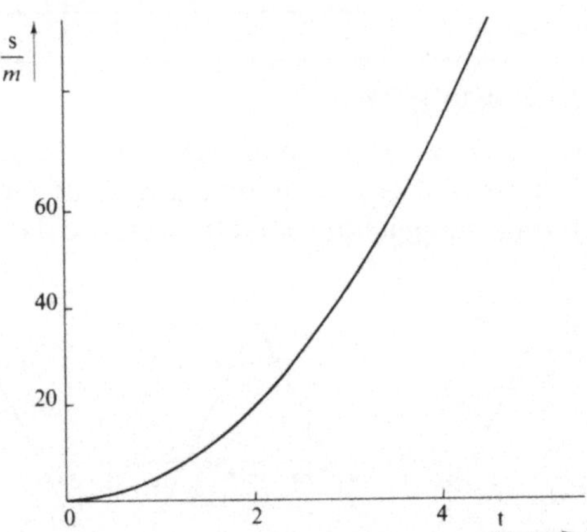

Abb. I 7
Weg-Zeitfunktion beim freien Fall

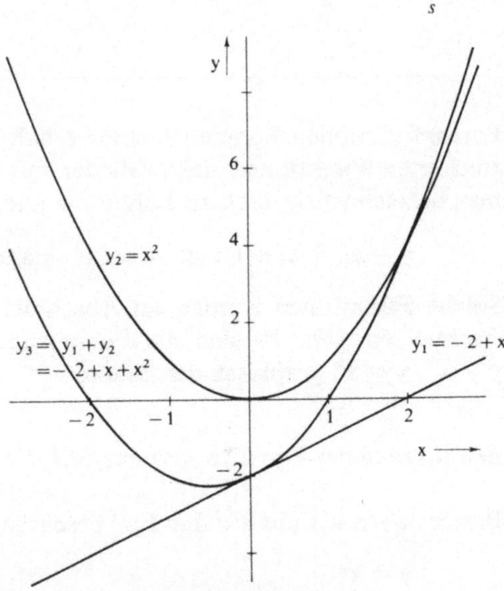

Abb. I 8
Summe aus einer linearen und einer
Potenzfunktion

Durch Addition einer linearen Funktion erhalten wir eine Potenzfunktion, die nicht mehr zur Ordinate symmetrisch ist (Abb. 8)

$$y_1 = a + b\,x \tag{9}$$

$$y_2 = c\,x^2 \tag{10}$$

$$y_3 = y_1 + y_2 = a + b\,x + cx^2 \tag{11}$$

Übungsaufgabe 6

An welcher Stelle liegt der tiefste Punkt der Kurve $y_3 = -2 + x + x^2$ (Abb. 8)?

Übungsaufgabe 7

Gegeben ist die graphische Darstellung einer periodischen Funktion, die aus Geradenstücken zusammengesetzt ist (Abb. 9, Dreiecksfunktion). Man gebe die Funktionsgleichung an. Man zeichne das Quadrat dieser Funktion.

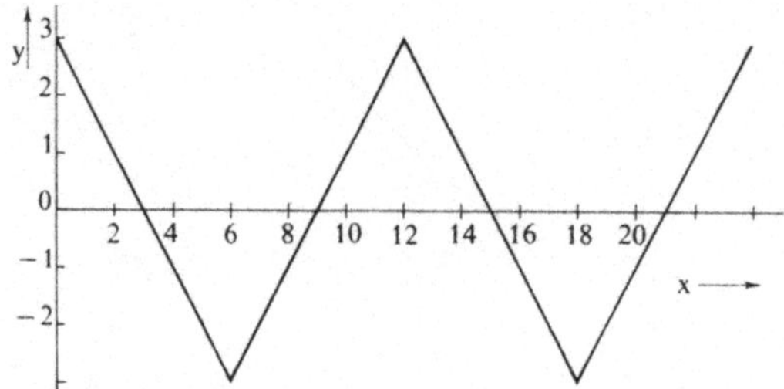

Abb. I 9
Dreiecksfunktion

Potenzfunktionen höheren Grades erhält man, indem man zu den bisher betrachteten Funktionen noch Glieder mit höheren Potenzen von x hinzuzählt; man bezeichnet sie auch als Polynome n-ten Grades

$$y = a_0 + a_1 x + a_2 x^2 + a_3 x^3 + a_4 x^4 + \dots \tag{12}$$

Solche Funktionen werden im Abschnitt IV (Unendliche Reihen) näher betrachtet. In Abb. 10 sind die Funktionen $y = x$, $y = x^2$, $y = x^3$, $y = x^4$, $y = x^5$, $y = x^6$ graphisch dargestellt.

Erweiterung des Begriffes „Potenzfunktion"

Bisher haben wir uns auf den Fall beschränkt, daß in der Potenzfunktion

$$y = x^a \tag{13}$$

die Zahl a eine natürliche Zahl (ganzzahlig und positiv) ist; y ist dann definiert als

$$y = \underbrace{x \cdot x \cdot x \cdots \cdots x}_{a\text{-mal}}$$

(14)

In diesem Ausdruck nennt man x die Basis und a den Exponenten der Potenzfunktion. Wir fragen jetzt danach, ob es sinnvoll ist, für a auch negative sowie rationale und irrationale Zahlen zuzulassen.

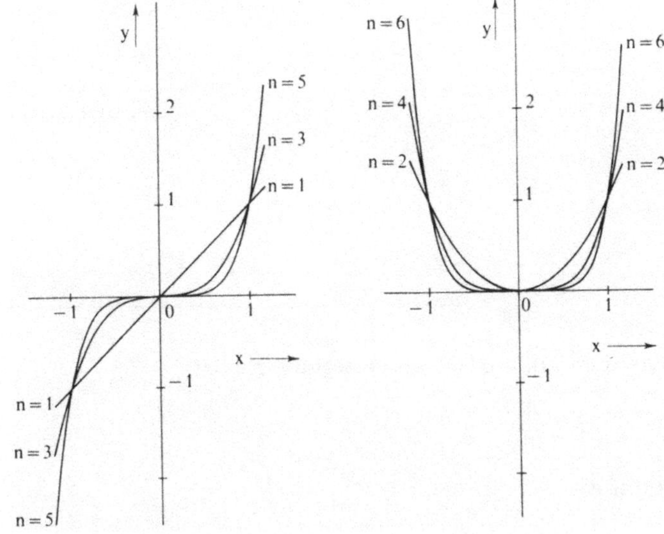

Abb. I 10
Potenzfunktionen
$y = x^n$,
$n = 1, 2, 3,$
$4, 5, 6$

a ist ganzzahlig negativ oder Null

Wir wählen als Beispiel x = 2 und stellen eine Tabelle für verschiedene Werte von a auf (Tab. 2 – S. 20).

Wir sehen, daß bei positiven Werten von a eine Verkleinerung von a um 1 jeweils eine Halbierung von y zur Folge hat. Setzen wir dieses Verfahren analog weiter fort, dann erhalten wir für 0 und die negativen ganzen Zahlen die angegebenen Werte; diese Werte wollen wir als neue Funktionswerte definieren. Es ist also

$$x^{-a} = \frac{1}{x^a}$$

$$x^0 = 1$$

(15)

Entsprechendes gilt für den in Tab. 2 weiter aufgeführten Fall x = 10.

a ist rational und positiv

Eine rationale Zahl können wir als Bruch aus zwei ganzen Zahlen m und n

Tab. I 2: Potenzfunktionen mit positiven und negativen Exponenten

a	$y = 2^a$	$y = 10^a$
3	$2^3\ =\ 8$	$10^3\ =\ 1000$
2	$2^2\ =\ 4$	$10^2\ =\ 100$
1	$2^1\ =\ 2$	$10^1\ =\ 10$
0	$2^0\ =\ 1$	$10^0\ =\ 1$
-1	$2^{-1} = \dfrac{1}{2}$	$10^{-1} = \dfrac{1}{10}$
-2	$2^{-2} = \dfrac{1}{4}$	$10^{-2} = \dfrac{1}{100}$
-3	$2^{-3} = \dfrac{1}{8}$	$10^{-3} = \dfrac{1}{1000}$

schreiben (m, n positiv oder negativ, $n \neq 0$)

$$a = \frac{m}{n} \tag{16}$$

Somit ist

$$y = x^a = x^{\frac{m}{n}} \tag{17}$$

Wir bilden y^n und erhalten nach den Regeln der Potenzrechnung

$$y^n = \left(x^{\frac{m}{n}}\right)^n = x^m \tag{18}$$

Es wird also eine Zahl y gesucht, für die die Beziehung $y^n = x^m$ gilt. Die Berechnung dieser Zahl sei am Beispiel $x = 2$, $m = 1$ und $n = 2$ erläutert.

$$y = 2^{\frac{1}{2}} \quad \text{bzw.} \quad y^2 = 2 \tag{19}$$

Wir verwenden hierzu ein Probierverfahren, indem wir zunächst irgendeine Zahl für y einsetzen und y^2 bilden; ist der erhaltene Wert kleiner als 2, dann versuchen wir einen neuen Wert von y, für den y^2 größer als 2 wird; der wahre Wert liegt dann zwischen beiden Werten und kann weiter beliebig genau eingeengt werden. (Tab. 3).

Nach diesem Verfahren können wir im Prinzip y für beliebige positive rationale Werte von a angeben. Das Verfahren ist lediglich sehr umständlich; ein einfaches Verfahren werden wir später im Abschnitt über unendliche Reihen (Übungsaufgabe IV 2) bzw. im Abschnitt über numerische Methoden (Übungsaufgabe VII 1) kennenlernen.

Tab. I 3: Probierverfahren zur Berechnung von $y = 2^{1/2}$

y	y^2
1	1
2	4
1,5	2,25
1,4	1,96
1,45	2,10
1,42	2,02
1,414	2,00

Übungsaufgabe 8

Man stelle die Funktion $y = x^{\frac{1}{2}}$ graphisch dar.

Es ist üblich, für den Ausdruck $y = x^{\frac{m}{n}}$ ein neues Symbol einzuführen:

$$y = x^{\frac{m}{n}} = \sqrt[n]{x^m} \tag{20}$$

(n-te Wurzel aus x^m)
Beide Schreibweisen sind identisch.

a ist irrational

a ist irrational, wenn es sich nicht durch einen Bruch $\frac{m}{n}$ ausdrücken läßt (z.B. $a = \pi$, $a = \sqrt{2}$). Da die rationalen Zahlen auf der Zahlengeraden beliebig dicht liegen, läßt sich jede irrationale Zahl beliebig genau zwischen zwei rationalen Zahlen einkreisen. Damit sind auch numerische Rechnungen mit irrationalen Zahlen möglich, und die Potenzfunktion ist für alle reellen Zahlen (natürliche, ganze, rationale und irrationale Zahlen) definiert.

Übungsaufgabe 9

Man berechne $y = 2^{\sqrt{2}}$

Als Beispiel für eine Potenzfunktion

$$y = x^{-1} = \frac{1}{x} \tag{21}$$

betrachten wir die isotherme Expansion eines idealen Gases (Abb. 11). Mißt man das Gasvolumen bei verschiedenen Drücken, so erhält man die Punkte, die in Abb. 12 eingezeichnet sind. Legt man durch die Punkte eine ausgleichende Kurve, so findet man für deren Funktionsgleichung

$$V = C\,\frac{1}{p} \qquad\qquad (22)$$

(C = Konstante)

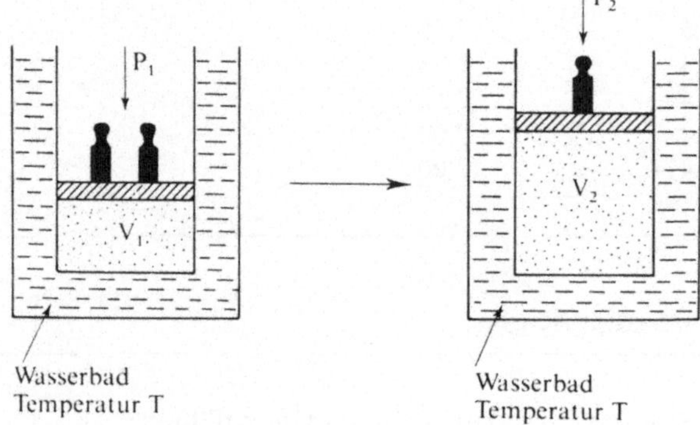

Abb. I 11
Isotherme Expansion
eines idealen Gases

Übungsaufgabe 10

Man zeige, daß die in Abb. 12 eingezeichnete Kurve der Funktionsgleichung (22) entspricht; man gebe den Wert der Konstanten C an.

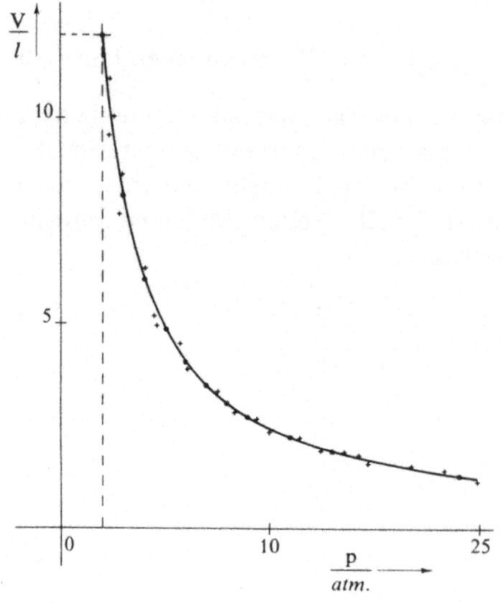

Abb. I 12
Volumen V eines idealen Gases in
Abhängigkeit vom Druck p bei konstanter
Temperatur (T = 298° K); + Meßpunkte
● Punkte für Tab. VIII 2 (Seite 198)

Exponentialfunktion

Betrachten wir bei einer Potenzfunktion die Basis als konstant und den Exponenten als die unabhängige Variable, dann gelangen wir zu einer Exponentialfunktion.

$$y = a^x \tag{23}$$

Wie bei der Potenzfunktion sind für x alle reellen Zahlen zugelassen. Wir betrachten den Funktionsverlauf für die Fälle $a = 1$, $a = \frac{1}{2}$, $a = 2$, $a = 10$ und $a = e$ (Tab. 4, Abb. 13); die Zahl e spielt aus Gründen, die später (Seite 65) näher erläutert werden, eine besonders wichtige Rolle; e ist definiert als Grenzwert des Ausdrucks

$$\left[1 + \frac{1}{n}\right]^n \tag{24}$$

für den Fall, daß n über alle Grenzen strebt. Man findet den Zahlenwert $e = 2,71828\ldots$ (Tab. 5; siehe auch Übungsaufgabe IV 2)

Tab. I 4: Exponentialfunktion $y = a^x$ für $a = \frac{1}{2}$, 1, 2, e, 10

x	$y = \left(\frac{1}{2}\right)^x$	$y = 1^x$	$y = 2^x$	$y = e^x$	$y = 10^x$
−3	8	1	$\frac{1}{8}$	0,0498	0,001
−2	4	1	$\frac{1}{4}$	0,1353	0,01
−1	2	1	$\frac{1}{2}$	0,3679	0,1
0	1	1	1	1	1
1	$\frac{1}{2}$	1	2	2,7183	10
2	$\frac{1}{4}$	1	4	7,3891	100
3	$\frac{1}{8}$	1	8	20,0855	1000

Tab. I 5: Berechnung der Zahl e als Grenzwert des Ausdrucks $\left(1 + \frac{1}{n}\right)^n$ für $n \to \infty$

n	$\dfrac{1}{n}$	$1 + \dfrac{1}{n}$	$\left(1 + \dfrac{1}{n}\right)^n$
1	1	2,000000	2
2	0,5	1,500000	2,25
10	0,1	1,100000	2,59374
10^2	10^{-2}	1,010000	2,70481
10^4	10^{-4}	1,000100	2,71815
10^6	10^{-6}	1,000001	2,71828

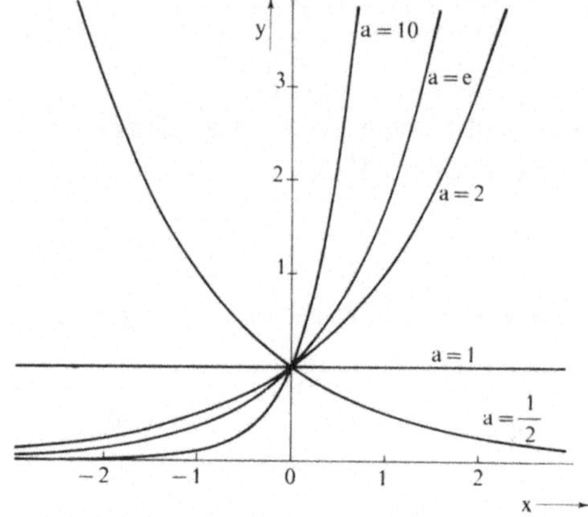

Abb. I 13
Graphische Darstellung der
Exponentialfunktion $y = a^x$,
mit $a = \dfrac{1}{2}$, 1, 2, e und 10

Der Verlauf dieser Funktionen ist in Abb. 13 dargestellt. Für die Funktion $y = e^x$ ist auch die Schreibweise $y = \exp(x)$ üblich.

Beispiele für Exponentialfunktionen

1. Ein Bakterienstamm pflanzt sich durch Zellteilung so fort, daß jeweils nach der Zeit τ die Anzahl der Bakterien verdoppelt wird. Wie groß ist die Anzahl der Bakterien nach der Zeit t, wenn N_0 die Anzahl zur Zeit $t = 0$ ist?

$$
\begin{array}{lll}
t = 0 & N = N_0 & = 2^0\, N_0 \\
t = \tau & N = 2\, N_0 & = 2^1\, N_0 \\
t = 2\,\tau & N = 2 \cdot 2\, N_0 & = 2^2\, N_0 \\
t = 3\,\tau & N = 2 \cdot 2 \cdot 2\, N_0 & = 2^3\, N_0 \\
t = n\,\tau & N & = 2^n\, N_0
\end{array}
$$

Drücken wir n durch t und τ aus, dann finden wir

$$N = N_0 \; 2^{\frac{t}{\tau}} \tag{23a}$$

also eine Exponentialfunktion zur Basis 2.

2. Ein Kondensator der Kapazität C, der auf die Spannung U_0 aufgeladen wurde, wird über einen Widerstand R entladen (Abb. 14); die Spannung U an dem Kondensator wird von einem Schreiber registriert. Die für verschiedene Widerstände R experimentell erhaltenen Kurven sind in Abb. 15 dargestellt. In Übungsaufgabe 13 wird gezeigt, daß diese Kurven durch die Funktion

$$U = U_0 \; e^{-\frac{t}{R\,C}} \tag{23b}$$

analytisch dargestellt werden können.

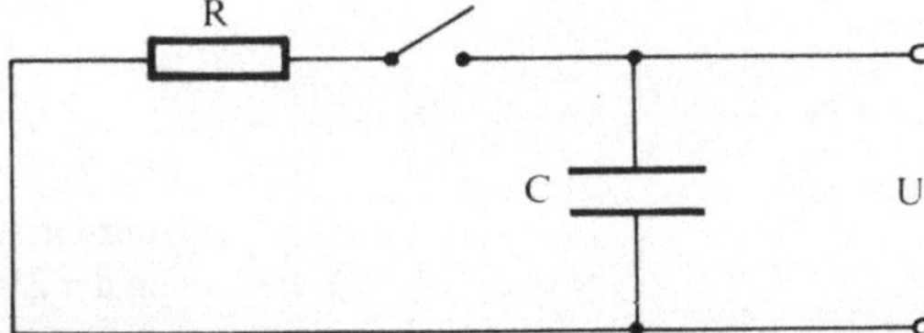

Abb. I 14
Entladung eines Kondensators der Kapazität C über einen Widerstand R. Zur Zeit t = 0 (Schließen des Stromkreises) liegt die Spannung U_0 am Kondensator.

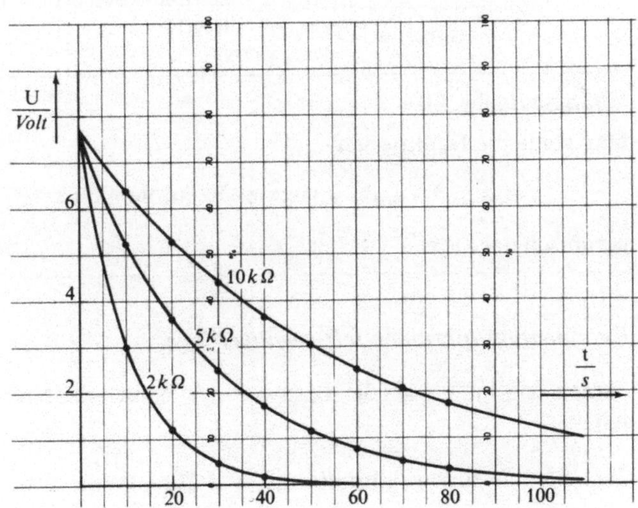

Abb. I 15
Entladekurve (Spannung U in Abhängigkeit von der Zeit t) des Kondensators in Abb. 4 für R = 2 kΩ, 5 kΩ, 10 kΩ.
● Punkte für Tab. VIII 3 (Seite 201)

3. Bei der Reaktion eines Farbstoffes F mit OH^--Ionen entsteht ein farbloses Endprodukt P

$$F + OH^- \rightarrow P$$

Ist die OH^--Konzentration während der Reaktion konstant, dann findet man (Reaktion 1. Ordnung, siehe Seite 134) für die Konzentration c des Farbstoffes während der Reaktion

$$c = c_0\, e^{-kt} \tag{23c}$$

c_0 = Konzentration zur Zeit t = 0 (Zusammengießen der Reaktionspartner), k = Geschwindigkeitskonstante; c läßt sich spektroskopisch messen und mit einem Schreiber in Abhängigkeit von t registrieren (Abb. 16).

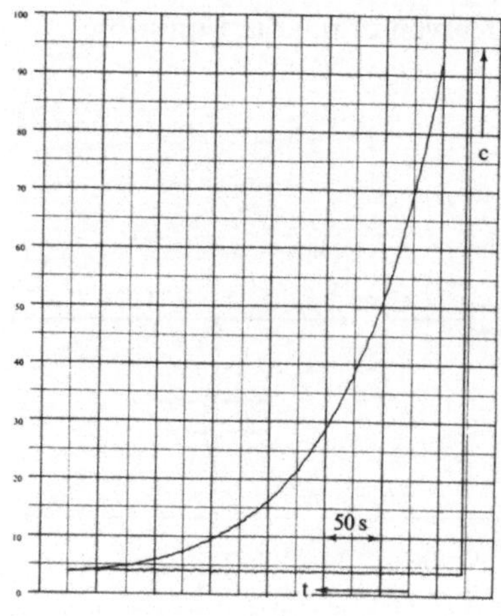

Abb. I 16
Konzentration c des Farbstoffes F in Abhängigkeit von der Zeit t (F = Kristallviolett) nach der Zugabe von Natronlauge (Konzentration durch Messung der Extinktion bei 580 nm spektroskopisch verfolgt).

Übungsaufgabe 11

Man stelle die Funktionen

$$y = x\, e^{-x} \quad \text{und} \quad y = x^2\, e^{-x} \quad \text{im Bereich } x \geqslant 0$$

graphisch dar. .

Exponentialfunktionen mit negativer Basis

Setzen wir in $y = a^x$ die Basis $a = -1$, dann erhalten wir die folgende Wertetabelle

Tab. I 6: Exponentialfunktion $y = a^x$ für $a = -1$

x	y
1	-1
2	$+1$
3	-1
4	$+1$

Versuchen wir, Zwischenwerte anzugeben, dann erhalten wir z.B. für $x = \frac{1}{2}$ den Wert $y = (-1)^{\frac{1}{2}} = \sqrt{-1}$; dies ist keine reelle Zahl. Fordern wir also, daß y für beliebige reelle Werte von x reell sein soll, dann darf a nicht negativ werden.

Logarithmusfunktion

Die Exponentialfunktion $y = a^x$ können wir nach a und nach x auflösen

$$y = a^x \longleftrightarrow a = y^{\frac{1}{x}} = \sqrt[x]{y} \tag{25}$$

Der Doppelpfeil soll andeuten, daß beide Ausdrücke völlig gleichwertig sind; sie unterscheiden sich lediglich dadurch, daß einmal y und zum anderen a auf der linken Seite steht. Entsprechend können wir nach x auflösen

$$y = a^x \longleftrightarrow x = f(a, y) = {}^a\log y \tag{26}$$

x ist eine Funktion von a und y, die so beschaffen sein muß, daß die Ausdrücke auf den beiden Seiten des Doppelpfeils identisch sind; für diese Funktion führen wir eine neue Bezeichnung ein, nämlich „Logarithmus von y zur Basis a". Vertauschen wir die beiden Variablen x und y, dann gelangen wir zur Logarithmusfunktion

$$y = {}^a\log x \tag{27}$$

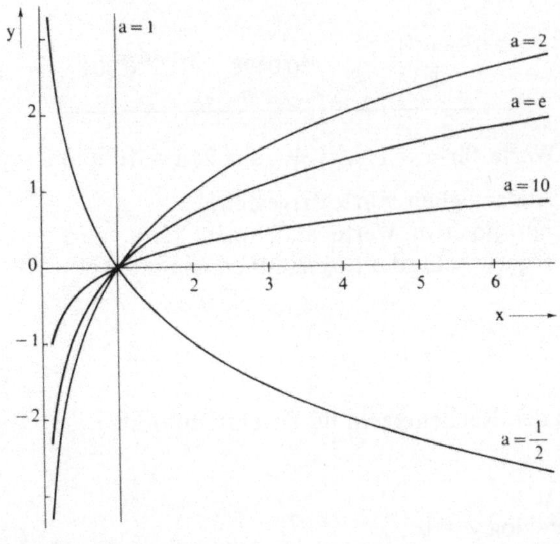

Abb. I 17
Graphische Darstellung der Logarithmusfunktion $y = {}^a\log x$ mit $a = \frac{1}{2}$, 1, 2, e und 10

Wenn wir eine Wertetabelle für diese Funktion aufstellen wollen, müssen wir davon Gebrauch machen, daß die Schreibweisen

$$y = {}^a\log x \longleftrightarrow x = a^y \tag{27a}$$

gleichwertig sind; eine Wertetabelle der Funktion $x = a^y$ ist also mit der Wertetabelle der Funktion $y = {}^a\log x$ identisch.

Tab. I 7 Wertetabelle für $y = {}^a\log x$ für $a = \frac{1}{2}$, 1, 2, e, 10

y	$x = \left(\frac{1}{2}\right)^y$	$x = 1^y$	$x = 2^y$	$x = e^y$	$x = 10^y$
3	$\frac{1}{8}$	1	8	20,0855	1000
2	$\frac{1}{4}$	1	4	7,3891	100
1	$\frac{1}{2}$	1	2	2,7183	10
0	1	1	1	1	1
−1	2	1	$\frac{1}{2}$	0,3679	0,1
−2	4	1	$\frac{1}{4}$	0,1353	0,01
−3	8	1	$\frac{1}{8}$	0,0498	0,001

In Tab. 7 sind die erhaltenen Werte für $a = 1$, $a = \frac{1}{2}$, $a = 2$, $a = 10$ und $a = e$ aufgeführt; in Abb. 17 ist y in Abhängigkeit von x dargestellt.
Da die Exponentialfunktion nur positive Werte annehmen kann, darf x in $x = a^y$ bzw. $y = {}^a\log x$ nicht negativ sein; die Logarithmen von negativen Zahlen sind also nicht definiert.

Rechenregeln für Logarithmen

Diese Regeln gewinnen wir aus den Rechenregeln für Potenzfunktionen.

1. Rechenregel

$$y = a^b \longleftrightarrow {}^a\log y = b$$

$$z = a^c \qquad\qquad \longleftrightarrow \quad {}^a\log z = c$$
$$y\, z = a^b \; a^c = a^{b+c} \quad \longleftrightarrow \quad {}^a\log (y\, z) = b + c$$

Setzen wir für b und c die Ausdrücke ${}^a\log y$ und ${}^a\log z$ ein, dann erhalten wir

$$\boxed{{}^a\log (y\, z) = {}^a\log y + {}^a\log z} \tag{28}$$

2. Rechenregel

$$y = a^b \qquad\qquad \longleftrightarrow \quad {}^a\log y = b$$
$$y^c = (a^b)^c = a^{b\,c} \quad \longleftrightarrow \quad {}^a\log y^c = b\,c$$

Daraus erhalten wir entsprechend

$$\boxed{{}^a\log y^c = c\;{}^a\log y} \tag{29}$$

3. Rechenregel

$$y = a^b \qquad\qquad \longleftrightarrow \quad {}^a\log y = b$$
$${}^c\log y = {}^c\log (a^b) = b\;{}^c\log a = {}^a\log y\;{}^c\log a$$

$$\boxed{{}^c\log y = {}^a\log y \;{}^c\log a} \tag{30}$$

Mit dieser Beziehung können wir Logarithmen zu verschiedener Basis ineinander umrechnen. Dies ist oft notwendig, weil nur die Logarithmen zur Basis 10 in Logarithmentafeln oder auf dem Rechenschieber angegeben sind. Diesen Logarithmus nennt man ,,dekadischen Logarithmus'' und schreibt dafür

$${}^{10}\log y = \lg y \tag{31a}$$

Bei naturwissenschaftlichen Problemen kommt oft der Logarithmus zur Basis e vor, den man auch ,,natürlichen Logarithmus'' nennt; hier benutzt man die Kurzschreibweise

$${}^e\log y = \ln y \tag{31b}$$

Beide Logarithmen können wir nach der Rechenregel (30) umrechnen

$$\lg y = \ln y \; \lg e \tag{32}$$

Für lg e entnehmen wir der Logarithmentafel den Wert (siehe auch Übungsaufgabe IV 7)

$$\lg e = 0{,}4343$$

Es ist somit

$$\lg y = 0{,}4343 \ln y$$

$$\ln y = \frac{1}{0{,}4343} \lg y = 2{,}3026 \lg y \tag{33}$$

Übungsaufgabe 12

Man berechne ln e, lg 10;
Man drücke die Exponentialfunktion

$$y = 10^x$$

durch eine Exponentialfunktion zur Basis e aus; man schreibe die Funktion
$N = N_0 \cdot 2^{\frac{t}{T}}$ (Seite 25) als Exponentialfunktion zur Basis e. Man löse die
Übungsaufgabe 9 unter Verwendung von Logarithmen.

Wir wollen nun eine Methode kennenlernen, mit der man die graphische Darstellung einer Funktion daraufhin überprüfen kann, ob es sich um eine Exponentialfunktion handelt. Beispielsweise wurde auf Seite 25 behauptet, daß die
Kurven in Abb. 15 der Funktionsgleichung

$$U = U_0 \, e^{-\frac{t}{R\,C}} \tag{34}$$

gehorchen. Wenn dies stimmt, dann müßte gelten

$$\lg \frac{U}{U_0} = - \frac{t}{R\,C} \, \frac{1}{2,303} = - \frac{1}{2,303 \, R\,C} \, t \tag{35}$$

Tragen wir nun den Ausdruck

$$y = \lg \frac{U}{U_0} \tag{36}$$

in Abhängigkeit von t auf, dann erwarten wir eine Gerade, die durch den
Nullpunkt geht. Die Gerade sollte die Steigung

$$b = - \frac{1}{2,303 \, R\,C} \tag{37}$$

besitzen.

Übungsaufgabe 13

Man zeige, daß die Kurven in Abb. 15 tatsächlich der Gleichung (23b) gehorchen; man berechne aus der Steigung R · C und gebe die Kapazität des Kondensators an (die einzelnen Werte von R sind der Abb. 15 zu entnehmen).

Logarithmisches Millimeterpapier

In Abb. VIII 9 (Übungsaufgabe 13) wurde in Ordinatenrichtung $\lg \dfrac{U}{U_0}$ aufgetragen. Es gibt nun auch Millimeterpapier, dessen Ordinate logarithmisch geteilt ist; trägt man auf solchem Papier $\dfrac{U}{U_0}$ direkt auf, dann erhält man dieselben Kurven wie in Abb. VIII 9. Dieses Verfahren ist jedoch viel einfacher, weil man sich das Umrechnen der abgelesenen Meßwerte auf $\lg \dfrac{U}{U_0}$ ersparen kann. Eine solche Darstellung ist in Abb. 18 gegeben.

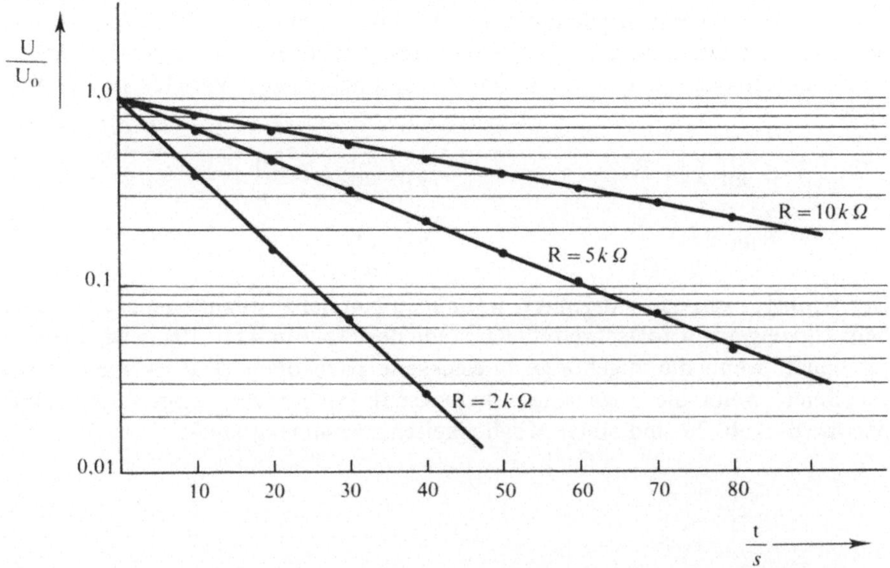

Abb. I 18 Logarithmisches Millimeterpapier (Auftragung von U/U_0 nach Übungsaufgabe 13)

Übungsaufgabe 14

Man zeige graphisch, daß sich die Kurve in Abb. 12 *nicht* durch eine Exponentialfunktion

$$V = V_0 \, e^{-(p - p_0)}$$

wiedergeben läßt (p_0 und V_0 ist der Druck bzw. das Volumen am Kurvenanfang).

Übungsaufgabe 15

Der pH-Wert einer Lösung ist gegeben durch

$$pH = -\lg \frac{c}{mol/l}$$

(c = Konzentration an H^+-Ionen)

Wie groß ist der pH-Wert von Salzsäure der Konzentrationen c = 2,0; 1,0; 0,1; 0,05; 0,005 *mol/l*? Welche H^+-Ionenkonzentration besitzt eine Lösung mit dem pH-Wert 6,5?

Winkelfunktionen

In Abb. 19 ist ein Kreis mit dem Radius r dargestellt; in den Kreis ist ein rechtwinkliges Dreieck mit den Seiten r, a und b eingezeichnet. Die Winkelfunktionen Sinus (sin), Cosinus (cos), Tangens (tg) und Cotangens (ctg) sind als Verhältnisse der Strecken a, b und r definiert; die unabhängige Variable ist der Winkel α.

$$y = \sin \alpha = \frac{a}{r} \qquad\qquad y = \cos \alpha = \frac{b}{r}$$

$$y = \operatorname{tg} \alpha = \frac{a}{b} \qquad\qquad y = \operatorname{ctg} \alpha = \frac{b}{a} \tag{38}$$

Der Winkel α ist positiv definiert, wenn man von der Horizontalen aus entgegen dem Uhrzeigersinn fortschreitet (Richtung des Pfeils in Abb. 19); a wird positiv gerechnet, wenn die zugehörige Dreieckseite nach oben zeigt, b wird positiv gerechnet, wenn die zugehörige Dreieckseite nach rechts zeigt; r ist immer positiv. In Abb. 20 sind einige Möglichkeiten zusammengestellt.

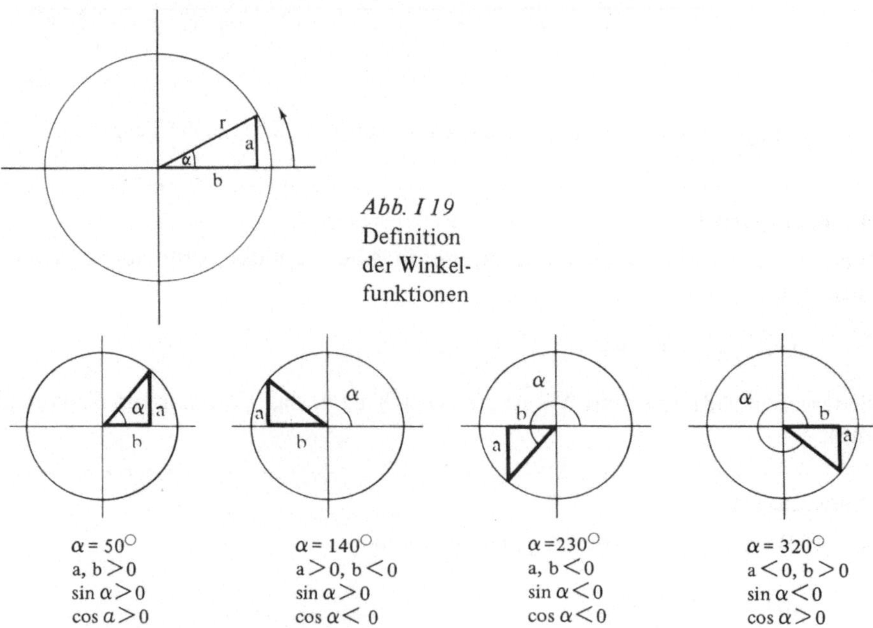

Abb. I 19
Definition
der Winkel-
funktionen

Abb. I 20 Vorzeichen der Winkelfunktionen

Es ist üblich, den Winkel α durch die Länge l des Kreisbogens auszudrücken (Bogenmaß). Da der Kreisumfang $2\pi \cdot r$ ist, ist die Länge eines Kreisbogens zum Winkel α gegeben durch

$$l = 2\pi\, r\, \frac{\alpha}{360°} \tag{39}$$

($\pi = 3{,}14159$)
Da wir bei dieser Umrechnung immer noch den Radius r angeben müßten, wird als Maß für die Länge des Bogens das Verhältnis

$$x = \frac{l}{r} = 2\pi\, \frac{\alpha}{360°} \tag{40}$$

benutzt (Bogen im Einheitskreis). Es entsprechen sich damit beispielsweise die folgenden Werte.

Tab. I 8: Umrechnung vom Gradmaß in das Bogenmaß

α	x
1°	$\dfrac{\pi}{180} = 0{,}01745$
30°	$\dfrac{\pi}{6} = 0{,}524$
45°	$\dfrac{\pi}{4} = 0{,}785$
57° 17′ 45″	$1{,}000$
90°	$\dfrac{\pi}{2} = 1{,}571$
180°	$\pi = 3{,}142$
360°	$2\pi = 6{,}284$
720°	$4\pi = 12{,}568$

Es ist also beispielsweise

$$y = \sin \frac{\pi}{2} = \sin 90°$$

Sinusfunktion

Wir wollen die Sinusfunktion genauer betrachten und stellen dazu eine Wertetabelle auf. Nach Abb. 19, 20 gilt

x	y = sin x
0	0
$\dfrac{\pi}{2}$	1
π	0
$\dfrac{3}{2}\,\pi$	−1
$2\,\pi$	0

Der Abb. 19 können wir noch die allgemeine Beziehung

$$\sin(\pi - x) = \sin x$$
$$\sin(\pi + x) = -\sin x$$

(41)

entnehmen (Einzeichnen der Winkel $(180° - \alpha)$ bzw. $(180° + \alpha)$ in Abb. 19 und Vergleichen der Dreieckseiten a). Außerdem können wir sin x für folgende Spezialfälle angeben

x	y = sin x	
$\dfrac{\pi}{6}$	$\dfrac{1}{2}$	(Abb. 21)
$\dfrac{\pi}{3}$	$\dfrac{1}{2}\sqrt{3}$	(Abb. 22)
$\dfrac{\pi}{4}$	$\dfrac{1}{2}\sqrt{2}$	(Abb. 23)

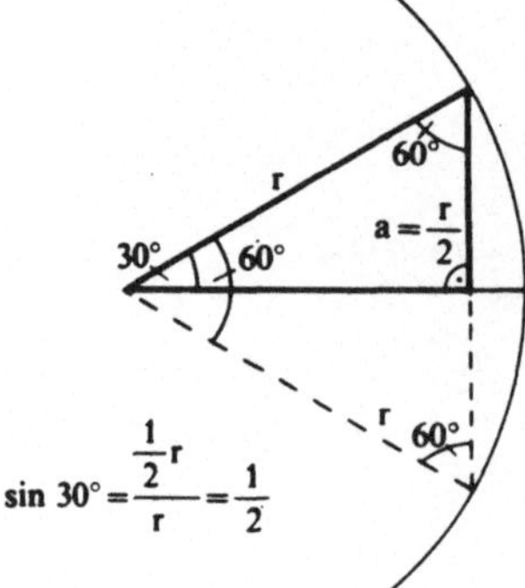

Abb. I 21
$y = \sin \alpha$ für $\alpha = 30°$ $\left(x = \dfrac{\pi}{6}\right)$

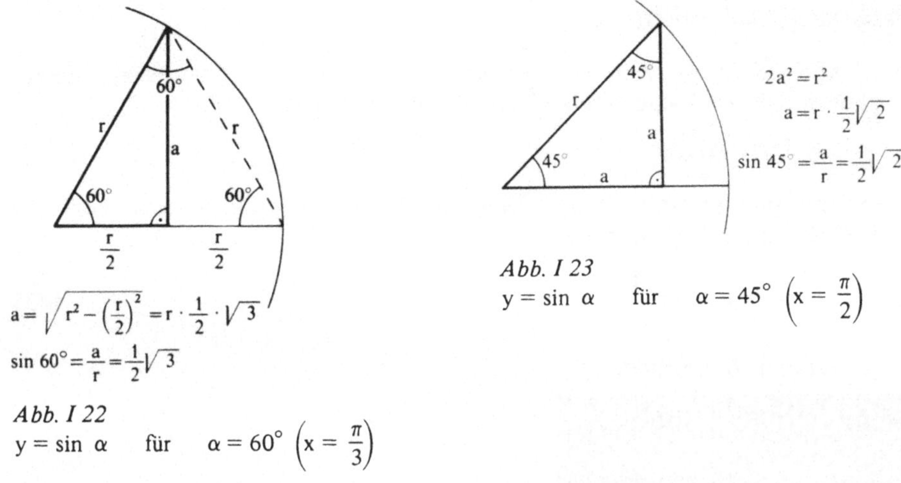

$$a = \sqrt{r^2 - \left(\frac{r}{2}\right)^2} = r \cdot \frac{1}{2} \cdot \sqrt{3}$$

$$\sin 60° = \frac{a}{r} = \frac{1}{2}\sqrt{3}$$

Abb. I 22
$y = \sin \alpha \quad$ für $\quad \alpha = 60° \left(x = \dfrac{\pi}{3}\right)$

$$2a^2 = r^2$$

$$a = r \cdot \frac{1}{2}\sqrt{2}$$

$$\sin 45° = \frac{a}{r} = \frac{1}{2}\sqrt{2}$$

Abb. I 23
$y = \sin \alpha \quad$ für $\quad \alpha = 45° \left(x = \dfrac{\pi}{2}\right)$

Über (41) lassen sich daraus weitere Kurvenpunkte berechnen (Abb. 24). Für beliebige Werte von x lassen sich keine ähnlichen elementaren Beziehungen angeben, y läßt sich dann gemäß (38) nur zeichnerisch aus Abb. 19 ermitteln. Ein analytisches Verfahren, das für beliebige Werte von x gilt, werden wir noch im Abschnitt über unendliche Reihen kennenlernen.

Wir sehen an Hand von Abb. 24, daß die Sinusfunktion eine periodische Funktion ist; das bedeutet, daß nach einem bestimmten Wert von x, und zwar nach $x = 2\pi$, dieselbe Folge von Funktionswerten wiederkehrt. Den Abstand von $x = 0$ bis $x = 2\pi$ (bzw. von x_0 bis $x_0 + 2\pi$) bezeichnet man als Periodenlänge der Sinusfunktion.

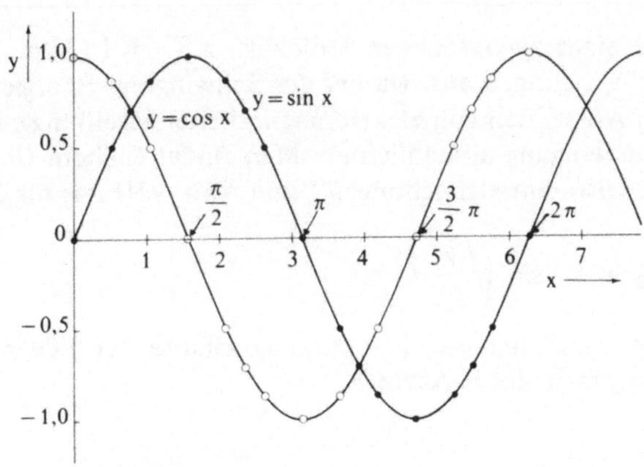

Abb. I 24
Graphische Darstellung von $y = \sin x$ und $y = \cos x$
● nach Abb. 19−23 berechnete Kurvenpunkte
○ nach (47) berechnete Kurvenpunkte

Beispiele für Sinusfunktionen

1. In Abb. 25 ist der zeitliche Verlauf der Spannung U im Wechselstromnetz photographisch festgehalten. U läßt sich darstellen als

$$U = U_0 \sin \omega t \tag{42}$$

ω nennt man Kreisfrequenz; ω hängt mit der Schwingungsfrequenz ν und der Periodendauer T zusammen.

$$\omega = 2\pi \nu = 2\pi \frac{1}{T} \tag{43}$$

U_0 nennt man Amplitude.

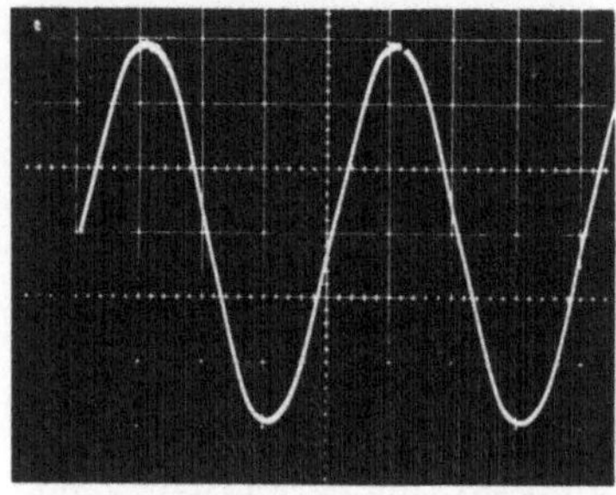

Abb. I 25
Oszillographenbild der Spannung U am Wechselstromnetz. Horizontalablenkung 5 ms/Skt, Vertikalablenkung 1 V/Skt.

Übungsaufgabe 16

Aus Abb. 25 berechne man U_0, ω, ν und T gemäß (42), (43)

---

2. Die Atome eines zweiatomigen Moleküls, z.B. HCl (Abb. 26) führen sinusförmige Schwingungen aus. Da bei der Schwingung Energie abgegeben wird (z.B. durch Aussenden von elektromagnetischer Strahlung), klingt die Amplitude der Schwingung allmählich ab. Man findet (nähere Überlegungen siehe Abschnitt „Differentialgleichungen" und Abb. VIII 34) für die Auslenkung y

$$y = y_0\, e^{-b\,t} \sin \sqrt{\frac{k}{m}}\; t \tag{44}$$

(b = Dämpfungskonstante, k = Kraftkonstante der Feder im Valenzkraftmodell, m = Masse des H-Atoms)

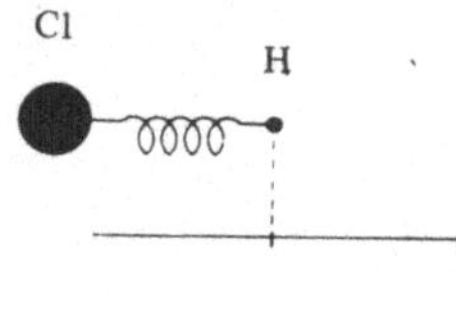

Abb. I 26
Valenzkraftmodell eines H-Cl-Moleküls; da das Cl-Atom viel schwerer als das H-Atom ist, schwingt praktisch nur das H-Atom.

Übungsaufgabe 17

Aus dem Infrarotspektrum von HCl findet man für die Schwingungsfrequenz ν den Wert $\nu = 8{,}65 \cdot 10^{13}\ \text{s}^{-1}$; man berechne die Kraftkonstante k nach (44).

3. Wenn die Blätter einer Pflanze senkrecht zur Sonne stehen, können sie maximal Sonnenenergie aufnehmen; stehen sie unter dem Winkel α zur Sonne (Abb. 27), fällt das Licht also schräg ein, dann wird nur der Anteil des Sonnenlichtes absorbiert, welcher der Fläche F' entspricht. Für F' gilt

$$F' = F \sin \alpha \tag{45}$$

Für $\alpha = 90°$ ist $F' = F$, für $\alpha = 0°$ ist $F' = 0$. Die Pflanzen haben das Bestreben, F' maximal zu machen; das erreichen sie dadurch, daß je nach Stellung der Sonne der Winkel α verändert wird.

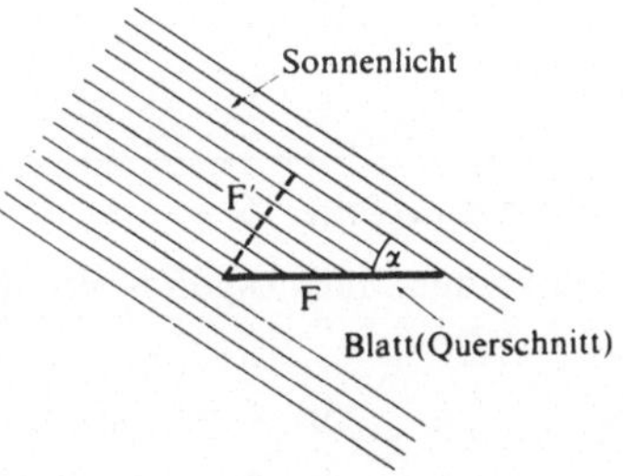

Abb. I 27
Stellung eines Blattes zur Sonne

Übungsaufgabe 18

Die Auslenkung A einer schwingenden Saite (Abb. 28) ist gegeben durch

$$A = A_0 \sin \frac{n\,\pi}{L}\,x \qquad\qquad n = 1, 2, 3, \ldots\ldots$$

Man skizziere den Verlauf dieser Funktion für $n = 1, 2, 3$ und 4.

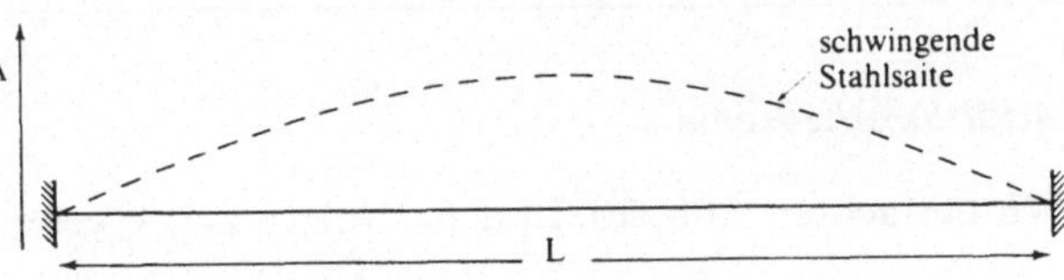

Abb. I 28
Stahlsaite der Länge L, an beiden Enden fest eingespannt

Beziehungen zwischen den Winkelfunktionen

Nach den Definitionsgleichungen (38) gilt

$$\sin^2 x + \cos^2 x = \left(\frac{a}{r}\right)^2 + \left(\frac{b}{r}\right)^2 = \frac{a^2 + b^2}{r^2} = \frac{r^2}{r^2} = 1 \tag{46}$$

Der Abb. 29 entnehmen wir

$$\cos x = \sin\left(\frac{\pi}{2} - x\right)$$
$$\sin x = \cos\left(\frac{\pi}{2} - x\right)$$

$$(47)$$

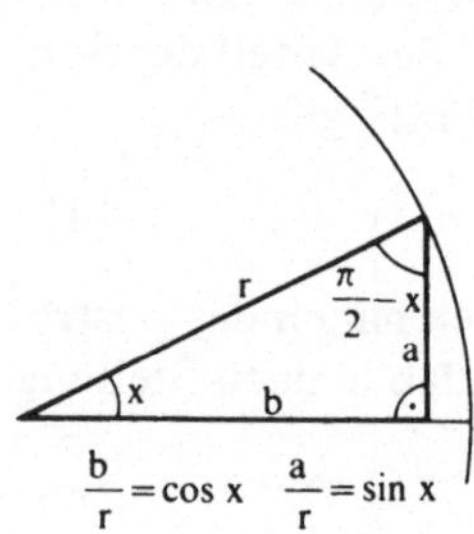

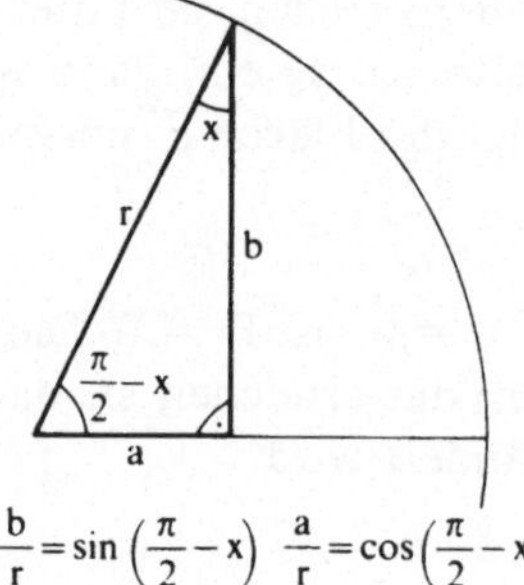

Abb. I 29
Hilfskonstruktion zur Ableitung von (47)

Übungsaufgabe 19

Man zeige, daß folgende weitere Beziehungen gelten:

a. $\quad \sin x = -\sin(-x)$

b. $\quad \cos x = \cos(-x)$

c. $\quad \sin\left(\frac{\pi}{2} + x\right) = \cos x$

d. $\quad \cos\left(\frac{\pi}{2} + x\right) = -\sin x$

e. $\quad \cos(\pi + x) = -\cos x$

f. $\quad \cos(\pi - x) = -\cos x$

Additionstheoreme

Wir betrachten Abb. 30. In dem Dreieck A B C gelten die Beziehungen

$$\frac{h}{a} = \sin \gamma \qquad \frac{h}{c} = \sin \alpha$$

$$(48)$$

Daraus folgt

$$\boxed{\frac{c}{a} = \frac{\sin \gamma}{\sin \alpha}}$$

$$(49a)$$

Entsprechend erhalten wir

$$\boxed{\frac{c}{b} = \frac{\sin \gamma}{\sin \beta}} \qquad \boxed{\frac{b}{a} = \frac{\sin \beta}{\sin \alpha}} \tag{49b}$$

Die Beziehungen (49) bezeichnet man als *Sinussatz*.

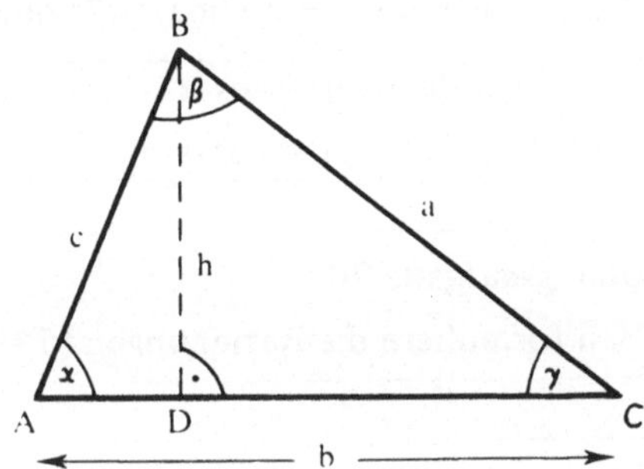

Abb. I 30
Hilfskonstruktion zur Ableitung
der Additionstheoreme

Wir drücken jetzt die Seite b durch die Teilstrecken $\overline{AD} = c \cdot \cos \alpha$ und $\overline{DC} = a \cdot \cos \gamma$ aus.

$$b = \overline{AD} + \overline{DC} = c \cos \alpha + a \cos \gamma$$

$$\frac{b}{c} = \cos \alpha + \frac{a}{c} \cos \gamma \tag{50}$$

$\frac{b}{c}$ und $\frac{a}{c}$ drücken wir nach (49) durch die Winkel aus

$$\frac{\sin \beta}{\sin \gamma} = \cos \alpha + \frac{\sin \alpha}{\sin \gamma} \cos \gamma \tag{51}$$

$$\sin \beta = \sin \gamma \cos \alpha + \sin \alpha \cos \gamma$$

Die Winkel α, β und γ hängen über

$$\alpha + \beta + \gamma = \pi \tag{52}$$

miteinander zusammen. Wir drücken β durch α und γ aus.

$$\beta = \pi - \alpha - \gamma$$

$$\sin \beta = \sin (\pi - \alpha - \gamma) = \sin (\alpha + \gamma) \tag{53}$$

(Umformung gemäß (41))

Einsetzen in (51)

$$\boxed{\sin (\alpha + \gamma) = \sin \alpha \cos \gamma + \cos \alpha \sin \gamma} \tag{54a}$$

Durch diese Beziehung können wir den Sinus einer Summe von zwei Winkeln durch den Sinus bzw. den Cosinus der einzelnen Winkel ausdrücken (Additionstheorem). Setzen wir in (54a) $-\gamma$ statt γ ein, dann folgt

$$\boxed{\sin(\alpha - \gamma) = \sin\alpha\cos\gamma - \cos\alpha\sin\gamma} \tag{54b}$$

Drücken wir $\sin(\alpha + \gamma)$ über (47) durch den Cosinus aus, dann folgt

$$\boxed{\begin{aligned} \cos(\alpha + \gamma) &= \cos\alpha\cos\gamma - \sin\alpha\sin\gamma \\ \cos(\alpha - \gamma) &= \cos\alpha\cos\gamma + \sin\alpha\sin\gamma \end{aligned}} \tag{54c}$$

Übungsaufgabe 20

Man formuliere die Beziehungen (54) für die Spezialfälle $\alpha = \gamma$ und $2\alpha = \gamma$.

Übungsaufgabe 21

Man zeige, daß die Funktion $y = \sin^2 x$ eine Sinusfunktion mit der Periodenlänge π ist; man stelle die Funktionen $y = \sin^2 x$ und $y = \sin x$ graphisch dar.

Weitere Additionstheoreme erhalten wir durch Addition von (54a) und (54b)

$$\sin(\alpha + \gamma) + \sin(\alpha - \gamma) = 2\sin\alpha\cos\gamma \tag{55}$$

Wir führen neue Variable δ und ϵ ein

$$\delta = \alpha + \gamma \qquad\qquad \epsilon = \alpha - \gamma$$

und lösen nach α und γ auf

$$\alpha = \frac{1}{2}(\delta + \epsilon) \qquad\qquad \gamma = \frac{1}{2}(\delta - \epsilon)$$

Einsetzen ergibt

$$\boxed{\sin\delta + \sin\epsilon = 2\sin\frac{\delta + \epsilon}{2}\cos\frac{\delta - \epsilon}{2}} \tag{56a}$$

Durch diese Beziehung können wir die Summe zweier Winkelfunktionen ausdrücken.

Auf ähnliche Weise erhalten wir

$$\boxed{\sin\delta - \sin\epsilon = 2\cos\frac{\delta + \epsilon}{2}\sin\frac{\delta - \epsilon}{2}} \tag{56b}$$

$$\boxed{\cos\delta + \cos\epsilon = 2\cos\frac{\delta + \epsilon}{2}\cos\frac{\delta - \epsilon}{2}} \tag{56c}$$

$$\cos\delta - \cos\epsilon = -2\,\sin\frac{\delta+\epsilon}{2}\,\sin\frac{\delta-\epsilon}{2}$$ (56d)

$$\sin\delta + \cos\epsilon = 2\,\sin\left(\frac{\pi}{4}+\frac{\delta-\epsilon}{2}\right)\cos\left(-\frac{\pi}{4}+\frac{\delta+\epsilon}{2}\right)$$ (56e)

$$\sin\delta - \cos\epsilon = 2\,\cos\left(\frac{\pi}{4}+\frac{\delta-\epsilon}{2}\right)\sin\left(-\frac{\pi}{4}+\frac{\delta+\epsilon}{2}\right)$$ (56f)

Übungsaufgabe 22

Man stelle die Funktionen $y = \sin x + \cos x$ und $y = \sin x \cdot \cos x$ graphisch dar; man zeige, daß diese Funktionen Winkelfunktionen mit den Periodenlängen 2π bzw. π sind.

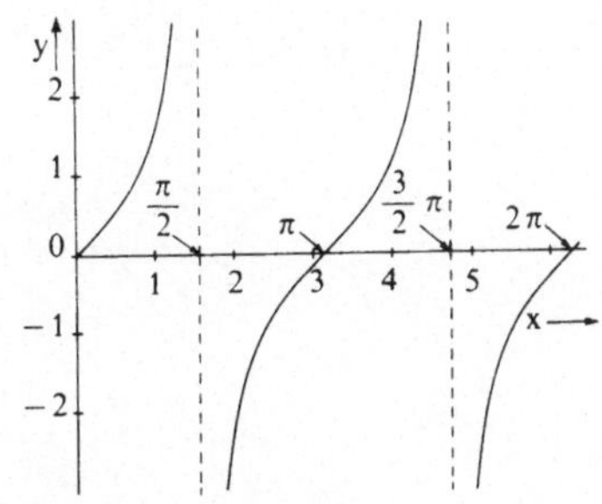

(a)

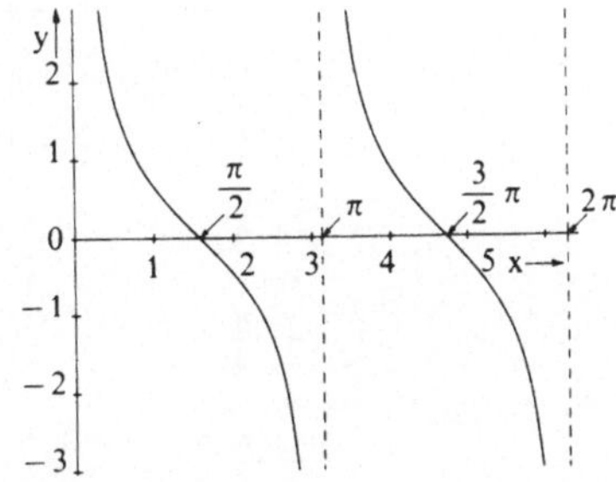

(b)

Abb. I 31
Graphische Darstellung von
(a) $y = \operatorname{tg} x$ (b) $y = \operatorname{ctg} x$

Tangens, Cotangens

Der Verlauf dieser Funktionen ergibt sich nach (38) aus dem Verlauf von Sinus und Cosinus. Die Funktionen $y = \operatorname{tg} x$ und $y = \operatorname{ctg} x$ sind in Abb. 31 graphisch dargestellt.

Arcus-Funktionen

Die Sinusfunktion $y = \sin x$ können wir (ähnlich wie wir dies bei der Exponentialfunktion getan haben) nach x auflösen

$$y = \sin x \longleftrightarrow x = \operatorname{arc\,sin} y$$ (57)

Damit haben wir eine neue Funktion definiert, die Arcussinus-Funktion. Wir vertauschen jetzt x und y und fragen nach den Verlauf der Funktion

$$y = \text{arc sin } x \qquad\qquad\qquad (58)$$

Zum Aufstellen einer Wertetabelle für diese Funktion machen wir davon Gebrauch, daß die Schreibweisen

$$y = \text{arc sin } x \;\longleftrightarrow\; x = \sin y \qquad\qquad\qquad (59)$$

gleichwertig sind; eine Wertetabelle der Funktion $x = \sin y$ ist also mit der Wertetabelle unserer neuen Funktion identisch.

Tab. I 9: Wertetabelle zu $y = \text{arc sin } x \longleftrightarrow x = \sin y$

y	x
$-\dfrac{\pi}{2}$	-1
$-\dfrac{\pi}{3}$	$-\dfrac{1}{2}\sqrt{3}$
$-\dfrac{\pi}{4}$	$-\dfrac{1}{2}\sqrt{2}$
$-\dfrac{\pi}{6}$	$-\dfrac{1}{2}$
0	0
$\dfrac{\pi}{6}$	$\dfrac{1}{2}$
$\dfrac{\pi}{4}$	$\dfrac{1}{2}\sqrt{2}$
$\dfrac{\pi}{3}$	$\dfrac{1}{2}\sqrt{3}$
$\dfrac{\pi}{2}$	1

In Abb. 32 sind diese Werte graphisch dargestellt. Die Funktion ist nur im Bereich $-1 \leqslant x \leqslant +1$ definiert. Dagegen kann y Werte von $-\infty$ bis $+\infty$ annehmen; beispielsweise gehören nach (59) zu $x = \dfrac{1}{2}\sqrt{2}$ außer dem in Tab. 9 aufgeführten Wert $y = \dfrac{\pi}{4}$ noch die Werte $y = \dfrac{\pi}{4} + \dfrac{\pi}{2}, \dfrac{\pi}{4} + 2\pi$ usw. Die Arcussinus-funktion ist also unendlich vieldeutig. Entsprechend sind die übrigen Arcusfunktionen definiert:

$$y = \text{arc cos } x \qquad \longleftrightarrow \qquad x = \cos y$$
$$y = \text{arc tg } x \qquad \longleftrightarrow \qquad x = \text{tg } y \qquad\qquad (59a)$$
$$y = \text{arc ctg } x \qquad \longleftrightarrow \qquad x = \text{ctg } x$$

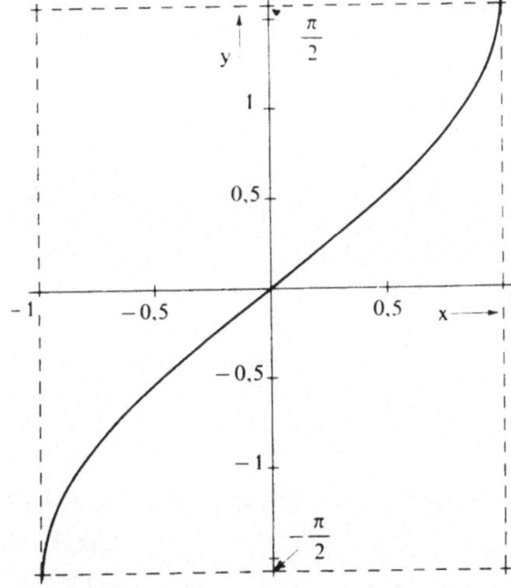

Abb. I 32

Graphische Darstellung von $y = \text{arc sin } x$

im Bereich

$$-\frac{\pi}{2} \leqslant y \leqslant \frac{\pi}{2}$$

Übungsaufgabe 23

Man zeige, daß

$$a \cdot \sin \alpha + b \cdot \cos \alpha = \sqrt{a^2 + b^2} \cdot \cos \left(\alpha - \text{arc tg } \frac{a}{b}\right)$$

Hyperbolische Funktionen

Diese Funktionen leiten sich von Exponentialfunktionen zur Basis e ab. Man definiert:

Sinus hyperbolicus $\qquad y = \text{sh } x = \frac{1}{2} (e^x - e^{-x})$

Cosinus hyperbolicus $\qquad y = \text{ch } x = \frac{1}{2} (e^x + e^{-x})$

$$\qquad\qquad\qquad\qquad\qquad\qquad\qquad\qquad\qquad (60)$$

Tangens hyperbolicus $\qquad y = \text{th } x = \frac{\text{sh } x}{\text{ch } x}$

$$\text{Cotangens hyperbolicus} \quad y = \text{cth } x = \frac{\text{ch } x}{\text{sh } x}$$

Für diese Funktionen findet man auch die Schreibweisen

$$\text{sh } x = \sinh x = \mathfrak{Sin} \, x \qquad \text{ch } x = \cosh x = \mathfrak{Cos} \, x$$

$$\text{th } x = \text{tgh } x = \mathfrak{Tg} \, x \qquad \text{cth } x = \text{ctgh } x = \mathfrak{Ctg} \, x$$

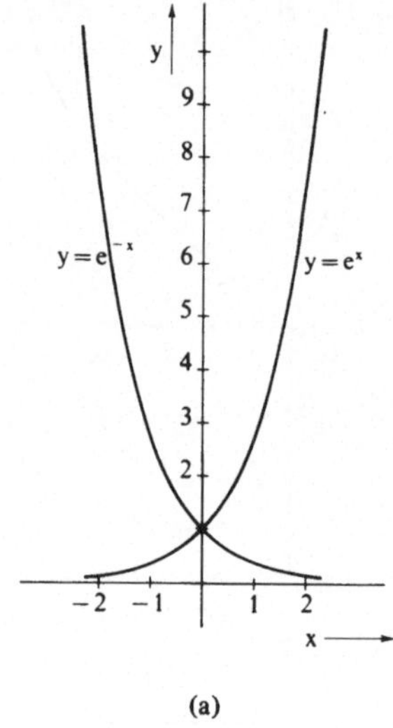

(a)

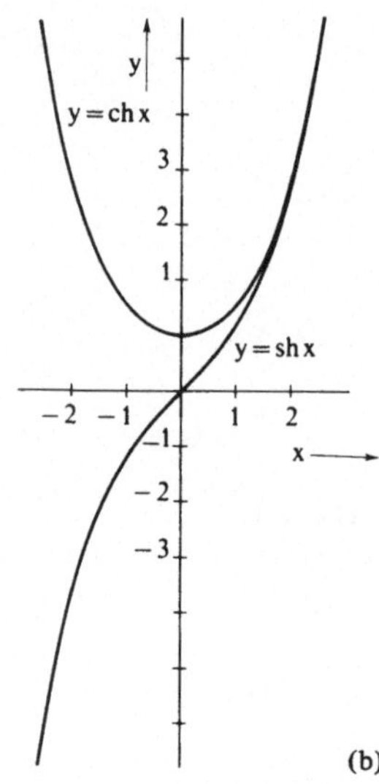

(b)

Abb. I 33

Graphische Darstellung von

(a) $y = e^x$, $y = e^{-x}$

(b) $y = \text{sh } x, y = \text{ch } x$

Der Verlauf von sh x und ch x ist in Abb. 33 graphisch dargestellt. Diese Funktionen sind im Gegensatz zu den Winkelfunktionen nicht periodisch. Die Bezeichnungsweise erklärt sich aus anderen Eigenschaften, die formale Ähnlichkeiten mit den Winkelfunktionen zeigen; z.B. gilt

$$\text{sh}^2 x - \text{ch}^2 x = \frac{1}{4} e^{2x} - \frac{1}{2} + \frac{1}{4} e^{-2x} - \frac{1}{4} e^{2x} - \frac{1}{2} - \frac{1}{4} e^{-2x}$$

$$= -1 \tag{61}$$

$$\text{sh } x \; = \sqrt{\text{ch}^2 x - 1}$$

(Analogie zu $\sin x = \sqrt{1 - \cos^2 x}$)

Weitere Analogien werden später betrachtet (Seite 48, 126). Als Beispiel für eine hyperbolische Funktion ist in Abb. 34 das Bild einer durchhängenden Kette gegeben; die Funktionsgleichung der Kurve, die mit dem Bild der Kette zusammenfällt, lautet

$$y = a + b \, \text{ch}\left(\frac{x}{b}\right) \tag{62}$$

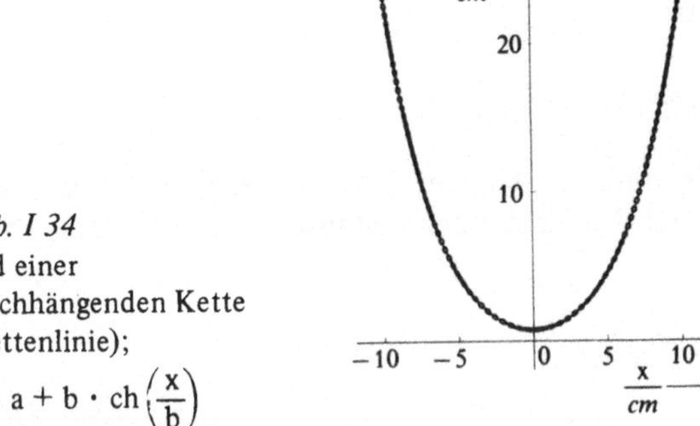

Abb. I 34
Bild einer
durchhängenden Kette
(Kettenlinie);

$$y = a + b \cdot \text{ch}\left(\frac{x}{b}\right)$$

Diese Kurve bezeichnet man als Kettenlinie.

Lösen wir $y = \text{sh } x$ nach x auf und vertauschen x und y, so erhalten wir

$$y = \text{ar sh } x \longleftrightarrow x = \text{sh } y$$

$$= \frac{1}{2}\,(e^y - e^{-y})$$

(63)

(gesprochen Area-Sinushyperbolicus)

Übungsaufgabe 24

Man zeige, daß

$$y = \text{ar sh } x = \ln\,(x + \sqrt{1 + x^2}\,)$$

ist. Man stelle diese Funktion graphisch dar.

Fakultätfunktion

Die Funktion

$$y = x!$$

(64a)

(gesprochen x Fakultät)
ist für positive ganzzahlige Werte von x definiert durch

$$x! = 1 \cdot 2 \cdot 3 \ldots \ldots x$$

(64b)

Wir stellen eine Wertetabelle dieser Funktion auf:

Tab. I 10

x	$y = x!$	x	$y = x!$
1	1	5	120
2	2	6	720
3	6	7	5040
4	24		

Funktionswerte für nicht ganzzahlige x werden wir später berechnen (Seite 116).

Umkehrfunktionen

Wir denken uns bei einer gegebenen Funktion unabhängige und abhängige Variable miteinander vertauscht; dabei entsteht z.B. aus

$$y = e^x$$

die Funktion

$$x = e^y \longleftrightarrow y = \ln x$$

Funktionen, die auf diese Weise aus einer anderen Funktion hervorgehen, bezeichnet man als Umkehrfunktionen. Die Funktion $y = \ln x$ ist also die Umkehrfunktion der Funktion $y = e^x$. Die Vertauschung von x und y bedeutet bei der graphischen Darstellung eine Spiegelung der Funktion an der Winkelhalbierenden des Koordinatensystems (Abb. 35). Weitere Beispiele für Umkehrfunktionen sind

$$\begin{array}{lll}
y = \sin x & \text{und} & y = \arcsin x \\
y = \operatorname{sh} x & \text{und} & y = \operatorname{ar} \operatorname{sh} x \\
y = x^2 & \text{und} & y = \pm\sqrt{x}
\end{array} \qquad (65)$$

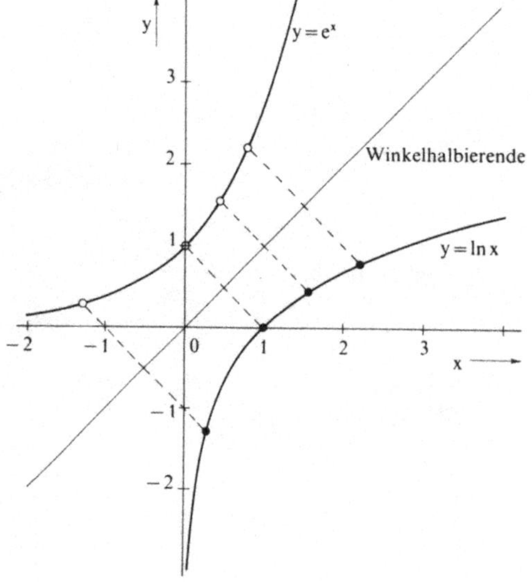

Abb. I 35
Darstellung einer Umkehrfunktion durch Spiegelung an der Winkelhalbierenden des Koordinatensystems
$(y = e^x / y = \ln x)$

Übungsaufgabe 25

Man zeige graphisch an Hand von Abb. VIII 17 (S. 209), daß die Funktion
$y = \ln(x + \sqrt{1 + x^2})$ aus der Funktion $y = \text{sh } x$ durch Spiegelung an der Winkelhalbierenden des Koordinatensystems erhalten wird.

Beim Vergleich der Übungsaufgaben 24 und 25 sehen wir, daß die graphische Darstellung von Funktionen sehr erleichtert wird, wenn wir sie als Umkehrfunktionen zu einer bereits bekannten Funktion betrachten können.

Übungsaufgabe 26

Man gebe Funktionen an, die mit ihrer Umkehrfunktion identisch sind.

2. Parameterdarstellung von Funktionen

Oft ist es einfacher, die Variablen x und y durch eine dritte Variable t auszudrücken, als y direkt in Abhängigkeit von x anzugeben. Wir wollen dies am Beispiel der Funktionen

$$y = a \cos \omega t \qquad\qquad x = b \sin \omega t \qquad\qquad (66)$$

näher erläutern. Wir stellen uns vor, daß t beliebige Werte annehmen kann und fragen nach den zugehörigen Koordinaten x und y. Diese Frage können wir mit

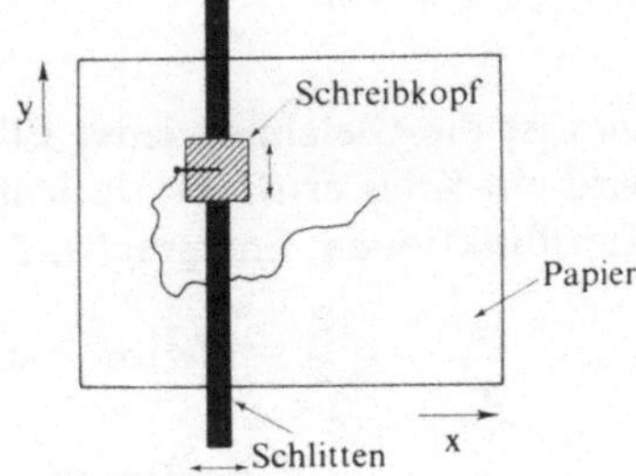

Abb. I 36
Funktionsweise eines xy-Schreibers. Der Schreibkopf kann sich nach oben und unten, der Schlitten nach links und rechts bewegen. Die Bewegung von Schreibkopf und Schlitten wird durch entsprechende elektrische Spannungen gesteuert.

einem xy-Schreiber (Abb. 36) klären, indem wir an die Horizontalablenkbuchsen eine zu x proportionale Spannung, an die Vertikalablenkbuchsen eine zu y proportionale Spannung legen; diese Spannungen können wir zwei Sinusfrequenzgeneratoren entnehmen. Wir finden, daß der xy-Schreiber die in Abb. 37 dargestellte Kurve aufzeichnet, wobei alle Punkte in Richtung des Pfeiles durchlaufen werden.

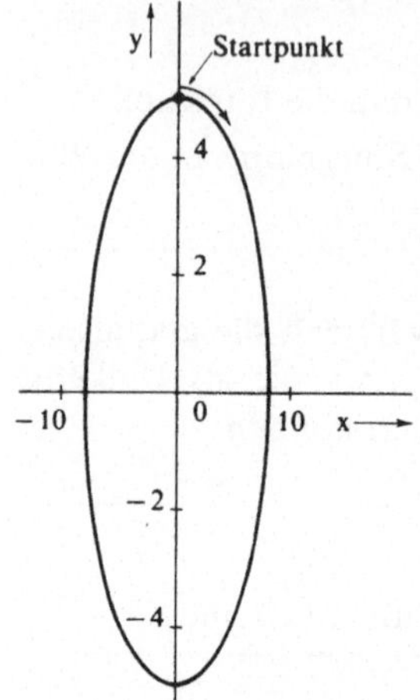

Abb. I 37
Parameterdarstellung
$y = a \cdot \cos \omega t$
$x = b \cdot \sin \omega t$
mit $a = 5$, $b = 8$,
$\omega = 1\ s^{-1}$; der Pfeil
gibt an, in welcher
Reihenfolge die ein-
zelnen Kurvenpunkte
durchlaufen werden.

Machen wir dasselbe mit den Funktionen

$$y = a\,e^{-k\,t}\cos \omega t \qquad\qquad x = b\,e^{-kt}\sin \omega t \qquad\qquad (67)$$

$$y = \pm\,a\,\mathrm{ch}\,\omega t \qquad\qquad x = b\,\mathrm{sh}\,\omega t \qquad\qquad (68)$$

dann erhalten wir die Darstellungen in Abb. 38 und 39.
Im Fall von (66) und (68) können wir y auch direkt durch x ausdrücken. Wir
bilden

$$\frac{y^2}{a^2} + \frac{x^2}{b^2} = \cos^2 \omega t + \sin^2 \omega t = 1$$

$$(66a)$$

$$y = \pm\,\frac{a}{b}\,\sqrt{b^2 - x^2}$$

Dies ist die Gleichung einer Ellipse mit den Halbachsen a und b. Im Fall $a = b$
wird ein Kreis erhalten; deshalb bezeichnet man die Winkelfunktionen auch als
Kreisfunktionen. Entsprechend gilt nach (68)

$$\frac{y^2}{a^2} - \frac{x^2}{b^2} = \mathrm{ch}^2 \omega t - \mathrm{sh}^2 \omega t = +1$$

$$(68a)$$

$$y = \pm\,\frac{a}{b}\,\sqrt{+\,b^2 + x^2}$$

Dies ist die Gleichung einer Hyperbel mit den Halbachsen a und b. Die hyperbolischen Funktionen haben ihren Namen von dieser Eigenschaft.
(67) können wir im xy-Koordinatensystem nicht direkt angeben (siehe jedoch
Übungsaufgabe 30).

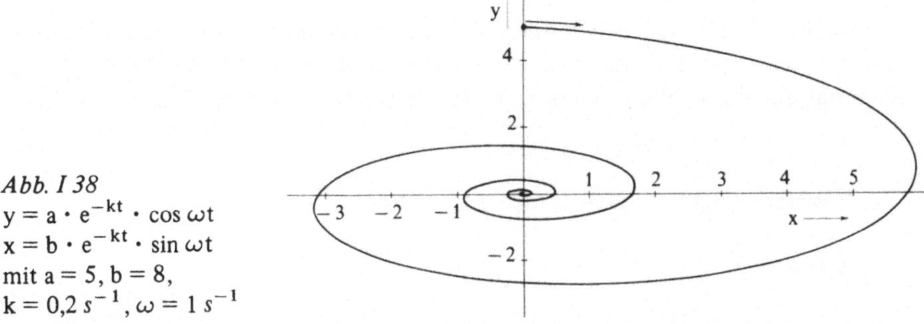

Abb. I 38

$y = a \cdot e^{-kt} \cdot \cos \omega t$

$x = b \cdot e^{-kt} \cdot \sin \omega t$

mit $a = 5$, $b = 8$,

$k = 0{,}2\ s^{-1}$, $\omega = 1\ s^{-1}$

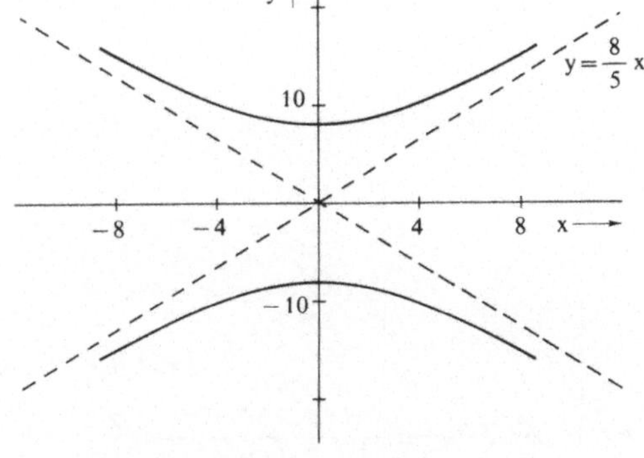

Abb. I 39

Parameterdarstellung

$y = \pm a \cdot \text{ch}\ \omega t$

$x = b \cdot \text{sh}\ \omega t$

mit $a = 8$, $b = 5$

$\omega = 1\ s^{-1}$

Übungsaufgabe 27

Man drücke die Parameterdarstellung

$$y = \sin \omega t \qquad\qquad x = \cos^2 \omega t$$

durch die direkte Darstellung in x und y aus. Man stelle y in Abhängigkeit von x graphisch dar.

---

3. Koordinatentransformationen

Es ist oft zweckmäßig, eine Funktion auf die Koordinaten eines neuen Koordinatensystems zu beziehen. Wir wollen die Parallelverschiebung und Drehung eines xy-Koordinatensystems (Kartesisches Koordinatensystem) und ein Polarkoordinatensystem näher betrachten.

1. Parallelverschiebung

Wir betrachten Abb. 40. Bezeichnen wir die Variablen im alten Koordinatensystem mit x und y und die Variablen im neuen Koordinatensystem mit ξ und η, dann hat der Punkt P im neuen Koordinatensystem die Koordinaten

$$\xi = x - p \qquad \eta = y - q \tag{69}$$

Beispiel: Welche Gleichung besitzt die Funktion

$$y = 3 \; \frac{1}{5 + x}$$

in einem neuen Koordinatensystem mit $p = -5$ und $q = 0$?

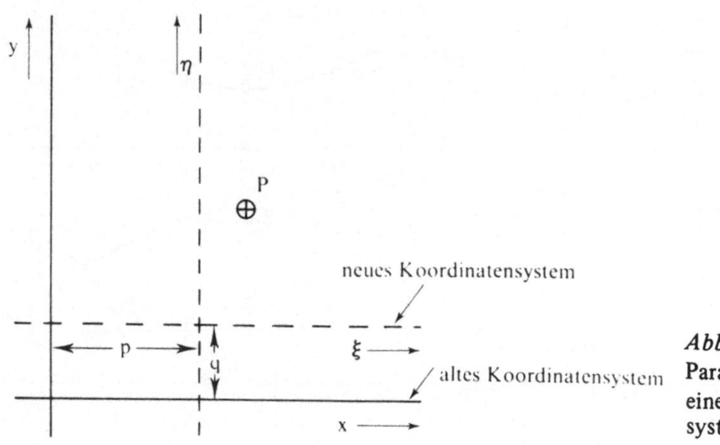

Abb. I 40
Parallelverschiebung eines xy-Koordinatensystems

Es ist $\quad \xi = x + 5 \qquad \eta = y$
Wir ersetzen x und y in der Funktionsgleichung durch ξ und η.

$$\eta = 3 \; \frac{1}{5 + (\xi - 5)} = 3 \; \frac{1}{\xi}$$

In dem neuen Koordinatensystem läßt sich also die Funktion viel einfacher ausdrücken.

2. Drehung um den Ursprung

Wir betrachten Abb. 41 und drücken die Koordinaten des Punktes P durch ξ und η aus. Nach der Zeichnung gilt

$$x = \overline{OS} - \overline{TS} = \overline{OS} - \overline{RQ}$$

$$= \xi \cos \alpha - \eta \sin \alpha \qquad\qquad (70a)$$

$$y = \overline{TP} = \overline{TR} + \overline{RP} = \overline{SQ} + \overline{RP}$$

$$= \xi \sin \alpha + \eta \cos \alpha$$

Wir können diese beiden Gleichungen auch nach ξ und η auflösen.

$$\xi = x \cos \alpha + y \sin \alpha \qquad\qquad (70b)$$

$$\eta = -x \sin \alpha + y \cos \alpha$$

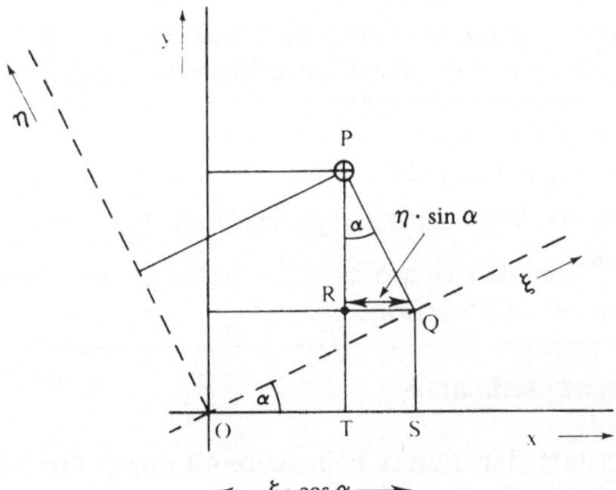

Abb. I 41
Drehung eines
xy-Koordinaten-
systems um den
Ursprung

Beispiel:
Wie lautet die Hyperbelgleichung (68a) in einem Koordinatensystem, das um

$\alpha = - \dfrac{\pi}{4}$ um den Ursprung gedreht ist (wir nehmen a = b an)?

Es ist $\sin\left(-\dfrac{\pi}{4}\right) = - \sin \dfrac{\pi}{4} = - \dfrac{1}{2} \sqrt{2}$ und

$\cos\left(-\dfrac{\pi}{4}\right) = \cos \dfrac{\pi}{4} = \dfrac{1}{2} \sqrt{2}$ und somit

$$x = \frac{1}{2} \sqrt{2}\,(\xi + \eta) \qquad\qquad y = \frac{1}{2} \sqrt{2}\,(-\xi + \eta)$$

Diese Ausdrücke setzen wir in die Funktionsgleichung ein

$$\frac{y^2}{a^2} - \frac{x^2}{a^2} = \frac{1}{2a^2}\,(-\xi + \eta)^2 - \frac{1}{2a^2}\,(\xi + \eta)^2$$

$$= \frac{1}{2a^2}\,\xi^2 - \frac{1}{a^2}\,\xi\eta + \frac{1}{2a^2}\,\eta^2 - \frac{1}{2a^2}\,\xi^2 - \frac{1}{a^2}\xi\eta - \frac{1}{2a^2}\,\eta^2$$

$$= - \frac{2}{2a^2} \, \xi \, \eta = + 1$$

Es ist also

$$\eta = - a^2 \, \frac{1}{\xi}$$

Übungsaufgabe 28

Wir betrachten den Punkt P mit den Koordinaten $x = 2$ und $y = 3$ in einem xy-Koordinatensystem. Wir drehen das Koordinatensystem um den Ursprung, und zwar um $\alpha = 30°, 60°, 120°, 150°, 180°$; wie lauten die Koordinaten des Punktes in den neuen Koordinatensystemen?

Übungsaufgabe 29

Wir denken uns die Hyperbelfunktion $y = \dfrac{3}{x}$ im xy-Koordinatensystem um 90° um den Ursprung nach rechts gedreht. Wie lautet die Funktionsgleichung der neuen Funktion?

Polarkoordinaten

Anstatt den Punkt P in Abb. 42 durch die Angabe der Koordinaten x und y festzulegen, können wir auch so vorgehen, daß wir von P die Verbindungslinie zum Ursprung zeichnen und den Abstand r und den Winkel φ angeben. Wir können dann an Stelle der Koordinaten x und y mit den Koordinaten r und φ arbeiten; diese Koordinaten nennt man Polarkoordinaten. Wir wollen die kartesischen Koordinaten in Polarkoordinaten umrechnen; nach Abbildung 42 gilt

$$x = r \cos \varphi \qquad\qquad y = r \sin \varphi \qquad\qquad (71)$$

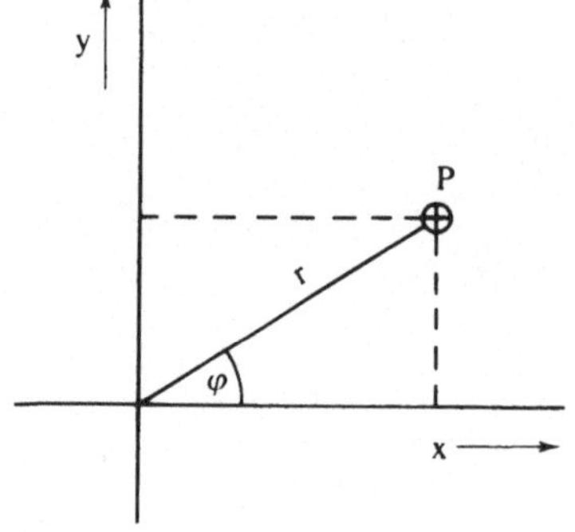

Abb. I 42
Polarkoordinaten

Beispiel

Wie lautet die Funktionsgleichung einer Ellipse in Polarkoordinaten?
Nach (66a) ist

$$\frac{y^2}{a^2} + \frac{x^2}{b^2} = 1 \tag{66a}$$

In diese Gleichung setzen wir (71) ein

$$\frac{r^2 \sin^2\varphi}{a^2} + \frac{r^2 \cos^2\varphi}{b^2} = 1$$

$$r = \frac{1}{\sqrt{\dfrac{\sin^2\varphi}{a^2} + \dfrac{\cos^2\varphi}{b^2}}} \tag{72}$$

Zu jedem Wert der unabhängigen Variablen φ gehört also ein Wert der abhängigen Variablen r; wir stellen eine Wertetabelle für den Fall $a = 1$, $b = 2$ auf.

Tab. I 11

φ	$\sin \varphi$	$\sin^2\varphi$	$\cos \varphi$	$\dfrac{\cos^2\varphi}{4}$	r
0	0	0	1	$\frac{1}{4}$	2
45°	$\frac{1}{2}\sqrt{2}$	$\frac{1}{2}$	$\frac{1}{2}\sqrt{2}$	$\frac{1}{8}$	$2 \cdot \sqrt{\frac{2}{5}}$
90°	1	1	0	0	1
135°	$\frac{1}{2}\sqrt{2}$	$\frac{1}{2}$	$-\frac{1}{2}\sqrt{2}$	$\frac{1}{8}$	$2 \cdot \sqrt{\frac{2}{5}}$
180°	0	0	-1	$\frac{1}{4}$	2

Wir können aus dieser Wertetabelle in genau gleicher Weise eine graphische Darstellung der Funktion erhalten wie im Fall der xy-Darstellung; zu beachten ist, daß r stets eine positive Größe ist.

Übungsaufgabe 30

a) Man drücke die durch die Parameterdarstellung (67) gegebene Funktion in Polarkoordinaten aus; man setze $a = b = 1$ und $kt = \varphi$.

b) Man stelle die Funktion $r = \sin \varphi$ in einem Polarkoordinatensystem graphisch dar $(0 \leqslant \varphi \leqslant \pi)$.

4. Komplexe Funktionen

Bisher haben wir ausschließlich Funktionen betrachtet, bei denen die Variablen durch reelle Zahlen dargestellt werden konnten. Diese Zahlen reichen jedoch nicht für alle Bedürfnisse aus; so trat auf Seite 27 das Problem auf, die Zahl $y = \sqrt{-1}$ anzugeben. Ein weiteres Beispiel ist die quadratische Gleichung

$$x^2 - 10x + 29 = 0$$
$$x = 5 \pm \sqrt{-4} = 5 \pm 2\sqrt{-1} \tag{73}$$

Die Rechenoperation $\sqrt{-1}$ ist im Bereich der reellen Zahlen nicht definiert. Es ist jedoch sinnvoll, einen neuen Zahlenbereich zu definieren, dessen Einheit die Zahl i ist mit der Eigenschaft, daß ihr Quadrat gleich -1 ist.

$$i^2 = -1 \qquad \text{bzw.} \qquad i = \sqrt{-1} \tag{74}$$

Diesen Zahlenbereich nennt man den Bereich der imaginären Zahlen. Mit dieser Definition können wir die Lösung unserer quadratischen Gleichung schreiben

$$x = 5 \pm 2\,i \tag{75}$$

x enthält einen reellen und einen imaginären Anteil; eine solche Zahl bezeichnet man als komplex, allgemein

$$Z = a + b\,i \tag{76}$$

Imaginäre Zahlen lassen sich wie die reellen Zahlen auf einer Zahlengeraden darstellen. Komplexe Zahlen kann man in einer Zahlenebene darstellen, indem man die Zahlengeraden für die reellen und die imaginären Zahlen wie die Achsen eines kartesischen Koordinatensystems anordnet (Gaußsche Zahlenebene). Jeder Punkt in der Zahlenebene entspricht dann einer komplexen Zahl (Abb. 43).

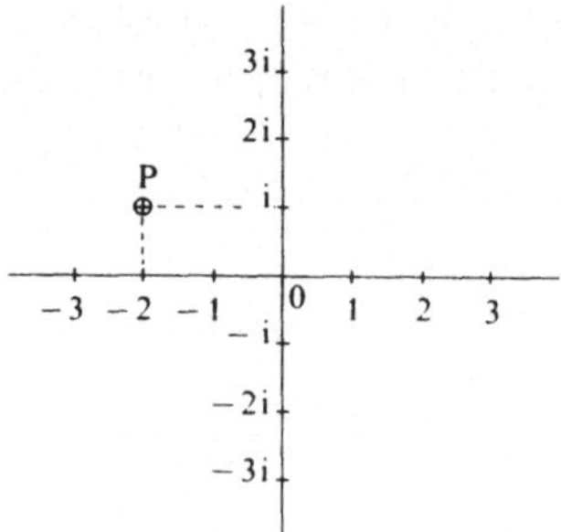

Abb. I 43
Darstellung der
komplexen Zahl
$Z = -2 + i$
in der Zahlenebene

Rechenregeln für komplexe Zahlen

Addition:
$$Z_1 = a_1 + b_1 \, i \qquad\qquad Z_2 = a_2 + b_2 \, i$$
$$Z_1 + Z_2 = a_1 + b_1 \, i + a_2 + b_2 \, i$$
$$= (a_1 + a_2) + (b_1 + b_2) \, i \qquad\qquad (77)$$

Komplexe Zahlen werden addiert, indem man die reellen und imaginären Anteile jeweils für sich addiert. Entsprechendes gilt für die Substraktion.

Multiplikation:
$$Z_1 \, Z_2 = (a_1 + b_1 \, i)(a_2 + b_2 \, i) =$$
$$a_1 \, a_2 + a_1 b_2 \, i + b_1 a_2 \, i - b_1 b_2 \qquad\qquad (78)$$
$$= (a_1 a_2 - b_1 b_2) + (a_1 b_2 + a_2 b_1) \, i$$

Es wird wieder eine komplexe Zahl erhalten. Interessant ist der Spezialfall $a_2 = a_1$, $b_2 = -b_1$; dann ist der imaginäre Anteil im Resultat (78) Null, das Produkt ist also reell. Zahlenpaare der Form

$$Z = a + b \, i \qquad\qquad Z = a - b \, i \qquad\qquad (79)$$

bezeichnet man als zueinander konjugiert komplex.

Übungsaufgabe 31

Man gebe zwei komplexe Zahlen Z_1 und Z_2 an, für die gilt

$$Z_1 + Z_2 = \text{reell}$$
$$Z_1 - Z_2 = \text{imaginär}$$

Division

$$\frac{Z_1}{Z_2} = \frac{a_1 + b_1 \, i}{a_2 + b_2 \, i} \qquad\qquad (80)$$

Wenn wir den Ausdruck mit einer Zahl erweitern, die konjugiert komplex zum Nennerausdruck ist, dann wird der Nenner reell, und wir erhalten

$$\frac{Z_1}{Z_2} = \frac{(a_1 + b_1 \, i)(a_2 - b_2 \, i)}{a_2^2 - b_2^2} = \frac{(a_1 a_2 + b_1 b_2)(b_1 a_2 - b_2 a_1) \, i}{a_2^2 - b_2^2}$$

$$= \frac{a_1 a_2 + b_1 b_2}{a_2^2 - b_2^2} + \frac{b_1 a_2 - b_2 a_1}{a_2^2 - b^2} \, i \qquad\qquad (81)$$

Bei Funktionen wie e^{ix}, $\sin(ix)$ werden wir im Abschnitt „Unendliche Reihen" sehen, wie die Aufspaltung in reellen und imaginären Anteil vorgenommen werden kann (Seite 125).

5. Größengleichungen

In den bisher behandelten Funktionen $y = f(x)$ können die Variablen y und x physikalische Größen sein, die keine reinen Zahlen darstellen (z.B. (2), (8), (23a–c), (35), (42)). Eine physikalische Größe ist ein Produkt aus Zahlenwert und Einheit, z.B.

$$s = \{s\}\,[s] = 3,5\ km \tag{82}$$

$\{s\}$ bedeutet „Zahlenwert von s", [s] bedeutet „Einheit von s". Daraus folgt, daß physikalische Größen in einer Gleichung ohne weiteres miteinander multipliziert bzw. dividiert werden dürfen, z.B.

$$s = \frac{1}{2}\,gt^2 = \frac{1}{2}\,\{g\}\,[g]\,\{t\}^2\,[t]^2$$

$$= \frac{1}{2}\,9,81\,\frac{m}{s^2}\,3^2\,s^2 = \frac{1}{2}\,9,81\,\,9\ m \tag{83}$$

$$= 44,2\ m$$

Die Addition und Subtraktion ist nur möglich, wenn die Größen die gleiche Einheit besitzen, z.B.

$$s = s_1 + s_2 = 3,5\ km + 4,7\ km = 8,2\ km \tag{84}$$

Wenn sich die Einheiten der Größen nur durch einen Zahlenfaktor unterscheiden, dann können die Größen einheitengleich gemacht werden, indem man diesen Zahlenfaktor in den Zahlenwert mit einbezieht.

$$s = s_1 + s_2 = 3,5\ km + 4700\ m = 3,5\ km + 4,7\ km = 8,2\ km$$

Übungsaufgabe 32

1. Man berechne $V = \nu \cdot \dfrac{RT}{p}$ für $\nu = 2\ mol$, $R = 0{,}082\ l \cdot atm \cdot mol^{-1} \cdot Grad^{-1}$, $T = 300°$ und $p = 3\ atm$.

2. Man wiederhole die Rechnung mit $R = 8{,}31 \cdot 10^7\ erg\ mol^{-1}\ Grad^{-1}$.

Ein Ausdruck, der im Exponenten einer Exponentialfunktion steht, muß nach der Definition der Exponentialfunktion eine reine Zahl sein. So sind Ausdrücke der Form (23a–c)

$$e^{\frac{t}{\tau}},\ e^{-\frac{t}{RC}},\ e^{-kt} \tag{86}$$

möglich, wenn $[t] = [\tau]$ bzw. $[t] = [R \cdot C]$ bzw. $[t] = [k]$ ist; ein Ausdruck der

Form e^t, in dem t die Größe „Zeit" bedeutet, ist jedoch nicht definiert und damit sinnlos. Entsprechendes gilt für die Argumente der Logarithmus-, der Winkel-, der Arcus-, der hyperbolischen und der Areafunktionen. Besonders bei der Logarithmusfunktion muß man aufpassen, wenn man nach den Rechenregeln der Logarithmen Umformungen vornimmt. So ist der Ausdruck (35)

$$\lg \frac{U}{U_0} = \lg \frac{\{U\}\,[U]}{\{U_0\}\,[U_0]} \tag{87}$$

durchaus sinnvoll, weil $[U] = [U_0]$ ist (oder sich beide Einheiten nur durch einen Zahlenfaktor unterscheiden); nach den Logarithmenregeln könnten wir dafür auch schreiben

$$\lg \frac{U}{U_0} = \lg U - \lg U_0 \tag{88}$$

Diese Aufspaltung ist jedoch sinnlos, weil damit Ausdrücke erhalten werden, bei denen das Argument keine reine Zahl ist und die deshalb nicht definiert sind.

Übungsaufgabe 33

In einem Lehrbuch finden wir die Gleichung

$$pH = - \lg c_{H^+}$$

(pH = pH-Wert, c_{H^+} = Konzentration an H^+-Ionen)
Was kann damit gemeint sein?

Übungsaufgabe 34

In einem Lehrbuch finden wir für die Äquivalentleitfähigkeit Λ einer Lösung von NaCl in Wasser

$$\Lambda = \frac{1000\,\lambda}{c}$$

(λ = spezifische Leitfähigkeit, c = Konzentration)
In einem anderen Lehrbuch finden wir für dieselbe Größe

$$\Lambda = \frac{\lambda}{c}$$

Wie ist dieser Unterschied zu erklären?

II. Differentialrechnung

1. Der Differentialquotient

Bei der Behandlung der linearen Funktion haben wir die Steigung

$$\frac{\Delta y}{\Delta x} = \frac{y_2 - y_1}{x_2 - x_1} \tag{1}$$

definiert (I4–I6); bei der linearen Funktion ist die Steigung konstant. Eine lineare Funktion ist z.B. die Wegstrecke s in Abhängigkeit von der Zeit bei einer gleichförmigen Bewegung

$$s = u\,t \tag{2}$$

Die Größe

$$u = \frac{\Delta s}{\Delta t} = \frac{s_2 - s_1}{t_2 - t_1} \tag{3}$$

hat hier die Bedeutung der Geschwindigkeit. Bei einer ungleichförmigen Bewegung ist die Geschwindigkeit u nicht konstant; z.B. gilt für das Weg-Zeitgesetz beim freien Fall

$$s = \frac{1}{2}\,g\,t^2 \tag{4}$$

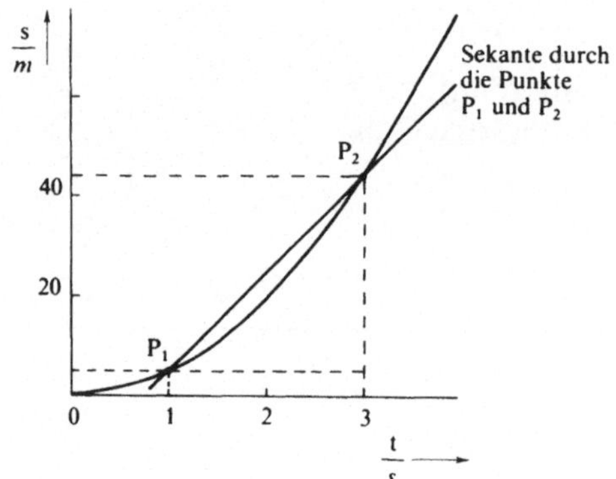

Abb. II 1
Darstellung von
$$s = \frac{1}{2}\,gt^2;$$
Annäherung der
Tangentensteigung
im Punkt P_1 durch
die Steigung der Sekante
durch P_1 und P_2
$(g = 9{,}81\ m/s^2)$.

Wir wollen in diesem Fall die Geschwindigkeit zur Zeit $t_1 = 1\ s$ berechnen. Dazu greifen wir uns ein Zeitintervall zwischen $t_1 = 1\ s$ und $t_2 = 3\ s$ heraus und berechnen die Durchschnittsgeschwindigkeit $\bar{u}$ in diesem Zeitintervall. Es ist

$$\bar{u} = \frac{s_2 - s_1}{t_2 - t_1} = \frac{\frac{1}{2}\,g\,(t_2^2 - t_1^2)}{t_2 - t_1} = \frac{1}{2}\,981\,\frac{cm}{s^2}\,\frac{8\,s^2}{2\,s}$$

$$= 1962\,\frac{cm}{s}$$

Der Wert von $\bar{u}$ hängt davon ab, wie weit der Punkt P_2 in Abb. 1 von dem Punkt P_1 entfernt ist. Lassen wir P_2 immer dichter an P_1 heranrücken, dann erhalten wir die Werte in Tab. 1; in Abb. 2 ist $\bar{u}$ in Abhängigkeit von Δt dargestellt.

Tab. II 1: Durchschnittsgeschwindigkeit $\bar{u}$ in Abhängigkeit von Zeitintervall Δt

$\dfrac{t_1}{sec}$	$\dfrac{t_2}{sec}$	$\left(\dfrac{t_1}{sec}\right)^2$	$\left(\dfrac{t_2}{sec}\right)^2$	$\dfrac{\Delta s}{cm}$	$\dfrac{\Delta t}{sec}$	$\dfrac{\bar{u}}{cm/sec}$
1	3,0	1	9,0	3924,0	2	1962,0
1	2,0	1	4,0	1471,5	1	1471,5
1	1,1	1	1,21	103,005	0,1	1030,1
1	1,01	1	1,0201	9,859	0,01	985,9
1	1,001	1	1,002001	0,9815	0,001	981,5
1	1,0001	1	1,000200	0,09810	0,0001	981,0

In dem Maß, in dem Δt und Δs kleiner werden, strebt $\bar{u}$ gegen einen Wert, der nach Abb. 2 bei 981 cm/s liegt; diesen Wert bezeichnen wir im Gegensatz zu u als Momentangeschwindigkeit u.
Wir können diesen Sachverhalt auch so ausdrücken: die Momentangeschwindigkeit u ist der Grenzwert der Durchschnittsgeschwindigkeit, wenn Δt gegen Null strebt.

$$u = \lim_{\Delta t \to 0} \bar{u} = \lim_{\Delta t \to 0} \frac{\Delta s}{\Delta t} \tag{5}$$

Diesen Grenzwert können wir natürlich nicht so ermitteln, daß wir von vornherein das Wertepaar $\Delta s = 0$ und $\Delta t = 0$ einsetzen, denn das würde den unbestimmten Ausdruck $\dfrac{0}{0}$ ergeben; wir müssen vielmehr so vorgehen, daß wir von einem großen Δt ausgehen, Δt immer kleiner werden lassen und auf $\Delta t \to 0$ extrapolieren. Diese Extrapolation für eine beliebige Funktion auszuführen, ist das eigentliche Problem der Differentialrechnung.

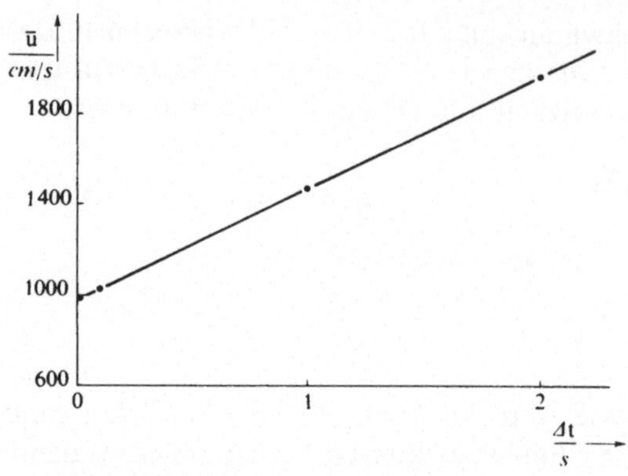

Abb. II 2
Momentangeschwindigkeit durch
Extrapolation aus der Durch-
schnittsgeschwindigkeit (Tab. 1)

Wollen wir in unserem Beispiel u nicht für die Zeit $t_1 = 1\,s$, sondern für eine beliebige Zeit t berechnen, dann bilden wir

$$u = \lim_{\Delta t \to 0} \frac{\Delta s}{\Delta t} = \lim_{\Delta t \to 0} \frac{1}{2}\, g\, \frac{(t + \Delta t)^2 - t^2}{\Delta t} \tag{6}$$

Diesen Grenzwert können wir nicht direkt ausrechnen, weil wir dann auf den unbestimmten Ausdruck $\frac{0}{0}$ stoßen; wir können aber versuchen, den Ausdruck so umzuformen, daß wir im Zähler den Faktor Δt ausklammern können.

$$(t + \Delta t)^2 - t^2 = t^2 + 2\,\Delta t\, t + (\Delta t)^2 - t^2 = \Delta t\,(2t + \Delta t) \tag{7}$$

Da wir Δt als verschieden von Null vorausgesetzt haben, können wir Zähler und Nenner durch Δt dividieren und erhalten

$$u = \lim_{\Delta t \to 0} \frac{1}{2}\, g\,(2t + \Delta t) = g\, t \tag{8}$$

Für $t = 1\,s$ erhalten wir damit $u = 981\,\frac{cm}{s^2}$ in Übereinstimmung mit dem Resultat in Tab. 1 bzw. Abb. 2.
Gehen wir von der Funktion $s = \frac{1}{2}\, gt^2$ zu einer beliebigen Funktion $y = f(x)$ über, dann gilt für die Steigung der Funktion analog

$$\text{Steigung} = \lim_{\Delta t \to 0} \frac{\Delta y}{\Delta x} = \lim_{\Delta t \to 0} \frac{f(x + \Delta x) - f(x)}{\Delta x} \tag{9}$$

Diesen Grenzwert bezeichnet man mit dem Symbol y' (Ableitung der Funktion y) oder $\frac{dy}{dx}$ bzw. $\frac{d}{dx}(y)$ (Differentialquotient der Funktion y); das Bilden dieses Grenzwertes nennt man „differenzieren" oder „ableiten".

$$\lim_{\Delta x \to 0} \frac{\Delta y}{\Delta x} = y' = \frac{dy}{dx} = \frac{d}{dx}(y) \tag{10}$$

$\dfrac{\Delta y}{\Delta x}$ nennt man auch Differenzenquotient; der Differenzenquotient geht für $\Delta x \to 0$ in den Differentialquotienten über. Nach Abb. 1 entspricht dem Differenzenquotienten die Steigung einer Sekante durch die Punkte P_1 und P_2, dem Differentialquotienten entspricht die Steigung der Tangente durch den Punkt P_1. Die Bedeutung der Differentiale dy und dx wird auf Seite 80 näher erläutert.

Übungsaufgabe 1

Man differenziere gemäß (9) die Funktion $y = \dfrac{1}{x}$

Übungsaufgabe 2

Man zeige, daß folgende Rechenregeln gelten:

1. $\dfrac{d}{dx} (y + \text{const.}) = \dfrac{dy}{dx}$

2. $\dfrac{d}{dx} (\text{const. } y) = \text{const. } \dfrac{dy}{dx}$

3. $\dfrac{d}{dx} [f(x) + g(x)] = \dfrac{df}{dx} + \dfrac{dg}{dx}$

---

2. Technik des Differenzierens

Produktregel

Wir betrachten die Produktfunktion

$$y = u(x)\, v(x) \tag{11}$$

und bilden gemäß (9)

$$\frac{dy}{dx} = \lim_{\Delta x \to 0} \frac{\Delta y}{\Delta x} = \lim_{\Delta x \to 0} \frac{u(x + \Delta x)\, v(x + \Delta x) - u(x)v(x)}{\Delta x} \tag{12}$$

Wir addieren im Zähler den Ausdruck

$$u(x + \Delta x)\, v(x) - u(x + \Delta x)\, v(x)\,, \tag{13}$$

insgesamt also Null.

$$
\begin{aligned}
\Delta y = \;& u(x + \Delta x)\, v(x + \Delta x) - u(x + \Delta x)\, v(x) \\
& + u(x + \Delta x)\, v(x) - u(x)\, v(x) \\
= \;& u(x + \Delta x)\, [v(x + \Delta x) - v(x)] \\
& + v(x)\, [u(x + \Delta x) - u(x)]
\end{aligned}
\tag{14}
$$

Somit ist*

$$\frac{dy}{dx} = \lim_{\Delta x \to 0} \left\{ \left[u\,(x + \Delta x)\,\frac{\Delta v}{\Delta x} \right] + \left[\lim_{\Delta x \to 0} v(x)\,\frac{\Delta u}{\Delta x} \right] \right\}$$

$$\boxed{\frac{dy}{dx} = u\,\frac{dy}{dx} + v\,\frac{du}{dx}}$$

(15)

Diesen Ausdruck bezeichnet man als *Produktregel.*

Übungsaufgabe 3

Man bilde nach der Produktregel den Differentialquotienten von

$$y = x^3$$

Kettenregel

Wir betrachten die Funktion

$$y = (a + b\,x)^3 \tag{16}$$

Zum Differenzieren dieser Funktion können wir nicht einfach wie im Falle $y = x^3$ vorgehen, weil die Basis dieser Potenzfunktion selbst noch eine Funktion von x ist; wir können dies folgendermaßen ausdrücken:

$$\cdot \quad y = u^3 \quad \text{mit} \quad u = a + b\,x \tag{17}$$

* Für das Rechnen mit Grenzwerten lassen sich folgende Rechenregeln herleiten:

$$\lim_{\Delta x \to 0} [A\,(x + \Delta x) + B\,(x + \Delta x)] = \lim_{\Delta x \to 0} A\,(x + \Delta x) + \lim_{\Delta x \to 0} B\,(x + \Delta x)$$

$$\lim_{\Delta x \to 0} [A\,(x + \Delta x) - B\,(x + \Delta x)] = \lim_{\Delta x \to 0} A\,(x + \Delta x) - \lim_{\Delta x \to 0} B\,(x + \Delta x)$$

$$\lim_{\Delta x \to 0} [A\,(x + \Delta x)\,B\,(x + \Delta x)] = \left[\lim_{\Delta x \to 0} A\,(x + \Delta x) \right] \cdot \left[\lim_{\Delta x \to 0} B\,(x + \Delta x) \right]$$

$$\lim_{\Delta x \to 0} \frac{A\,(x + \Delta x)}{B\,(x + \Delta x)} = \frac{\lim_{\Delta x \to 0} A\,(x + \Delta x)}{\lim_{\Delta x \to 0} B\,(x + \Delta x)}$$

Voraussetzung ist, daß die Grenzwerte $\lim_{\Delta x \to 0} A(x + \Delta x)$ und $\lim_{\Delta x \to 0} B(x + \Delta x)$ endlich sind; im letzten Fall muß außerdem $\lim_{\Delta x \to 0} B(x + \Delta x)$ verschieden von Null sein.

oder allgemein

$$y = f(u) \quad \text{mit} \quad u = g(x) \tag{18}$$

Solche Funktionen bezeichnet man als mittelbare Funktionen, weil sie nicht unmittelbar, sondern erst über eine zwischengeschaltete Funktion u von x abhängen. Ändern wir x um Δx, dann ändert sich u um Δu und y um Δy. Es gilt somit

$$\frac{dy}{dx} = \lim_{\Delta x \to 0} \frac{\Delta y}{\Delta x} = \lim_{\Delta x \to 0} \frac{y(u + \Delta u) - y(u)}{\Delta x} \tag{19}$$

Wir multiplizieren Zähler und Nenner mit Δu.

$$\boxed{\frac{dy}{dx}} = \lim_{\Delta x \to 0} \frac{y(u + \Delta u) - y(u)}{\Delta u} \, \frac{\Delta u}{\Delta x} = \boxed{\frac{dy}{du} \, \frac{du}{dx}} \tag{20}$$

Dieses Resultat bezeichnet man als *Kettenregel*. In unserem Beispiel erhalten wir

$$\frac{dy}{du} = 3 \, u^2 \qquad \text{(Übungsaufgabe 2)}$$

$$\frac{du}{dx} = b \qquad \text{(nach I6)}$$

$$\frac{dy}{dx} = \frac{dy}{du} \, \frac{du}{dx} = 3 \, u^2 \, b = 3 \, b \, (a + bx)^2$$

Übungsaufgabe 4

Man differenziere (16) ohne Anwendung der Kettenregel, indem man den Ausdruck ausmultipliziert und gliedweise differenziert.

Als zweites Beispiel betrachten wir

$$y = \sqrt{x} \tag{21}$$

Diese Schreibweise ist nach (I 18, I 19) identisch mit

$$y^2 = x \tag{22}$$

Diesen Ausdruck können wir auf der linken und auf der rechten Seite nach x differenzieren.
Linke Seite: y ist eine Funktion von x, also müssen wir nach der Kettenregel differenzieren.

$$\frac{d}{dx} (y^2) = \frac{d}{dy} (y^2) \, \frac{dy}{dx} = 2 \, y \, \frac{dy}{dx} \tag{23}$$

Rechte Seite:

$$\frac{d}{dx}\,(x) = 1 \tag{24}$$

Also

$$2y\,\frac{dy}{dx} = 1$$

$$\frac{dy}{dx} = \frac{1}{2y} \tag{25}$$

Für y setzen wir (21) ein

$$\frac{dy}{dx} = \frac{1}{2\sqrt{x}} \tag{26}$$

Übungsaufgabe 5

Man zeige unter Verwendung der Produktregel und der Kettenregel, daß für

$$y = \frac{u}{y}$$

$$\boxed{\frac{dy}{dx} = \frac{\dfrac{du}{dx}\,v - \dfrac{dv}{dx}\,u}{v^2}}$$

gilt (*Quotientenregel*). Man differenziere sodann

$$y = \frac{a + b\,x}{a - bx^2}$$

Wir wollen jetzt noch die Differentialquotienten der in Abschnitt I behandelten speziellen Funktionen bilden.

Logarithmusfunktion

$$y = {}^a\!\log x \tag{27}$$

$$\frac{dy}{dx} = \lim_{\Delta x \to 0} \frac{{}^a\!\log(x + \Delta x) - {}^a\!\log x}{\Delta x} \tag{28}$$

Nach den Rechenregeln für Logarithmen formen wir den Zählerausdruck um.

$$\frac{\Delta y}{\Delta x} = \frac{{}^a\log(x + \Delta x) - {}^a\log x}{\Delta x} = \frac{1}{\Delta x} \, {}^a\log \frac{x + \Delta x}{x}$$

$$= \frac{1}{\Delta x} \, {}^a\log\left(1 + \frac{\Delta x}{x}\right) = \frac{x}{x} \frac{1}{\Delta x} \, {}^a\log\left(1 + \frac{\Delta x}{x}\right) \tag{29}$$

$$= \frac{1}{x} \frac{x}{\Delta x} \, {}^a\log\left(1 + \frac{\Delta x}{x}\right) = \frac{1}{x} \, {}^a\log\left(1 + \frac{\Delta x}{x}\right)^{\frac{x}{\Delta x}}$$

Das Argument im Logarithmus hat damit die Form eines Ausdruckes

$$\left(1 + \frac{1}{n}\right)^n \quad \text{mit} \quad n = \frac{x}{\Delta x} \tag{30}$$

erhalten. Wenn Δx gegen Null strebt, dann geht n gegen Unendlich und der Klammerausdruck nach (I 24) gegen $e = 2{,}71828\ldots$
Damit erhalten wir

$$\boxed{\frac{dy}{dx} = \frac{1}{x} \, {}^a\log e = \frac{1}{x} \frac{1}{\ln a}} \tag{31}$$

Spezialfälle

$$\frac{d}{dx} \, (\ln x) = \frac{1}{x} \, \ln e = \frac{1}{x}$$

$$\frac{d}{dx} \, (\lg x) = \frac{1}{x} \, \lg e = \frac{1}{2{,}303} \frac{1}{x}$$

Exponentialfunktion

$$y = a^x \tag{32}$$

Wir logarithmieren auf beiden Seiten und differenzieren nach der Kettenregel.

$$^a\log y = x \tag{33}$$

$$\frac{1}{y} \, {}^a\log e \, \frac{dy}{dx} = 1 \tag{34}$$

$$\boxed{\frac{dy}{dx} = \frac{1}{{}^a\log e} \, y = \frac{1}{{}^a\log e} \, a^x = a^x \cdot \ln a} \tag{35}$$

Spezialfälle

$$\frac{d}{dx} \, (e^x) = e^x$$

$$\frac{d}{dx}(10^x) = 2{,}303 \cdot 10^x$$

Die Funktion $y = e^x$ ist die einzige Funktion, die mit ihrem Differentialquotienten identisch ist.

Potenzfunktion

$$y = x^a \tag{36}$$

$$\ln y = a \ln x \tag{37}$$

$$\frac{1}{y}\frac{dy}{dx} = a \frac{1}{x}$$

$$\frac{dy}{dx} = a\,y\,\frac{1}{x} = a\,x^a\,\frac{1}{x} = a\,x^{a-1} \tag{38}$$

Übungsaufgabe 6

Man differenziere die Funktion $y = x^x$, indem man analog wie bei den Potenzfunktionen vorgeht.

Übungsaufgabe 7

Man bilde die Differentialquotienten der folgenden Funktionen. (in 5. nach E, in 9. nach T).

1. $\quad y = \sqrt{\dfrac{1 + x^2}{1 - x^2}}$
                                      5. $\quad y = e^{-\frac{E}{kT}}$

2. $\quad y = x\,e^{-x^2}$
                                        6. $\quad y = \dfrac{1}{e^x - 1}$

3. $\quad y = x^2\,e^{-x^2}$
                                        7. $\quad y = \dfrac{x}{e^x - 1}$

4. $\quad y = \lg \dfrac{1}{x^2}$
                                        8. $\quad y = \dfrac{x^2}{e^x - 1}$

$$9. \quad p = p_0\, e^{\frac{A}{R}\left(\frac{1}{T_0} - \frac{1}{T}\right)}$$

Winkelfunktionen

$$y = \sin x \tag{39}$$

$$\frac{dy}{dx} = \lim_{\Delta x \to 0} \frac{\sin(x + \Delta x) - \sin x}{\Delta x} \tag{40}$$

Wir benutzen das Additionstheorem

$$\sin \alpha - \sin \beta = 2 \cos \frac{\alpha + \beta}{2} \sin \frac{\alpha - \beta}{2} \tag{41}$$

und setzen

$$\alpha = x + \Delta x \qquad\qquad \beta = x$$

$$\sin(x + \Delta x) - \sin x = 2 \cos \left(x + \frac{\Delta x}{2} \right) \sin \frac{\Delta x}{2} \tag{42}$$

$$\frac{dy}{dx} = \lim_{\Delta x \to 0} \frac{\cos\left(x + \frac{\Delta x}{2} \right) \sin \frac{\Delta x}{2}}{\frac{\Delta x}{2}}$$

$$= \cos x \lim_{\Delta x \to 0} \frac{\sin \frac{\Delta x}{2}}{\frac{\Delta x}{2}} \tag{43}$$

Zur Berechnung dieses Grenzwertes betrachten wir die Funktion $y = \frac{\sin z}{z}$.
Für $z > 0$ stellt diese Funktion eine Sinusfunktion dar, deren Amplitude mit steigendem x abnimmt; an der Stelle $x = 0$ ist die Funktion nicht definiert (unbestimmter Ausdruck $\frac{0}{0}$), wir können jedoch Funktionswerte berechnen, die beliebig dicht an $x = 0$ heranreichen (Abb. 3). Wir vermuten an Hand von Abb. 3, daß y für $x \to 0$ gegen 1 strebt. Um diese Vermutung zu bestätigen, betrachten wir Abb. 4; es ist

$$\text{Fläche OAC} \quad < \quad \text{Fläche OBC} \quad < \quad \text{Fläche OBD}$$

$$\frac{1}{2} \, r \cos z \, r \sin z \quad < \quad \pi \, r^2 \frac{z}{2\pi} \quad < \quad \frac{1}{2} \, r \, r \, \mathrm{tg}\, z$$

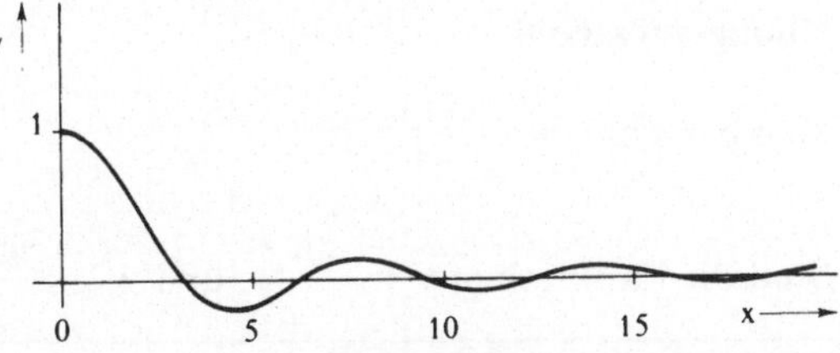

Abb. II 3
Graphische Darstellung
der Funktion
$$y = \frac{\sin x}{x} \qquad \text{für} \qquad x \neq 0$$

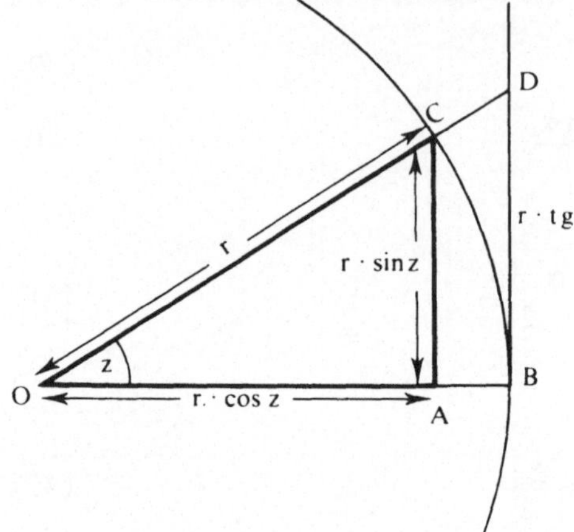

Abb. II 4
Hilfskonstruktion
zur Berechnung von

$$\lim_{z \to 0} \frac{\sin z}{z}$$

Daraus erhalten wir

$$\cos z < \frac{z}{\sin z} < \frac{1}{\cos z} \tag{44}$$

für $z \to 0$ wird $\cos z = \dfrac{1}{\cos z} = 1$ und somit

$$\lim_{z \to 0} \frac{z}{\sin z} = 1 \tag{45}$$

Damit ist

$$\boxed{\frac{d}{dx} (\sin x) = \cos x} \tag{46}$$

Für $y = \cos x = \sin\left(\dfrac{\pi}{2} - x\right)$ gilt nach der Kettenregel

$$\boxed{\frac{d}{dx} (\cos x)} = \cos\left(\frac{\pi}{2} - x\right)(-1) \boxed{= - \sin x} \tag{47}$$

Übungsaufgabe 8

Man berechne $\lim\limits_{z \to 0} \dfrac{\sin z}{z^2}$

Sind die Funktionen $y = \dfrac{\sin z}{z}$ und $y = \dfrac{\sin z}{z^2}$ periodisch?

Übungsaufgabe 9

Man differenziere die Funktionen $y = \mathrm{tg}\, x$ und $y = \mathrm{ctg}\, x$.

Arcus-Funktionen

$$y = \mathrm{arc}\,\sin x \longleftrightarrow x = \sin y \tag{48}$$

Wir differenzieren nach der Kettenregel

$$1 = \cos y \, \frac{dy}{dx} \tag{49}$$

$$\boxed{\frac{dy}{dx}} = \frac{1}{\cos y} = \frac{1}{\sqrt{1 - \sin^2 y}} \boxed{= \frac{1}{\sqrt{1 - x^2}}} \tag{50}$$

Übungsaufgabe 10

Man differenziere $y = \mathrm{arc}\,\cos x$, $y = \mathrm{arc}\,\mathrm{tg}\, x$ und $y = \mathrm{arc}\,\mathrm{ctg}\, x$

Hyberbolische Funktionen

$$y = \mathrm{sh}\, x = \frac{1}{2}\,(e^x - e^{-x}) \tag{51}$$

$$\boxed{\frac{dy}{dx}} = \frac{1}{2}\,(e^x + e^{-x}) \boxed{= \mathrm{ch}\, x} \tag{52}$$

$$y = \mathrm{ch}\, x = \frac{1}{2}\,(e^x + e^{-x}) \tag{53}$$

$$\boxed{\frac{dy}{dx}} = \frac{1}{2}\,(e^x - e^{-x}) \boxed{= \mathrm{sh}\, x} \tag{54}$$

Es werden ähnliche Ausdrücke wie im Fall der Winkelfunktionen erhalten.

Übungsaufgabe 11

Man differenziere die Funktionen $y = \mathrm{th}\, x$ und $y = \mathrm{cth}\, x$

Areafunktionen

$$y = \mathrm{ar}\,\mathrm{sh}\, x \longleftrightarrow x = \mathrm{sh}\, y \tag{55}$$

Wir differenzieren nach der Kettenregel

$$1 = \operatorname{ch} y \, \frac{dy}{dx} \tag{56}$$

$$\boxed{\frac{dy}{dx}} = \frac{1}{\operatorname{ch} y} = \frac{1}{\sqrt{\operatorname{sh} y^2 + 1}} = \boxed{\frac{1}{\sqrt{x^2 + 1}}} \tag{57}$$

Übungsaufgabe 12

Man zeige, daß durch Differentiation von $y = \ln (x + \sqrt{1 + x^2})$ dasselbe Resultat erhalten wird wie beim Differenzieren von $y = \operatorname{ar} \operatorname{sh} x$ (siehe auch Übungsaufgabe I 24, Seite 45)

Übungsaufgabe 13

Man differenziere die Funktionen

1. $y = x \cos 2x$

2. $y = x^2 \cos 2x$

3. $y = \dfrac{x \sin x}{1 - \cos x}$

4. $x = e^{-at} \sin \omega t$

Eine Zusammenstellung der Differentialquotienten aller bisher besprochener Funktionen ist in Tab. III 1 (Seite 94) gegeben.

3. Unbestimmte Ausdrücke

In Übungsaufgabe I 11 trat das Problem auf, den Wert der Ausdrücke $x \cdot e^{-x}$ und $x^2 \cdot e^{-x}$ für den Fall zu berechnen, daß x gegen Unendlich strebt; ein ähnliches Problem liegt bei dem Ausdruck $\dfrac{\sin x}{x}$ vor, wenn wir x gegen 0 streben lassen (Seite 67). Beiden Problemen ist gemeinsam, daß beim direkten Einsetzen des betrachteten x-Wertes ein unbestimmter Ausdruck erhalten wird, im ersten Fall von der Form $\infty \cdot 0$, im zweiten Fall von der Form $\dfrac{0}{0}$; eine weitere Möglichkeit wäre die, daß sich ein unbestimmter Ausdruck der Form $\dfrac{\infty}{\infty}$ ergibt, z.B. $\dfrac{x}{\ln x}$ für x gegen Unendlich.

Der Fall $\infty \cdot 0$ kann immer auf die Fälle $\dfrac{0}{0}$ oder $\dfrac{\infty}{\infty}$ zurückgeführt werden, indem man einen der beiden Faktoren als reziproken Wert in den Nenner setzt, z.B.

$$x\, e^{-x} = \frac{x}{e^x} = \frac{e^{-x}}{x^{-1}} \tag{58}$$

Unbestimmte Ausdrücke vom Typ $\dfrac{0}{0}$

Wir suchen den Grenzwert

$$\lim_{x \to x_0}\ \frac{f(x)}{g(x)} \tag{59}$$

für den Fall $\quad f(x_0) = 0$ und $g(x_0) = 0$.

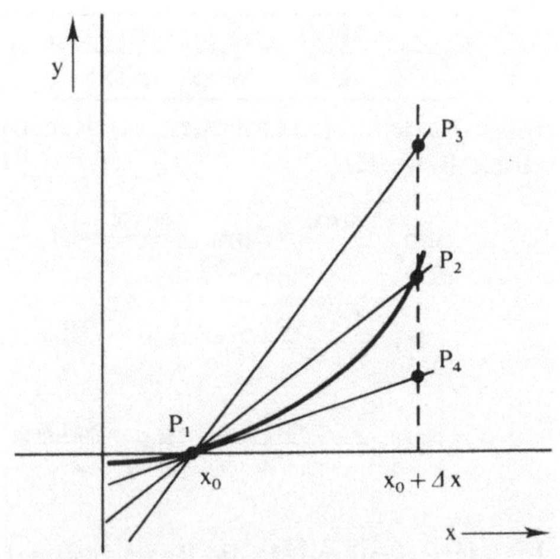

Abb. II 5
Hilfskonstruktion
zur Ableitung
von (61)

Zur Berechnung des Grenzwertes gehen wir von dem Funktionswert an der Stelle $x = x_0 + \Delta x$ aus und machen dann den Grenzübergang $\Delta x \to 0$. Zeichnen wir in Abb. 5 durch den Punkt P_1 Geraden mit der Steigung m ein

$$y = m\, \Delta x \tag{60}$$

dann kann der Funktionswert dieser Geraden an der Stelle $x = x_0 + \Delta x$ je nach der Größe von m größer oder kleiner sein als der entsprechende Funktionswert unserer Funktion $y = f(x)$ (Punkte P_3, P_4); für einen ganz bestimmten Wert von m sind beide Funktionswerte gleich groß (Punkt P_2). Die Geraden in Abb. 5 sind so gewählt, daß m mit der Steigung der Funktion f(x) an den Stellen x_0, $x_0 + \Delta x$ und einem Zwischenwert $x_0 + a \cdot \Delta x\, (0 \leqslant a \leqslant 1)$ übereinstimmt. Im letzten Fall gilt für den Funktionswert an der Stelle $x = x_0 + \Delta x$ mit $m = f'(x_0 + a \cdot \Delta x)$

$$f(x) = f(x_0 + \Delta x) = f'(x_0 + a \, \Delta x) \, \Delta x \tag{61}$$

und entsprechend für $g(x)$ mit $0 \leqslant b \leqslant 1$

$$g(x) = g(x_0 + \Delta x) = g'(x_0 + b \, \Delta x) \, \Delta x \tag{62}$$

Damit wird

$$\lim_{x \to x_0} \frac{f(x)}{g(x)} \doteq \lim_{\Delta x \to 0} \frac{f'(x_0 + a \, \Delta x) \, \Delta x}{g'(x_0 + b \, \Delta x) \, \Delta x}$$

$$= \lim_{\Delta x \to 0} \frac{f'(x_0 + a \, \Delta x)}{g'(x_0 + b \, \Delta x)} \tag{63}$$

und somit

$$\boxed{\lim_{x \to x_0} \frac{f(x)}{g(x)} = \lim_{x \to x_0} \frac{f'(x)}{g'(x)}} \tag{64}$$

Diese Beziehung nennt man die Regel von *de l'Hospital*. Wir betrachten dazu einige Beispiele.

$$\lim_{x \to 0} \frac{\sin x}{x} = \lim_{x \to 0} \frac{\cos x}{1} = 1$$

$$\lim_{x \to 0} \frac{1 - \cos x}{x} = \lim_{x \to 0} \frac{\sin x}{1} = 0 \qquad \text{(siehe Abb. 6)}$$

$$\lim_{x \to 0} \frac{1 - \cos x}{x^2} = \lim_{x \to 0} \frac{\sin x}{2x} = \lim_{x \to 0} \frac{\cos x}{2} = \frac{1}{2} \qquad \text{(siehe Abb. 7)}$$

Im letzten Fall mußte die Regel zweimal hintereinander angewandt werden. Eine andere Herleitung von (64) wird in Abschnitt IV gegeben.

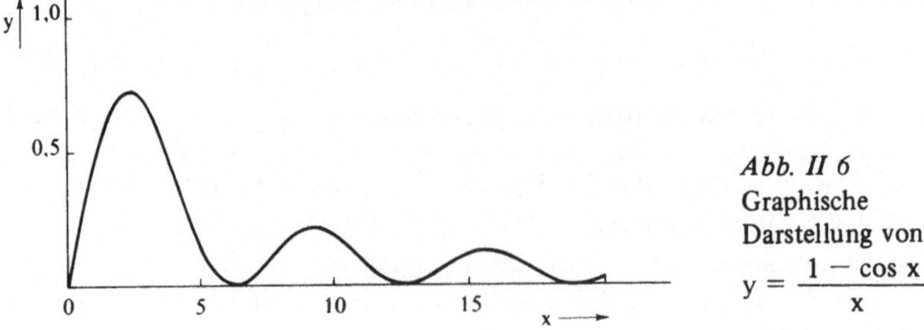

Abb. II 6
Graphische
Darstellung von
$$y = \frac{1 - \cos x}{x}$$

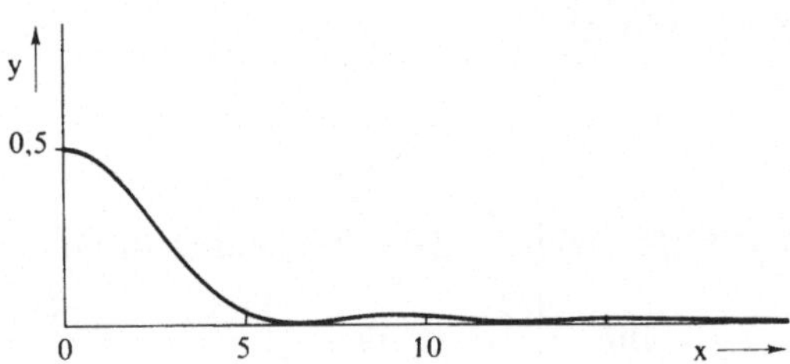

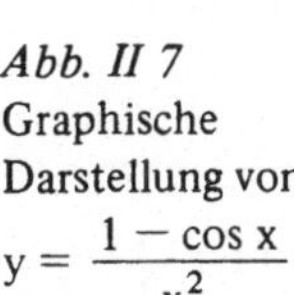

Abb. II 7
Graphische
Darstellung von

$$y = \frac{1 - \cos x}{x^2}$$

Übungsaufgabe 14

Man berechne die folgenden Grenzwerte:

1. $\quad y = \lim\limits_{x \to 0} \dfrac{x - \sin x}{x^3}$

2. $\quad y = \lim\limits_{x \to 1} \dfrac{\ln x}{x - 1}$

3. $\quad y = \lim\limits_{x \to 0} \dfrac{e^{2x} - 2\,e^x + 1}{\cos 3x - 2\cos 2x + \cos x}$

Unbestimmte Ausdrücke vom Typ $\dfrac{\infty}{\infty}$

Wir suchen den Grenzwert

$$\lim_{x \to x_0} \frac{f(x)}{g(x)} \tag{65}$$

für den Fall, daß $f(x_0)$ und $g(x_0)$ unendlich groß sind. Diesen Grenzwert können wir auf den zuerst betrachteten zurückführen; dazu betrachten wir die Funktionen

$$F(x) = \frac{1}{f(x)} \qquad G(x) = \frac{1}{g(x)} \tag{66}$$

Für diese Funktionen gilt

$$F(x_0) = 0 \qquad G(x_0) = 0 \tag{67}$$

und wir können weiter wie im Fall $\dfrac{0}{0}$ vorgehen.

$$\lim_{x \to x_0} \frac{f(x)}{g(x)} = \lim_{x \to x_0} \frac{G(x)}{F(x)} = \lim_{x \to x_0} \frac{G'(x)}{F'(x)} \tag{68}$$

Nach (66) ist

$$F'(x) = -\frac{1}{f^2(x)} \, f'(x) \quad G'(x) = -\frac{1}{g^2(x)} \, g'(x) \tag{69}$$

und somit, wenn wir die Rechenregeln für Grenzwerte beachten (Seite 62)

$$\lim_{x \to x_0} \frac{f(x)}{g(x)} = \lim_{x \to x_0} \left\{ \left[\frac{f(x)}{g(x)}\right]^2 \frac{g'(x)}{f'(x)} \right\} = \lim_{x \to x_0} \left[\frac{f(x)}{g(x)}\right]^2 \lim_{x \to x_0} \frac{g'(x)}{f'(x)}$$

$$= \left[\lim_{x \to x_0} \frac{f(x)}{g(x)} \right]^2 \lim_{x \to x_0} \left[\frac{g'(x)}{f'(x)}\right] \tag{70}$$

Daraus erhalten wir

$$\lim_{x \to x_0} \frac{f(x)}{g(x)} = \lim_{x \to x_0} \frac{f'(x)}{g'(x)} \tag{71}$$

Dieser Ausdruck ist mit (64) identisch, die Regel von *de l'Hospital* gilt also für beide Typen von Grenzwerten.

Übungsaufgabe 15

Man berechne die folgenden Grenzwerte:

1. $y = \lim\limits_{x \to \infty} x \, e^{-x}$

2. $y = \lim\limits_{x \to \infty} x^2 \, e^{-x}$

3. $y = \lim\limits_{x \to 0} x^3 \ln x$

4. $y = \lim\limits_{x \to 0} x^x$

5. $y = \lim\limits_{x \to 0} \dfrac{\text{arc sin } x}{x}$

6. $y = \lim\limits_{x \to \infty} \left(1 + \dfrac{1}{x}\right)^x$

7. $y = \lim\limits_{x \to 0} \left(\text{cth } x - \dfrac{1}{x}\right)$

8. $y = \lim\limits_{x \to 0} \left(\dfrac{1}{x^2} - \dfrac{1}{(\text{sh } x)^2}\right)$

---

4. Höhere Ableitungen

Der Differentialquotient $\dfrac{dy}{dx}$ stellt selbst eine Funktion von x dar, und wir können nach der Steigung dieser Funktion an einer Stelle x fragen.

$$\frac{d}{dx}\left(\frac{dy}{dx}\right) = \frac{d^2 y}{dx^2} = y'' \tag{72}$$

Einen solchen Ausdruck bezeichnet man als höheren Differentialquotienten oder als höhere Ableitung. Die Bezeichnung $\dfrac{d^2 y}{dx^2}$ leitet sich von dem entsprechenden Differenzenquotienten ab:

$$\frac{\Delta\left(\dfrac{\Delta y}{\Delta x}\right)}{\Delta x} = \Delta\,\frac{\dfrac{\Delta y}{\Delta x}}{\Delta x} = \Delta\,\frac{\Delta y}{(\Delta x)^2} = \frac{\Delta(\Delta y)}{(\Delta x)^2}$$

Als Beispiel (Abb. 8) betrachten wir die Funktion

$$y = x\,e^{-x}$$

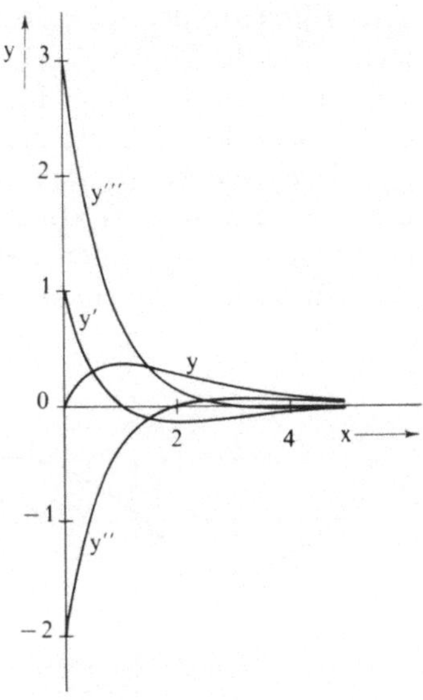

Abb. II 8
Graphische Darstellung von
$y = x \cdot e^{-x}$ sowie
der Ableitungen y', y'' und y'''

und ihre Ableitungen

$$y' = \frac{dy}{dx} = (1 - x)\,e^{-x}$$

$$y'' = \frac{d^2 y}{dx^2} = (x - 2)\,e^{-x}$$

$$y''' = \frac{d^3 y}{dx^3} = (3 - x)\,e^{-x}$$

Hier ist es offenbar möglich, beliebig oft zu differenzieren. Andere Funktionen besitzen nur eine endliche Anzahl von Ableitungen, die von Null verschieden sind, z.B.

$$y = x^3 \quad\Big|\quad \frac{dy}{dx} = 3x^2 \quad\Big|\quad \frac{d^2 y}{dx^2} = 6x \quad\Big|\quad \frac{d^3 y}{dx^3} = 6 \quad\Big|\quad \frac{d^4 y}{dx^4} = 0$$

Die geometrische Bedeutung der zweiten Ableitung wollen wir an Hand von Abb. 9 überlegen; ist y'' positiv, dann bedeutet dies, daß die Steigung der Kurve mit steigendem x immer größer wird. Die Kurve in Abb. 9 besitzt bei kleinen Werten von x eine negative Steigung; die Steigung wird Null an der Stelle x_1 und wird dann immer größer; in diesem Bereich ist also y'' positiv. Den Bereich einer Kurve, in dem y'' positiv ist, nennt man *Linkskurve*. Entsprechend ist der rechte Teil der Kurve in Abb. 9 eine *Rechtskurve* mit $y'' < 0$. An der Stelle x_2 geht die Kurve von einer Linkskurve in eine Rechtskurve über; an dieser Stelle ändert sich die Steigung nicht, es ist also $y'' = 0$; einen solchen Punkt nennt man *Wendepunkt*. An den Stellen x_1 und x_3 ist $y' = 0$, es liegt ein *Minimum* bzw. ein *Maximum* (Extremwert) der Funktion vor. An der Stelle des Minimums ist $y'' > 0$, an der Stelle des Maximums ist $y'' < 0$. Auf diese Weise kann man entscheiden, ob ein Maximum oder ein Minimum vorliegt.

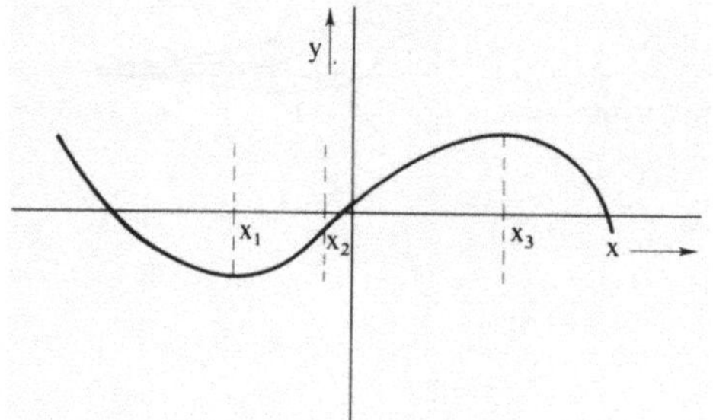

Abb. II 9
Minima, Maxima
und Wendepunkte
einer Funktion

5. Kurvendiskussion

Aufgabe einer Kurvendiskussion ist es, aus der analytischen Darstellung einer Funktion die graphische Darstellung der Funktion zu erhalten. Diese Aufgabe läßt sich nicht allein durch Aufstellen einer Wertetabelle und Auftragen der berechneten Punkte lösen, sondern meist nur durch Hinzuziehung von allgemeinen Kriterien. Wir wollen als Beispiel die Funktion

$$y = \frac{x^2 + 4x + 4}{x^2 - 2x - 3} \tag{73}$$

näher betrachten. Wir fragen zunächst nach Funktionswerten für ausgewählte Punkte, z.B.

$$x_1 = 0 \qquad y_1 = -\frac{4}{3}$$

$$y_2 = 0 \quad \text{für} \quad x^2 + 4x + 4 = 0$$

$$x_2 = -2 \pm \sqrt{-4 + 4} = -2$$

Wir müssen noch nachprüfen, ob der Nenner für $x = -2$ von Null verschieden ist, weil sonst ein unbestimmter Ausdruck vorliegen würde: $x_2^2 - 2x_2 - 3 = 5$, also Nenner verschieden von Null.

Wir sehen, daß hier ein spezieller Fall vorliegt: die beiden Lösungen der quadratischen Gleichung fallen zusammen. Dies bedeutet, daß unsere Kurve die Abszisse bei x = -2 nur berührt und nicht schneidet.

$x \to \pm \infty$: Hierfür wird ein unbestimmter Ausdruck der Form $\frac{\infty}{\infty}$ erhalten. Nach der Regel von de l'Hospital finden wir

$$\lim_{x \to \infty} y = \lim_{x \to \infty} \frac{2x + 4}{2x - 2}$$

$$= \lim_{x \to \infty} \frac{2}{2} = 1$$

Zu dem selben Ergebnis können wir auch auf anderem Weg kommen: lassen wir x immer größer werden, dann können wir irgendwann 4 gegenüber 4x bzw. 3 gegenüber 2x vernachlässigen; wächst x noch weiter an, dann können wir die Glieder mit x gegenüber den Gliedern mit x^2 vernachlässigen (z.B. ist für $x = 10^3$ das Glied $4x = 4 \cdot 10^3$ nur noch $0,4\,\%$ von dem Glied $x^2 = 10^6$), es gilt also für genügend großes x

$$y \approx \frac{x^2}{x^2} = 1$$

Die Funktion geht also für genügend große x in die Gerade y = 1 über.
Polstellen: wenn der Nenner Null wird, wächst die Funktion über alle Grenzen.

$$x^2 - 2x - 3 = 0$$
$$x_{3,4} = 1 \pm \sqrt{3 + 1} = 1 \pm 2$$
$$x_3 = 3$$
$$x_4 = -1$$

Hier müssen wir noch prüfen, ob der Zähler nicht gleichzeitig Null wird; dies ist nicht der Fall, da die einzige Nullstelle bei x = -2 liegt.
Wir müssen noch entscheiden, ob die Funktion an den Polstellen gegen $+ \infty$ oder gegen $- \infty$ strebt. Dazu betrachten wir einen Punkt, der in der Nähe der Polstelle liegt, z.B. x = $-1,1$. Hier sind Zähler und Nenner positiv, y strebt also gegen $+ \infty$. Auf der anderen Seite der Polstelle, z.B. x = $-0,9$, ist der Zähler ebenfalls positiv, der Nenner aber negativ, y strebt also gegen $- \infty$. An der zweiten Polstelle finden wir entsprechend, daß y von links her gegen $- \infty$, von rechts her gegen $+ \infty$ strebt. Damit erhalten wir den in Abb. 10 skizzierten Funktionsverlauf. Wir kontrollieren zunächst noch einmal, ob der vermutete Kurvenverlauf mit allen gegebenen Aussagen übereinstimmt. Da y bei x = $- 2$ eine doppelte Nullstelle besitzt, kann y vor der Polstelle bei x = -1 das Vorzeichen nicht ändern, y muß also im Bereich $-\infty < x < -1$ überall positiv sein. Weil die Nullstelle bei x = -2 die einzige Nullstelle überhaupt ist, muß die Kurve

von $x > -1$ bis $x < +3$ im negativen Bereich bleiben. Da sie schließlich in die lineare Funktion $y = 1$ übergeht, muß sie bei $x > +3$ von $+\infty$ her kommen.

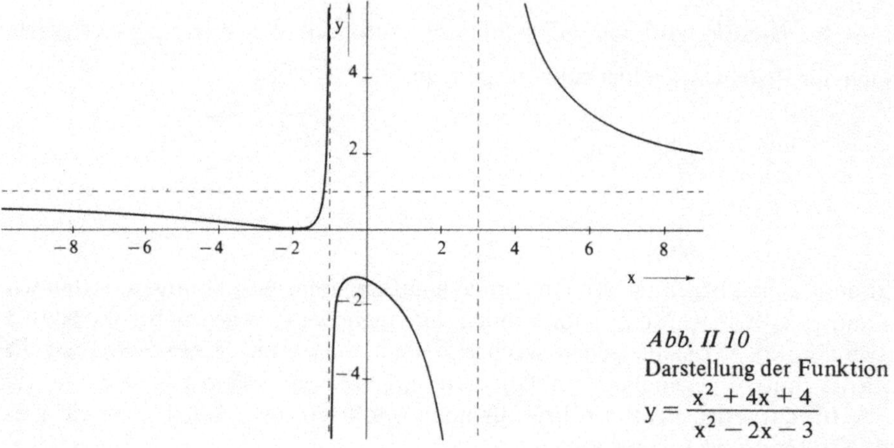

Abb. II 10
Darstellung der Funktion
$$y = \frac{x^2 + 4x + 4}{x^2 - 2x - 3}$$

Aus dem Kurvenverlauf erwarten wir 1 Minimum bei $x = -2$, ein Maximum zwischen $x = -1$ und $x = +3$ und einem Wendepunkt bei $x < -2$. Im Prinzip wäre es mit unseren bisherigen Überlegungen vereinbar, beispielsweise zwischen $x = -1$ und $x = +3$ einen Verlauf der Kurve mit 2 Maxima und 1 Minimum sowie 2 Wendepunkten anzunehmen. Deshalb ist es unbedingt nötig, mit Hilfe der Differentialrechnung weitere Aussagen zu erhalten. Dazu bilden wir die ersten beiden Ableitungen.

$$\frac{dy}{dx} = \frac{-6x^2 - 14x - 4}{(x^2 - 2x - 3)^2}$$

$$\frac{d^2y}{dx^2} = \frac{12x^5 + 18x^4 - 96x^3 - 148x^2 - 124x - 78}{(x^2 - 2x - 3)^4}$$

Die 1. Ableitung ist Null, wenn der Zähler Null und der Nenner von Null verschieden ist.

$$-6x^2 - 14x - 4 = 0$$

$$x^2 + \frac{7}{3}x + \frac{2}{3} = 0$$

$$x_{5,6} = -\frac{7}{6} \pm \sqrt{-\frac{2}{3} + \frac{49}{36}} = -\frac{7}{6} \pm \frac{5}{6}$$

$$x_5 = -\frac{1}{3} \qquad\qquad x_6 = -2$$

Der Nenner ist an beiden Stellen von Null verschieden. Es liegen also, wie erwartet, nur 2 Extremstellen vor. Die eine Stelle liegt bei $x = -2$ und muß nach den vorangehenden Überlegungen ein Minimum sein; für die zweite Extremstelle bei $x = -\frac{1}{3}$ erwarten wir nach unserer Skizze ein Maximum. Einsetzen der Werte $x = -2$ bzw. $x = -\frac{1}{3}$ in die zweite Ableitung ergibt $\frac{d^2 y}{dx^2} = +250$ bzw. $-49,9$, unsere Erwartungen werden also bestätigt.

Die genaue Lage des Wendepunktes erhalten wir, indem wir die zweite Ableitung Null setzen.

$$12x^5 + 18x^4 - 96x^3 - 148x^2 - 124x - 78 = 0$$

Diese Gleichung läßt sich nur numerisch lösen; wie auf Seite 174 gezeigt wird, besitzt diese Gleichung 3 reelle Lösungen bei $x_7 = -3,08$, $x_8 = -1,0$ und $x_9 = +3,0$; x_8 und x_9 ergeben in dem Ausdruck für $\frac{d^2 y}{dx^2}$ im Nenner Null, sind also keine Wendepunktskoordinaten. Somit bleibt 1 Wendepunkt bei $x = -3,08$.

Damit ist die graphische Darstellung der Funktion vollständig gegeben. An diesem Beispiel sieht man sehr deutlich, daß es nicht sinnvoll ist, bei einer Kurvendiskussion mit der Bildung der Ableitungen der Funktion zu beginnen; hierbei können recht unübersichtliche Ausdrücke erhalten werden, so daß sich einerseits leicht Rechenfehler einschleichen können; andererseits können Gleichungen auftreten, die sich analytisch nicht lösen lassen, so daß man umständlich mit numerischen Methoden arbeiten muß. Die wesentlichen Aussagen konnten wir in unserem Beispiel jedoch bereits ohne Anwendung der Differentialrechnung erhalten; die Bildung der Ableitungen erfolgte lediglich zur Bestätigung des vermuteten Kurvenverlaufs bzw. zur genauen Festlegung der Extremwerte bzw. Wendepunkte.

Übungsaufgabe 16

Man stelle die folgenden Funktionen graphisch dar.

1. $\rho = A \, 4\pi \, r^2 \, e^{-\frac{2r}{r_0}}$ für   r von 0 bis ∞.

(Wahrscheinlichkeitsdichte des Elektrons im H-Atom im Abstand r vom Kern; $r_0 = 0.529$ Å = Bohrscher Radius; die Konstante A wird in Übungsaufgabe III 8 berechnet)

2. $V = E_D \left[1 - e^{-k(r - r_0)} \right]^2$ für   r von 0 bis ∞.

(Potentielle Energie eines zweiatomigen Moleküls in Abhängigkeit vom Kernabstand r; r_0 ist der Gleichgewichtsabstand, E_D ist die Dissoziationsenergie und k eine Konstante; für ein Jod-Molekül gilt $E_D = 2{,}4 \cdot 10^{-12}$ erg, $k = 1{,}87 \cdot 10^8$ cm^{-1} und $r_0 = 2{,}66$ Å)

3. $\rho = A \dfrac{\nu^3}{e^{\frac{h \cdot \nu}{kT}} - 1}$ für ν von 0 bis ∞.

(Plancksches Strahlungsgesetz; ρ ist die spektrale Energiedichte bei der Frequenz ν des abgestrahlten Lichtes, z.B. des Lichtes einer Glühbirne; h ist das Plancksche Wirkungsquantum, k die Boltzmannkonstante und T die absolute Temperatur)

4. Man stelle ρ aus Aufgabe 3 bei einer festen Frequenz in Abhängigkeit von T dar ($T \geqslant 0$).

5. $y = e^{-ax^2}$ für   x von $-\infty$ bis $+\infty$

6. $g = A\, 4\pi\, u^2\, e^{-\frac{m\, u^2}{2\, kT}}$ für   u von 0 bis ∞.

(Maxwellsche Geschwindigkeitsverteilungsfunktion; m bzw. u = Masse bzw. Geschwindigkeit des Teilchens, k = Boltzmannkonstante, T = absolute Temperatur)

7. $y = x^x$

8. $y = e^{\frac{\mu\, E\, \cos\delta}{kT}}$ für δ von 0 bis π.

(Verteilungsfunktion für elektrische Dipole mit dem Dipolmoment μ, die im Winkel ϑ zur Richtung eines elektrischen Feldes der Feldstärke E stehen; k = Boltzmannkonstante, T = absolute Temperatur)

9. $\bar\mu = \mu \left[\mathrm{cth}\left(\dfrac{\mu\, E}{kT}\right) - \dfrac{kT}{\mu\, E} \right]$ für   E von 0 bis ∞.

(Langevin-Beziehung für die Abhängigkeit des mittleren Dipolmomentes $\bar\mu$ von der elektrischen Feldstärke E; μ = Dipolmoment eines Einzelmoleküls, T = absolute Temperatur, k = Boltzmannkonstante)

---

6. Bedeutung der Differentiale dx und dy

Auf Seite 60 haben wir den Differentialquotienten

$$\frac{dy}{dx} = \lim_{\Delta x \to 0} \frac{f(x + \Delta x) - f(x)}{\Delta x}$$

definiert. Die Differentiale dx und dy dürfen wir nun keineswegs als Grenzwert der Differenzen Δx und Δy für $\Delta x \to 0$ ansehen, denn dann wären beide Differentiale Null und der Differentialquotient ein unbestimmter Ausdruck; da der Differentialquotient aber endlich ist, müssen wir den Differentialen endliche Werte zuordnen. Diese endlichen Werte müssen nicht klein sein; beispielsweise läßt sich $\dfrac{dy}{dx} = 0{,}1$ mit $dx = 10^7$ und $dy = 10^6$ genau so gut darstellen wie mit $dx = 10^{-5}$ und $dy = 10^{-6}$.

Betrachten wir die Funktion

$$y = ax^2$$

dann gilt

$$\frac{dy}{dx} = 2a\,x \qquad (74)$$

Diesen Ausdruck können wir nach dy auflösen.

$$dy = 2a\,x\,dx \qquad (75)$$

Wir wollen noch untersuchen, wie das Differantial dy mit der Funktionsdifferenz Δy zusammenhängt. Dazu setzen wir das Differential dx willkürlich gleich der Differenz Δx der unabhängigen Variablen. Es ist dann nach Abb. 11 $\dfrac{dy}{dx}$ die Steigung der Tangente im Punkt P, also

$$dy = \left(\frac{dy}{dx}\right) \Delta x \qquad (76)$$

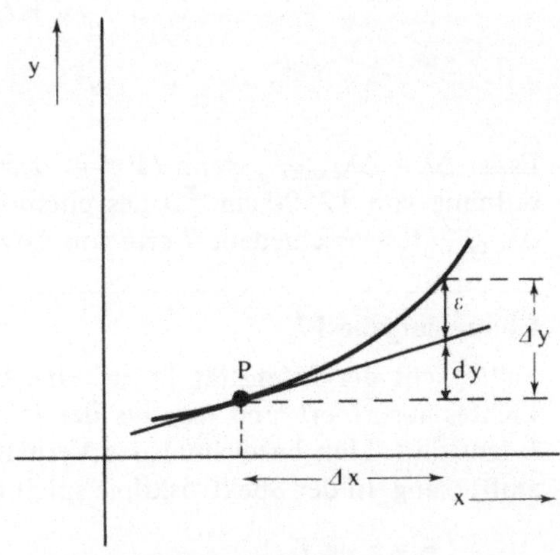

Abb. II 11
Differential dy
und Funktions-
differenz Δy

Die Funktionsdifferenz Δy unterscheidet sich von dy um das Stück ϵ, also

$$\Delta y = dy + \epsilon = \left(\frac{dy}{dx}\right)\Delta x + \epsilon \tag{77}$$

Daraus sehen wir, daß Δy im Prinzip etwas anderes ist als dy. Falls Δx sehr klein ist, ist jedoch ϵ ebenfalls sehr klein, und wir können Δy näherungsweise gleich dem Differential dy setzen. Dies wollen wir an einigen Beispielen erläutern.

a) Wellenlängenverschiebung aus Wellenzahlverschiebung

Die Wellenlänge λ von Licht der Wellenzahl $\tilde{\nu}$ ist gegeben durch

$$\lambda = \frac{1}{\tilde{\nu}} \tag{78}$$

Wir fragen nach der Änderung $\Delta\lambda$ der Wellenlänge, wenn wir die Wellenzahl $\tilde{\nu}$ um $\Delta\tilde{\nu}$ ändern. Es ist

$$\frac{d\lambda}{d\tilde{\nu}} = -\frac{1}{\tilde{\nu}^2}$$

und somit nach (77), wenn wir ϵ vernachlässigen

$$\Delta\lambda \approx \left(\frac{d\lambda}{d\tilde{\nu}}\right)\Delta\tilde{\nu} = -\frac{1}{\tilde{\nu}^2}\,\Delta\nu \tag{79}$$

Wir prüfen diese Beziehung nach, indem wir mit der exakt berechneten Differenz vergleichen; diese ergibt sich zu

$$\Delta\lambda_{exakt} = (\lambda + \Delta\lambda) - \lambda = \frac{1}{\tilde{\nu} + \Delta\tilde{\nu}} - \frac{1}{\tilde{\nu}}$$

$$= -\frac{\Delta\tilde{\nu}}{\tilde{\nu}\,(\tilde{\nu} + \Delta\tilde{\nu})} \tag{80}$$

Es ist $\Delta\lambda = \Delta\lambda_{exakt}$, wenn $\Delta\tilde{\nu} \ll \tilde{\nu}$ ist; z.B. ist $\tilde{\nu}$ bei rotem Licht in der Größenordnung von $12500\ cm^{-1}$ (dies entspricht $\lambda = 800$ nm). In Tab. 2 ist $\Delta\lambda$ mit $\Delta\lambda_{exakt}$ für verschiedene Werte von $\Delta\nu$ zusammengestellt.

Übungsaufgabe 17

Fällt Licht der Intensität I_0 auf eine Farbstofflösung, dann wird ein Teil des Lichtes absorbiert, und das aus der Lösung austretende Licht hat die kleinere Intensität I. Man bezeichnet das Verhältnis $T = I/I_0$ als Transmission der Farbstofflösung. In der Spektroskopie spielt die Größe

$$E = -\lg T\ ,$$

die man als Extinktion bezeichnet, eine wichtige Rolle. Wie groß ist die Extinktionsänderung ΔE, wenn sich T um ΔT ändert?

Tab. II 2: Vergleich von exakt und näherungsweise berechneter Wellenlängenverschiebung (nach (79) bzw. (80)) für $\tilde{\nu} = 12\ 50\ cm^{-1}$

$\dfrac{\Delta \nu}{cm^{-1}}$	$\dfrac{\Delta\lambda_{exakt}}{nm}$	$\dfrac{\Delta\lambda}{nm}$
10	− 0,639	− 0,640
100	− 6,35	− 6,40
1000	−59,2	−64,0

b) Fehlerabschätzung

Bei physikalischen Messungen sind die Meßgrößen immer mit unvermeidbaren Fehlern behaftet. Es stellt sich die Frage, wie genau eine Größe, die über irgendeine Formel aus der Meßgröße berechnet wird, angegeben werden kann. Beispielsweise gilt für den freien Fall eines Steines

$$s = \frac{1}{2}\ gt^2 \tag{81}$$

Wir wollen die Höhe eines Turmes bestimmen, indem wir einen Stein hinunterwerfen und mit einer Stoppuhr die Zeit messen, die der Stein bis zum Aufprall auf den Boden braucht. Die Fallzeit können wir nur mit einer Ungenauigkeit Δt (Ablesefehler auf der Stoppuhr, Reaktionszeit beim Stoppen) angeben. Dann ist die Ungenauigkeit Δs der Fallstrecke

$$\Delta s = \left(\frac{ds}{dt}\right)\Delta t = g\ t\ \Delta t \tag{82}$$

Beispielsweise gilt für $t = 2{,}00\ s$ und $\Delta t = 0{,}05\ s$

$$\Delta s = 9{,}81\ \frac{m}{s^2}\ 2{,}00\ s\ 0{,}05\ s = 0{,}981\ m$$

bei einer Fallstrecke

$$s = \frac{1}{2}\ 9{,}81\ \frac{m}{s^2}\ 4\ s^2 = 19{,}62\ m$$

Wir können somit die Höhe des Turmes angeben mit $19{,}62\ m \pm 0{,}98\ m$.
Meist interessiert man sich bei einer physikalischen Messung nicht für den absoluten Fehler, sondern für den relativen Fehler

$$\frac{\Delta s}{s} = \frac{g\,t\,\Delta t}{\frac{1}{2}\,g t^2} = 2\,\frac{\Delta t}{t} \tag{83}$$

In diesem Fall ist der relative Fehler von s also gerade doppelt so groß wie der relative Fehler von t.

Übungsaufgabe 18

Für den Dampfdruck einer Flüssigkeit gilt

$$p = p_0\ e^{\frac{\lambda}{R}\left(\frac{1}{T_0} - \frac{1}{T}\right)}$$

Wie genau kann man p angeben, wenn die Ungenauigkeit der Temperaturangabe 1 % ist?

---

7. Stetigkeit und Differenzierbarkeit von Funktionen

Bisher haben wir stillschweigend vorausgesetzt, daß der Differentialquotient einer vorgegebenen Funktion immer existiert; dies kann jedoch nur dann der Fall sein, wenn sich der Grenzübergang

$$\frac{dy}{dx} = \lim_{\Delta x \to 0} \frac{f(x + \Delta x) - f(x)}{\Delta x} \tag{84}$$

vollziehen läßt. Dazu gehört, daß die Funktion an der Stelle x definiert ist und daß bei Annäherung von links und von rechts her derselbe Funktionswert erreicht wird, also

$$\lim_{\Delta x \to 0} f(x + \Delta x) = \lim_{\Delta x \to 0} f(x - \Delta x) = f(x) \tag{85}$$

Diese Bedingung nennt man Stetigkeitsbedingung.
Die Funktion

$$y = \frac{\sin x}{x}$$

(Abb. 3) ist an der Stelle x = 0 nicht definiert, denn beim Einsetzen dieses Wertes wird ein unbestimmter Ausdruck erhalten. Die Funktion ist also an der Stelle x = 0 unstetig. Wir können jedoch nach der Regel von de l'Hospital

$$\lim_{\Delta x \to 0} \frac{\sin \Delta x}{\Delta x} = \lim_{\Delta x \to 0} \frac{\cos \Delta x}{1} = 1$$

$$\lim_{\Delta x \to 0} \frac{\sin(-\Delta x)}{(-\Delta x)} = \lim_{\Delta x \to 0} \frac{-\cos(-\Delta x)}{-1} = 1$$

berechnen. Die Unstetigkeit an der Stelle $x = 0$ können wir dann beheben, wenn wir der Funktion an dieser Stelle sinnvollerweise den Wert 1 zuordnen. Die auf diese Weise definierte Funktion

$$y = \frac{\sin x}{x} \quad \text{für} \quad x \neq 0$$

$$y = 1 \qquad \text{für} \quad x = 0$$

ist im gesamten Definitionsbereich stetig.

Ein Beispiel für eine Funktion, die an der Stelle $x = 0$ unstetig ist und die auch durch Zusatzdefinitionen nicht stetig gemacht werden kann, ist

$$y = \frac{1}{x}$$

Hier ist $\lim\limits_{\Delta x \to 0} \dfrac{1}{\Delta x} = +\infty$ und $\lim\limits_{\Delta x \to 0} \dfrac{1}{-\Delta x} = -\infty$, beide Grenzwerte sind also verschieden.

Ein weiteres Beispiel stellt die Funktion

$$y = \sin \frac{1}{x}$$

(Abb. 12) dar. Zwischen $x = 0$ und $x = \Delta x$ liegen bei dieser Funktion unendlich viele Maxima und Minima. Es ist also nicht möglich, der Funktion an der Stelle $x = 0$ einen Funktionswert zuzuordnen; die Funktion ist an dieser Stelle also undefiniert.

Funktionen, die an einer Stelle unstetig sind, lassen sich nicht differenzieren; es gibt jedoch auch stetige Funktionen, bei denen dies ebenfalls nicht möglich ist, z.B.

$$y = |x|$$

(Abb. 13). Diese Funktion ist überall stetig, an der Stelle $x = 0$ läßt sich aber die Steigung der Funktion nicht angeben. Nähern wir uns dieser Stelle von rechts, so ist

$$\lim_{\Delta x \to 0} \frac{|\Delta x|}{\Delta x} = 1$$

Bei der Annäherung von links finden wir

$$\lim_{\Delta x \to 0} \frac{|-\Delta x|}{-\Delta x} = -1$$

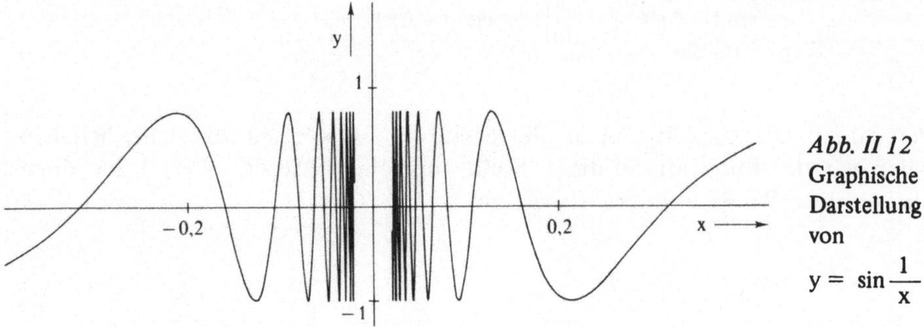

Abb. II 12
Graphische
Darstellung
von

$$y = \sin \frac{1}{x}$$

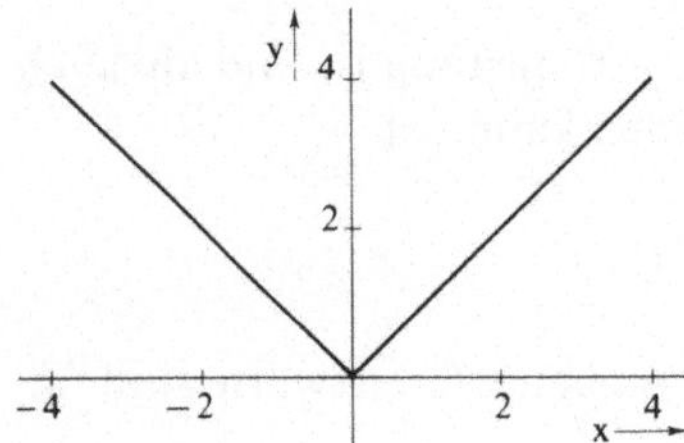

Abb. II 13
Graphische Darstellung von $y = |x|$

Beide Grenzwerte sind verschieden, also ist die Funktion bei $x = 0$ nicht differenzierbar.
Für die Funktion (Abb. 14)

$$y = x \, \sin \frac{1}{x}$$

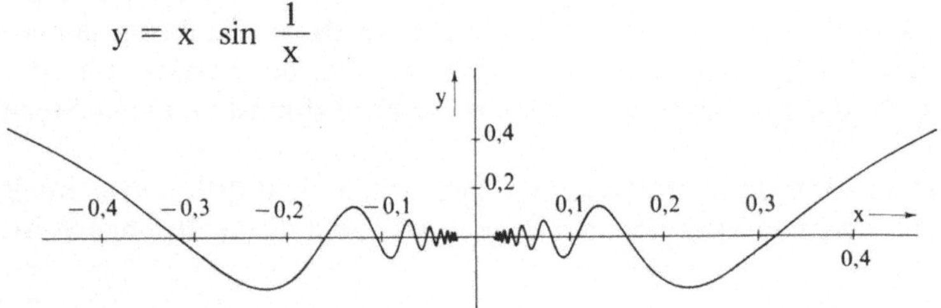

Abb. II 14 Graphische Darstellung von $y = x \cdot \sin \frac{1}{x}$

gilt $y = 0$ an der Stelle $x = 0$, denn $\sin \frac{1}{x}$ kann nur Werte zwischen -1 und $+1$ annehmen, dieser Faktor bleibt also immer endlich, während der Faktor x Null wird; diese Funktion ist als im Gegensatz zu $y = \sin \frac{1}{x}$ überall stetig. Wir wollen wissen, ob diese Funktion an der Stelle $x = 0$ auch differenzierbar ist.

$$\lim_{\Delta x \to 0} \frac{\Delta x \sin \frac{1}{\Delta x}}{\Delta x} = \lim_{\Delta x \to 0} \sin \frac{1}{\Delta x}$$

Dieser Grenzwert existiert nicht, also ist die Funktion bei $x = 0$ nicht differenzierbar.

Dagegen gilt für die Funktion (Abb. 15)

$$y = x^2 \sin \frac{1}{x}$$

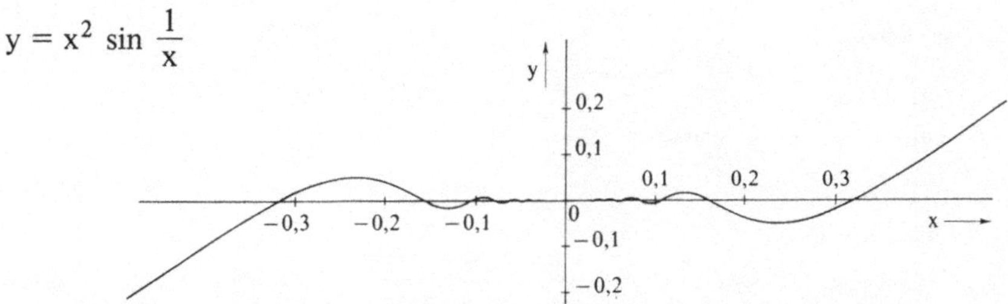

Abb. II 15 Graphische Darstellung von $y = x^2 \cdot \sin \dfrac{1}{x}$

$$\lim_{\Delta x \to 0} \frac{\Delta x^2 \sin \dfrac{1}{\Delta x}}{\Delta x} = \lim_{\Delta x \to 0} \Delta x \sin \frac{1}{\Delta x} = 0$$

$$\lim_{\Delta x \to 0} \frac{(-\Delta x)^2 \sin \dfrac{-1}{\Delta x}}{(-\Delta x)} = \lim_{\Delta x \to 0} \left(+\Delta x \sin \frac{1}{\Delta x} \right) = 0$$

Beide Grenzwerte sind identisch, also ist die Funktion bei $x = 0$ differenzierbar.

Bei der Ableitung der allgemeinen Differentiationsregeln wurde immer vorausgesetzt, daß die betrachteten Funktionen auch wirklich differenziert werden können; ist dies nicht der Fall, dann gelten die Regeln nicht. Differenzieren wir beispielsweise die Funktion

$$y = x^2 \sin \frac{1}{x} \tag{86}$$

nach der Produktregel, dann ist

$$\frac{dy}{dx} = 2x \sin \frac{1}{x} - x^2 \left(\cos \frac{1}{x} \right) \frac{1}{x^2}$$

$$= 2x \sin \frac{1}{x} - \cos \frac{1}{x} \tag{87}$$

An der Stelle $x = 0$ ist dieser Ausdruck unbestimmt, während wir im vorangehenden Beispiel gesehen haben, daß $\dfrac{dy}{dx} = 0$ ist. Diese Diskrepanz kommt dadurch zustande, daß die Funktion $\sin \dfrac{1}{x}$ an der Stelle $x = 0$ nicht differenzierbar ist und die Produktregel deshalb nicht angewandt werden darf.

In Abb. 16 ist ein Beispiel für eine unstetige Funktion gegeben, die bei einer physikalisch-chemischen Messung erhalten wird (Wärmekapazität von Wasser in Abhängigkeit von der Temperatur).

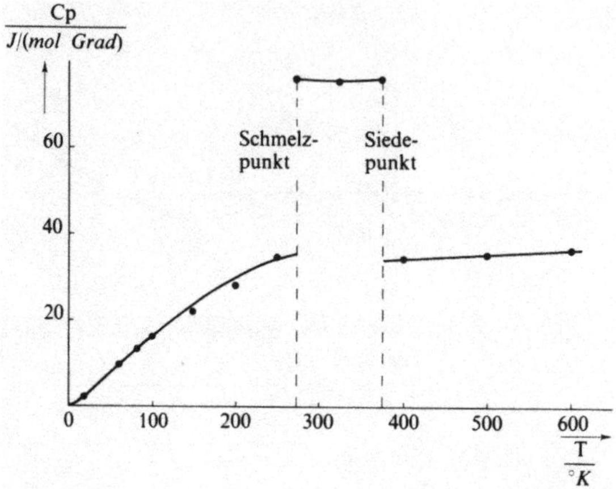

Abb. II 16

Wärmekapazität C_p von Wasser ·in Abhängigkeit von der Temperatur T

III. Integralrechnung von Funktionen

1. Das bestimmte Integral

Wir stellen uns die Aufgabe, die in Abb. 1 schraffiert gezeichnete Fläche F zwischen der Abszisse und der Geraden $y = a + b \cdot x$ zu berechnen, und zwar von $x = x_A$ bis $x = x_E$. Dazu teilen wir den Bereich zwischen x_A und x_E in gleiche Intervalle der Breite Δx ein und betrachten zwei Sorten von Rechtecken: bei der einen Sorte liegt die obere Begrenzung unterhalb der Kurve, bei der anderen liegt sie oberhalb. Die Fläche F ist auf jeden Fall größer als die Fläche F_1 aller kleinen Rechtecke und kleiner als die Fläche F_2 aller großen Rechtecke.

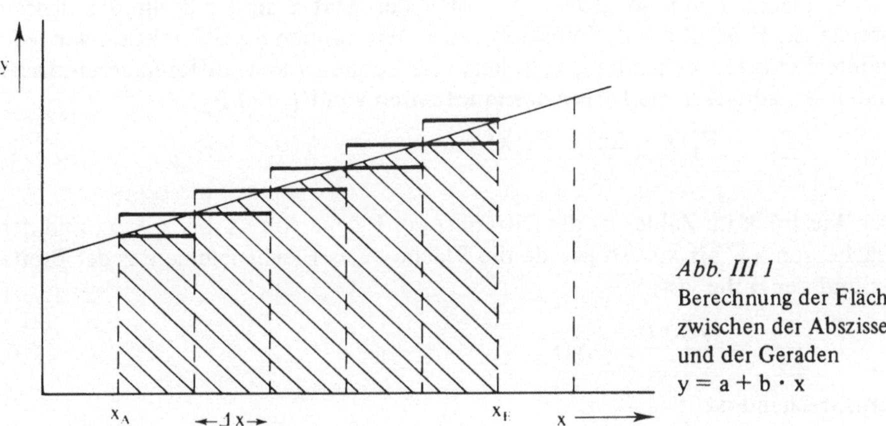

Abb. III 1
Berechnung der Fläche
zwischen der Abszisse
und der Geraden
$y = a + b \cdot x$

F_1 und F_2 ergeben sich nach Abb. 1 zu

$$F_1 = \Delta x\, y(x_A) + \Delta x\, y(x_A + \Delta x) + \Delta x\, y(x_A + 2\,\Delta x)$$
$$+ \Delta x\, y(x_A + 3\,\Delta x) + \Delta x\, y(x_A + 4\,\Delta x)$$
$$= \sum_{i=0}^{i=4} \Delta x\, y(x_A + i\,\Delta x) = \sum_{i=0}^{i=4} \Delta x\, y(x_i) \tag{1}$$

$$F_2 = \sum_{i=1}^{i=5} \Delta x \, y(x_A + i\,\Delta x) = \sum_{i=1}^{i=5} \Delta x \, y(x_i) \tag{2}$$

mit $x_i = x_A + i\,\Delta x$.

Teilen wir die Fläche nicht in 5, sondern allgemein in n Intervalle ein, dann ist

$$\Delta x = \frac{x_E - x_A}{n}$$

und

$$F_1 = \sum_{i=0}^{i=n-1} \Delta x \, y(x_i)$$

$$F_2 = \sum_{i=1}^{i=n} \Delta x \, y(x_i) \tag{3}$$

Machen wir die Intervallbreite Δx immer kleiner, dann wird der Unterschied zwischen F_1 und F_2 ebenfalls immer kleiner und im Grenzfall $\Delta x \to 0$ gehen F_1 und F_2 in F über.

$$F = \lim_{\Delta x \to 0} F_1 = \lim_{\Delta x \to 0} F_2 \tag{4}$$

Nun können wir die obere Grenze ($x = x_E$) auch als variabel betrachten; dann ist die Fläche F um so größer, je größer der Wert x an der Stelle der oberen Grenze ist, F ist also eine Funktion von x. Wir können diese Funktion wie jede andere Funktion behandeln, beispielsweise können wir sie differenzieren. Dazu bilden wir zunächst die Differenzenquotienten von F_1 und F_2.

$$\frac{\Delta F_1}{\Delta x} = \frac{F_1(x + \Delta x) - F_1(x)}{\Delta x} \tag{5}$$

Der Ausdruck im Zähler ist die Differenz der Fläche von x_A bis $x + \Delta x$ und der Fläche von x_A bis x, also gerade die Fläche eines Flächenelementes der Breite Δx und der Höhe $y(x)$.

$$\frac{\Delta F_1}{\Delta x} = \frac{y(x)\,\Delta x}{\Delta x} = y(x) \tag{6}$$

Entsprechend ist

$$\frac{\Delta F_2}{\Delta x} = \frac{y(x + \Delta x)\,\Delta x}{\Delta x} = y(x + \Delta x) \tag{7}$$

Lassen wir Δx gegen Null streben, dann streben F_1 und F_2 gegen F, und die Differenzenquotienten streben gegen den Differentialquotienten.

$$\boxed{\frac{dF}{dx}} = \lim_{\Delta x \to 0} \frac{\Delta F_1}{\Delta x} = \lim_{\Delta x \to 0} \frac{\Delta F_2}{\Delta x} \boxed{= y(x)} \tag{8}$$

Wir erhalten somit als Ergebnis, daß der Differentialquotient von F(x) gleich der Funktion y(x) ist. (8) können wir nach dF auflösen.

$$dF = y(x)\, dx \qquad (9)$$

Die Ausdrücke (8) bzw. (9) können wir als Bestimmungsgleichung für F auffassen: gegeben ist das Differential dF; wie groß ist F? Ähnlich wie bei der Einführung des Wurzelsymbols oder des Symbols $^a\log x$ führen wir auch hier ein neues Symbol ein, das die Auflösung von (8) bzw. (9) nach F(x) kennzeichnen soll.

$$F(x) = \int_{x_A}^{x} dF = \int_{x_A}^{x} y(x)\, dx \qquad (10)$$

Das Zeichen $\int$ nennt man Integralzeichen; die Form erinnert an den Buchstaben S und soll andeuten, daß wir von der Summation der Teilflächen in Abb. 1 her zu der Gesamtfläche F(x) gelangt sind; die Symbole x_A und x an dem Integralzeichen nennt man die untere und die obere Grenze des Integrals. Die Berechnung von F aus einer gegebenen Funktion y ist Aufgabe der Integralrechnung.
Die Rechenvorschrift zu dem Integrationssymbol ergibt sich aus (8); gesucht ist eine Funktion F(x), deren Ableitung mit der gegebenen Funktion y(x) übereinstimmt. Wir betrachten zunächst die Funktion

$$y = a + bx \qquad (11)$$

in Abb. 1. Hier können wir F(x) leicht erraten, denn die Ableitung einer Funktion a x ergibt a und die Ableitung einer Funktion $\frac{1}{2} b x^2$ ergibt b x, also

$$F(x) = a\,x + \frac{1}{2}\, b\, x^2 \qquad (12a)$$

Dieselbe Ableitung erhalten wir, wenn wir zu F(x) eine beliebige Konstante addieren, weil die Ableitung einer Konstanten immer Null ist. Somit gilt allgemeiner

$$F(x) = a\,x + \frac{1}{2}\, b\, x^2 + \text{const.} \qquad (12b)$$

Diese Konstante müssen wir noch näher festlegen; nach Abb. 1 ist F(x) an der Stelle $x = x_A$ Null (es wird die Fläche von $x = x_A$ bis $x = x_A$ gebildet), es gilt also

$$F(x_A) = a\,x_A + \frac{1}{2}\, b\, x_A^2 + \text{const.} = 0 \qquad (13)$$

Auflösen nach const. ergibt

$$\text{const.} = -\,a\,x_A - \frac{1}{2}\,bx_A^2 \qquad (14)$$

Einsetzen in (12b)

$$F(x) = a\,x + \frac{1}{2}\,bx^2 - a\,x_A - \frac{1}{2}\,bx_A^2$$

$$= a(x - x_A) + \frac{1}{2}\,b\,(x^2 - x_A^2) \qquad (15)$$

Damit haben wir das Problem, die Fläche unter der Kurve y(x) zu berechnen, analytisch gelöst.

Übungsaufgabe 1

1. Man berechne die Fläche unter der Kurve in Abb. 1 ohne Zuhilfenahme der Integralrechnung und vergleiche das Resultat mit (15).
2. Man berechne die Fläche unter der Kurve $y = y_0 \cdot \sin\frac{\pi}{L}\,x$ (Abb. 2 a) von $x = 0$ bis $x = L$ für $y_0 = 2\ cm$ und $L = 10\ cm$.

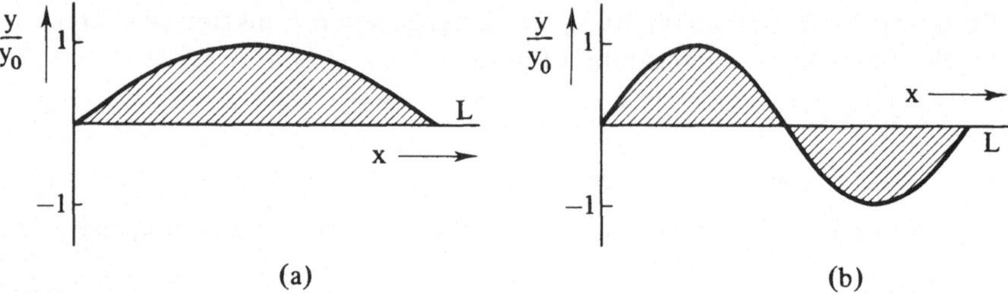

Abb. III 2
Fläche zwischen Abszisse und den Kurven

(a) $y = y_0 \cdot \sin\frac{\pi}{L}\,x$ (b) $y = y_0 \cdot \sin\frac{2\pi}{L}\,x$

Übungsaufgabe 2

Nach Debye gilt für die Schwingungsenergie eines Festkörpers

$$U = 9\,R\,T\left(\frac{T}{\Theta}\right)^3 \int\limits_0^{\Theta/T} \frac{x^3}{e^x - 1}\,dx$$

(R = Gaskonstante, T = absolute Temperatur, Θ = Debyetemperatur)

Man berechne die Wärmekapazität $C_V = \dfrac{dU}{dT}$

Die Festlegung der Integrationskonstanten const. können wir noch etwas schematisieren. Bezeichnen wir die Differenz $F(x) - $ const. (bzw. den Wert von $F(x)$ für den Fall const. $= 0$) mit $J(x)$

$$J(x) = F(x) - \text{const.} \tag{16}$$

(z.B. ist im betrachteten Fall (12b) $J(x) = a\,x + \dfrac{1}{2}\,b\,x^2$)

dann erhalten wir wegen $F(x_A) = 0$ für die Konstante den Wert const. $= -J(x_A)$ und somit

$$F(x) = J(x) - J(x_A) \tag{17}$$

Für diesen Ausdruck verwendet man auch das Symbol

$$J(x) - J(x_A) = \left. \Big| \, J(x) \, \right|_{x_A}^{x} \tag{18}$$

($J(x)$ in den Grenzen von x_A bis x)

Das Integral $F(x)$ bezeichnet man als bestimmtes Integral, weil die Grenzen festgelegt sind; nur solche Integrale haben bei naturwissenschaftlichen Berechnungen praktische Bedeutung. Legt man die Grenzen nicht fest, d.h. sagt man über den Wert der Konstanten nichts aus, dann nennt man den Ausdruck $J(x) +$ const. „Stammfunktion zu $y(x)$"; die Gesamtheit aller möglichen Stammfunktionen, d.h. Stammfunktionen mit allen möglichen Werten von const., nennt man das unbestimmte Integral $\int y \cdot dx$ (im Gegensatz zum bestimmten Integral werden hier an dem Integralzeichen keine Grenzen angegeben).

2. Integration elementarer Funktionen

Für die in Abschnitt I behandelten Typen von elementaren Funktionen können wir die Integrale $F(x)$ direkt angeben, wenn wir die Differentationsregeln für diese Funktionen umkehren. Damit erhalten wir die Tabelle 1.

Als Beispiel berechnen wir die Fläche unter der Kurve (Abb. 3)

$$y = \frac{1}{\cos^2 x} \tag{19}$$

von $x = 0$ bis $x = \dfrac{\pi}{4}$.

Tab. III 1: Grundintegrale

Differentiation	Integration
$\dfrac{d}{dx}(x^a) = a\,x^{a-1}$	$\int x^a\,dx = \dfrac{1}{a+1}x^{a+1} + \text{const.}$
$\dfrac{d}{dx}({}^a\log x) = \dfrac{1}{x}\dfrac{1}{\ln a}$	$\int \dfrac{1}{x}\,dx = \ln a\ {}^a\log x + \text{const.}$
$\dfrac{d}{dx}(\ln x) = \dfrac{1}{x}$	$\int \dfrac{1}{x}\,dx = \ln x + \text{const.}$
$\dfrac{d}{dx}(a^x) = a^x \ln a$	$\int a^x\,dx = \dfrac{1}{\ln a}a^x + \text{const.}$
$\dfrac{d}{dx}(e^x) = e^x$	$\int e^x\,dx = e^x + \text{const.}$
$\dfrac{d}{dx}(\sin x) = \cos x$	$\int \cos x\,dx = \sin x + \text{const.}$
$\dfrac{d}{dx}(\cos x) = -\sin x$	$\int \sin x\,dx = -\cos x + \text{const.}$
$\dfrac{d}{dx}(\text{tg } x) = \dfrac{1}{\cos^2 x}$	$\int \dfrac{1}{\cos^2 x}\,dx = \text{tg } x + \text{const.}$
$\dfrac{d}{dx}(\text{ctg } x) = -\dfrac{1}{\sin^2 x}$	$\int \dfrac{1}{\sin^2 x}\,dx = -\text{ctg } x + \text{const.}$
$\dfrac{d}{dx}(\text{arc sin } x) = \dfrac{1}{\sqrt{1-x^2}}$	$\int \dfrac{1}{\sqrt{1-x^2}}\,dx = \text{arc sin } x + \text{const.}$
$\dfrac{d}{dx}(\text{arc cos } x) = -\dfrac{1}{\sqrt{1-x^2}}$	$\int \dfrac{1}{\sqrt{1-x^2}}\,dx = -\text{arc cos } x + \text{const.}$
$\dfrac{d}{dx}(\text{arc tg } x) = \dfrac{1}{1+x^2}$	$\int \dfrac{1}{1+x^2}\,dx = \text{arc tg } x + \text{const.}$
$\dfrac{d}{dx}(\text{arc ctg } x) = -\dfrac{1}{1+x^2}$	$\int \dfrac{1}{1+x^2}\,dx = -\text{arc ctg } x + \text{const.}$
$\dfrac{d}{dx}(\text{sh } x) = \text{ch } x$	$\int \text{ch } x\,dx = \text{sh } x + \text{const.}$
$\dfrac{d}{dx}(\text{ch } x) = \text{sh } x$	$\int \text{sh } x\,dx = \text{ch } x + \text{const.}$
$\dfrac{d}{dx}(\text{th } x) = \dfrac{1}{(\text{ch } x)^2}$	$\int \dfrac{1}{(\text{ch } x)^2}\,dx = \text{th } x + \text{const.}$
$\dfrac{d}{dx}(\text{cth } x) = -\dfrac{1}{(\text{sh } x)^2}$	$\int \dfrac{1}{(\text{sh } x)^2}\,dx = -\text{cth } x + \text{const.}$
$\dfrac{d}{dx}(\text{ar sh } x) = \dfrac{1}{\sqrt{x^2+1}}$	$\int \dfrac{1}{\sqrt{x^2+1}}\,dx = \text{ar sh } x + \text{const.}$
$\dfrac{d}{dx}(\text{ar ch } x) = \dfrac{1}{\sqrt{x^2-1}}$	$\int \dfrac{1}{\sqrt{x^2-1}}\,dx = \text{ar ch } x + \text{const.}$

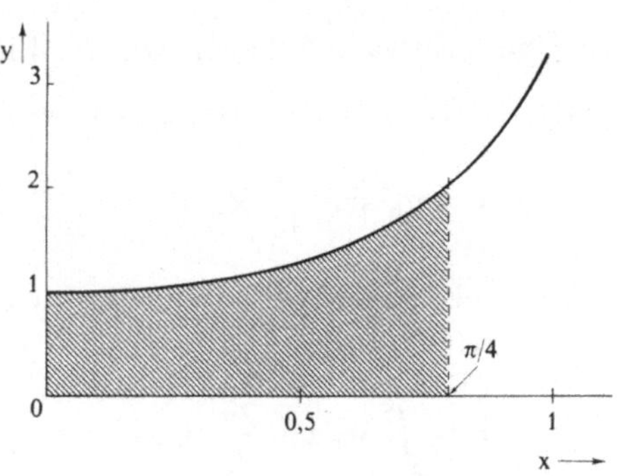

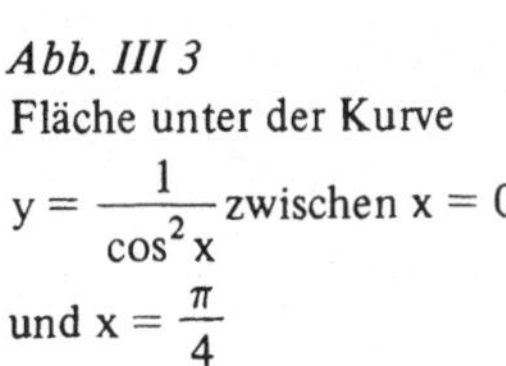

Abb. III 3
Fläche unter der Kurve

$$y = \frac{1}{\cos^2 x} \text{ zwischen } x = 0$$

$$\text{und } x = \frac{\pi}{4}$$

Es ist nach Tab. 1

$$F = \int\limits_0^{\pi/4} \frac{1}{\cos^2 x}\, dx = \left. \mathrm{tg}\, x \right|_0^{\pi/4}$$

$$= \mathrm{tg}\, \frac{\pi}{4} - \mathrm{tg}\, 0 = 1 \tag{20}$$

Übungsaufgabe 3

Man zeige, daß

$$\int\limits_{x_1}^{x_2} y\, dx = - \int\limits_{x_2}^{x_1} y\, dx$$

(Vertauschung der Grenzen kehrt das Vorzeichen um)

$$\int\limits_{x_1}^{x_2} y\, dx + \int\limits_{x_2}^{x_3} y\, dx = \int\limits_{x_1}^{x_3} y\, dx$$

(Eine Integration kann stückweise erfolgen)

$$\int\limits_{x_1}^{x_2} a\, y\, dx = a \int\limits_{x_1}^{x_2} y\, dx$$

(Eine Konstante kann vor das Integralzeichen gezogen werden)

$$\int\limits_{x_1}^{x_2} (y_1 + y_2)\, dx = \int\limits_{x_1}^{x_2} y_1\, dx + \int\limits_{x_1}^{x_2} y_2\, dx$$

(Das Integral über die Summe von 2 Funktionen ist gleich der Summe der Integrale über die Einzelfunktionen)

In Übungsaufgabe 1 haben wir die Fläche unter der Kurve $y = y_0 \cdot \sin \dfrac{\pi}{L} x$ von $x = 0$ bis $x = L$ berechnet. Wir wollen jetzt die gleiche Aufgabe für

$$y = y_0 \sin \frac{2\pi}{L} x \tag{21}$$

lösen (Abb. 2b). Wir erhalten entsprechend

$$F = \int_0^L y_0 \sin \frac{2\pi}{L} x \, dx = - y_0 \frac{L}{2\pi} \left| \cos \frac{2\pi}{L} x \right|_0^L$$

$$= - y_0 \frac{L}{2\pi} \left(\cos \frac{2\pi}{L} L - \cos 0 \right) = 0 \tag{22}$$

Dieses Ergebnis überrascht zunächst, denn nach Abb. 2b ist die Fläche zwischen der Kurve und der Abszisse sicherlich nicht Null. Diese Diskrepanz liegt daran, daß nach (1) F nur dann positiv sein kann, wenn y positiv ist; F wird für Bereiche mit negativem y negativ. Wir müssen also die anschauliche Interpretation des Integrals als Fläche korrigieren.

$$F = \int_{x_A}^{x_E} y \, dx \text{ ist identisch mit der Fläche zwischen Kurve und Abszisse,}$$

wenn die Kurve oberhalb der Abszisse verläuft; im umgekehrten Fall ist die Fläche durch $-$ F gegeben. In unserem Beispiel ist aus Symmetriegründen die Fläche oberhalb der Abszisse genau so groß wie die Fläche unterhalb, und deshalb wird insgesamt F = 0 erhalten. Um nun die tatsächliche Fläche ausrechnen zu können, unterteilen wir den gesamten Integrationsbereich in 2 Teilstücke, und zwar von 0 bis $\dfrac{L}{2}$ (y > 0) und $\dfrac{L}{2}$ bis L (y < 0)

$$\text{Fläche} = \int_0^{\frac{L}{2}} y_0 \sin \frac{2\pi}{L} x \, dx - \int_{\frac{L}{2}}^{L} y_0 \sin \frac{2\pi}{L} x \, dx$$

$$= - y_0 \frac{L}{2\pi} \left| \cos \frac{2\pi}{L} x \right|_0^{\frac{L}{2}} + y_0 \frac{L}{2\pi} \left| \cos \frac{2\pi}{L} x \right|_{\frac{L}{2}}^{L}$$

$$= - y_0 \frac{L}{2\pi} (-1-1) + y_0 \frac{L}{2\pi} (1 + 1)$$

$$= y_0 \frac{2L}{\pi} \tag{23}$$

Es wird die gleiche Fläche wie im Fall $y = y_0 \sin \frac{\pi}{L} x$ erhalten.

Übungsaufgabe 4

Man berechne für die Kurve

$$y = x^2 + 2x - 3$$

die Fläche zwischen Kurve und Abszisse im Bereich $x = -4$ bis $x = +3$

---

3. Integrationsregeln

Bis jetzt können wir nur die in Tab. 1 aufgeführten Integrale angeben; für Funktionen wie z.B. $y = x \cdot e^{-x}$, die eine Kombination von mehreren Funktionen darstellen, müssen wir uns noch einige Integrationsregeln überlegen.

Substitution

Nach Tab. 1 ist beispielsweise

$$\int e^x \, dx = e^x + \text{const.} \tag{24}$$

Wenn wir uns für den Wert des Integrals $\int e^{ax} \cdot dx$ interessieren, können wir versuchen, dieses Integral auf das erste zurückzuführen. Dazu bietet sich an, den Ausdruck ax durch eine neue Variable auszudrücken, z.B. können wir

$$z = a\,x \tag{25}$$

setzen.
Wir müssen nun noch dx durch dz ausdrücken; dazu differenzieren wir z nach x.

$$\frac{dz}{dx} = a$$

bzw.

$$dx = \frac{1}{a} \, dz \tag{26}$$

Einsetzen ergibt

$$\int e^{ax}\ dx = \int e^{z}\ \frac{1}{a}\ dz = \frac{1}{a}\ \int e^{z}\ dz \tag{27}$$

$$= \frac{1}{a}\ (e^{z} + const.)$$

Nun ersetzen wir wieder z durch ax und erhalten

$$\int e^{a\,x}\ dx = \frac{1}{a}\ (e^{a\,x} + const.) \tag{28}$$

Dieses Verfahren bezeichnet man als Substitution, weil eine Variable, hier die Größe a x, durch eine andere Variable, hier die Größe z, substituiert wird.

Übungsaufgabe 5

Man integriere durch Substitution

a) $y = \dfrac{1}{a - x}$

b) $y = \sqrt{1 - x}$

c) $y = \dfrac{1}{\sqrt{a - x}}$

d) $y = \sin \omega t$

e) $y = \dfrac{1}{x + 2}$

f) $y = \dfrac{1}{3x + 1}$

g) $y = \sin nx\ \sin kx$

h) $y = \sin nx\ \cos kx$

Mit der Substitutionsmethode lassen sich auch Integrale lösen, denen man nicht sofort ansieht, daß sie sich so einfach auf ein Grundintegral zurückführen lassen, z.B.

$$F = \int \frac{ax}{(bx^2 - c)^2}\ dx \tag{29}$$

Wählen wir hier

$$z = bx^2 - c \qquad dz = 2bx\ dx \tag{30}$$

dann erhalten wir

$$\int \frac{ax}{(bx^2 - c)^2}\ dx = \int \frac{a\,x}{z^2}\ \frac{1}{2bx}\ dz$$

$$= \frac{a}{2b} \int \frac{1}{z^2} \, dz = - \frac{a}{2b} \frac{1}{z} + \text{const.}$$

$$= - \frac{a}{2\,b} \frac{1}{bx^2 - c} + \text{const.} \tag{31}$$

Daß sich das Integral lösen läßt, liegt daran, daß sich der Faktor x im Zähler des Integranden gegen den Faktor x, der bei der Bildung von dz erhalten wird, wegkürzt. Weitere Beispiele für diesen Fall werden in Übungsaufgabe 6 behandelt.

Übungsaufgabe 6

Man löse durch Substitution

a) $\displaystyle\int \sin^2 x \cos x \, dx$ b) $\displaystyle\int (x + a) \sin(x^2 + 2ax + b) \, dx$

c) $\displaystyle\int x \, e^{-x^2} \, dx$ d) $\displaystyle\int \frac{x}{\sqrt{1 - x^2}} \, dx$

Bei dem Einsetzen der Grenzen bei bestimmten Integralen muß man aufpassen, wenn man die Variable substituiert. Wir betrachten

$$F = \int\limits_0^1 e^{ax} \, dx \tag{27a}$$

und substituieren wie in (25):

$$F = \frac{1}{a} \int\limits_{x=0}^{x=1} e^z \, dz = \frac{1}{a} \left. e^z \right|_{x=0}^{x=1} = \frac{1}{a} \left. e^{a\,x} \right|_0^1$$

$$= \frac{1}{a} \left(e^a - 1 \right) \tag{27b}$$

Wir müssen an dem Integralzeichen vermerken, daß die Grenzen 0 bzw. 1 für die Variable x und nicht etwa für die neue Variable z gilt. Erst nach dem Ausdrücken von z durch x nach erfolgter Integration dürfen die Grenzen eingesetzt werden.
Wir können auch etwas anders vorgehen, indem wir nach der Substitutionsgleichung (25) neue Grenzen ausrechnen, die für z gelten: für x = 0 gilt z = 0, für x = 1 gilt z = a.
Also können wir auch schreiben

$$F = \frac{1}{a} \int\limits_0^a e^z \, dz = \frac{1}{a} \left. e^z \right|_0^a = \frac{1}{a} \left(e^a - 1 \right) \tag{27c}$$

Übungsaufgabe 7

Man berechne nach der Substitutionsmethode

$$F = \int\limits_0^{\frac{T}{2}} \sin \frac{2\pi}{T}\, t \; dt$$

Partielle Integration

Diese Integrationsmethode beruht auf der Produktregel der Differentialrechnung

$$\frac{d}{dx}(u\,v) = u\,\frac{dv}{dx} + v\,\frac{du}{dx} \tag{32}$$

Daraus erhalten wir für das Differential $d(u\,v)$

$$d(u\,v) = u\,dv + v\,du \tag{32a}$$

und durch Integration

$$\int d(u\,v) = u\,v = \int u\,dv + \int v\,du \tag{32b}$$

Auflösen nach $\int u \cdot dv$

$$\boxed{\int u\,dv = u\,v - \int v\,du} \tag{33}$$

Über diese Beziehung können wir ein Integral vom Typ $\int u \cdot dv$ ausdrücken
durch ein Integral $\int v \cdot du$; läßt sich dieses zweite Integral lösen, dann ist auch
das erste Integral gelöst. Dieses Verfahren bezeichnet man als partielle Integration. Wir betrachten als Beispiel

$$\int x\,e^{-x}\,dx \tag{34}$$

und setzen

$$u = x \qquad dv = e^{-x}\,dx \tag{35a}$$

Durch Differentiation bzw. Integration erhalten wir

$$du = dx \qquad v = -e^{-x} \tag{35b}$$

$$\int x\, e^{-x}\, dx = -x\, e^{-x} - \int -e^{-x}\, dx$$

$$= -x\, e^{-x} - e^{-x} + \text{const.} = -e^{-x}(x+1) + \text{const.} \qquad (36)$$

Das Verfahren funktioniert in diesem Fall, weil aus dem Faktor x beim Differenzieren der Faktor 1 wird und weil sich andererseits die Funktion e^{-x} leicht integrieren läßt. Bei ungeschickter Wahl von u und dv kann es sein, daß die Methode nicht zum Ziel führt; setzen wir z.B.

$$u = e^{-x} \qquad\qquad dv = x\, dx$$

dann ist

$$du = -e^{-x}\, dx \qquad v = \frac{1}{2}\, x^2$$

und somit

$$\int x\, e^{-x}\, dx = e^{-x}\, \frac{1}{2}\, x^2 + \int \frac{1}{2}\, x^2\, e^{-x}\, dx$$

Das letztere Integral enthält eine höhere Potenz von x als das Ausgangsintegral und ist deshalb erst recht nicht direkt lösbar.

Übungsaufgabe 8

Man löse durch partielle Integration

a) $\int x \cos x\, dx$
b) $\int \ln x\, dx$

c) $\int \arcsin x\, dx$
d) $\int x \ln x\, dx$

e) $\int x^n \cos x\, dx$

f) Nach Übungsaufgabe II 16 gilt für die Wahrscheinlichkeitsdichte ρ eines Elektrons im H-Atom im Abstand r vom Atomkern $\rho = A \cdot 4\pi r^2 \cdot e^{-\frac{2r}{r_0}}$; $\int_0^\infty \rho\, dr$ ist die Wahrscheinlichkeit, das Elektron irgendwo im Raum anzutreffen; diese Wahrscheinlichkeit ist 1. Man berechne über diese Bedingung die Konstante A.

Als weiteres Beispiel berechnen wir

$$F = \int \cos^2 x\, dx = \int \cos x \cos x\; dx \qquad\qquad (37)$$

und setzen $u = \cos x$, $dv = \cos x\, dx$.

$$F = \cos x\ \sin x - \int - \sin x \sin x\, dx$$

$$= \cos x \sin x + \int dx - \int \cos^2 x\, dx \tag{38}$$

(unter Verwendung von $\sin^2 x = 1 - \cos^2 x$)
Das letzte Integral ist mit F identisch und wird auf die linke Seite gebracht.

$$2\,F = \cos x \sin x + x + \text{const.}$$

$$F = \frac{1}{2} \cos x \sin x + \frac{1}{2}\, x + \frac{1}{2}\, \text{const.} \tag{39}$$

Übungsaufgabe 9

Man berechne

a) $F = \int \sin x \sin 2x\, dx$ c) $F = \int \frac{\ln x}{x}\, dx$

b) $F = \int \sin x \cos x\, dx$

Partialbruchzerlegung

Integrale vom Typ

$$F = \int \frac{f(x)}{g(x)\, h(x)}\, dx \tag{40}$$

(f(x), g(x) und h(x) sollen ganze rationale Funktionen sein) lassen sich oft dadurch lösen, daß man den Integranden in eine Summe von zwei Brüchen („Partialbrüche") zerlegt, die dann gliedweise integriert werden.

$$\frac{f(x)}{g(x)\, h(x)} = \frac{A}{g(x)} + \frac{B}{h(x)} \tag{41}$$

Das Problem ist damit darauf zurückgeführt, die Konstanten A und B zu bestimmen. Wir betrachten als Beispiel

$$F = \int \frac{1 - x}{(x + 2)\,(3x + 1)}\, dx \tag{42}$$

$$\frac{1 - x}{(x + 2)\,(3x + 1)} = \frac{A}{x + 2} + \frac{B}{3x + 1} = \frac{(3x + 1)\,A + (x + 2)\,B}{(x + 2)\,(3x + 1)} \tag{43}$$

Im letzten Schritt wurden die beiden Partialbrüche auf den Hauptnenner gebracht; da im ersten und im letzten Ausdruck der Nenner derselbe ist, sind die Ausdrücke dann gleich, wenn die Zählerausdrücke gleich sind.

$$1 - x = (3x + 1)\,A + (x + 2)\,B \tag{44}$$

Dies ist eine Bestimmungsgleichung für die zwei Unbekannten A und B; zur Festlegung von zwei Unbekannten benötigen wir jedoch zwei Gleichungen. Nun sehen wir aber, daß in der Gleichung die unabhängige Variable x vorkommt, für die wir beliebige Werte einsetzen können; für irgendeinen Wert x_1 erhalten wir dann eine Gleichung, für einen anderen Wert x_2 eine zweite Gleichung, so daß wir A und B im Prinzip bestimmen können, z.B. $x_1 = 0$, $x_2 = 1$:

$$1 = A + 2B \qquad 0 = (3 + 1)A + (1 + 2)B \tag{45}$$

Aus diesen beiden Gleichungen folgt

$$A = -\frac{3}{5} \qquad B = \frac{4}{5} \tag{46}$$

Wir können noch etwas allgemeiner zum Ziel kommen, wenn wir in der ursprünglichen Gleichung (44) die Glieder mit x und die Glieder ohne x zusammenfassen.

$$(-1 -3A - B)\,x = A + 2B - 1 \tag{44a}$$

Die linke Seite hängt von x ab, die rechte Seite enthält nur Konstanten. Die linke Seite muß also für beliebige Werte von x immer gleich groß sein; dies ist aber für $x \neq 0$ nur möglich, wenn der Faktor vor x genau Null ist. Natürlich muß dann auch die rechte Seite der Gleichung Null sein.

$$-1 - 3A - B = 0 \qquad A + 2B - 1 = 0$$

Auflösen nach A und B führt zu denselben Werten wie vorher. Damit erhalten wir

$$\int \frac{1 - x}{(x + 2)\,(3x + 1)}\,dx = -\frac{3}{5} \int \frac{1}{x + 2}\,dx + \frac{4}{5} \int \frac{1}{3x + 1}\,dx \tag{47}$$

Die beiden letzten Integrale wurden in Übungsaufgabe 5 bereits gelöst; wir erhalten damit

$$\int \frac{1 - x}{(x + 2)\,(3x + 1)}\,dx = -\frac{3}{5}\ln(x + 2) + \frac{4}{15}\ln(3x + 1) + \text{const.} \tag{48}$$

Übungsaufgabe 10

Man löse durch Partialbruchzerlegung $\displaystyle\int \frac{1}{(a-x)(b-x)}\,dx$

Ob sich eine vorgegebene Funktion analytisch integrieren läßt, kann man nur durch Probieren der angegebenen Integrationsmethoden untersuchen, wobei es oft sehr vom Zufall oder von der Erfahrung abhängt, welcher Ansatz zum Erfolg führt. Während es immer möglich ist, eine analytisch gegebene Funktion zu differenzieren (vorausgesetzt, daß sie stetig und differenzierbar ist), ist dies bei der Integration nicht bei allen Funktionen der Fall; Beispiele dafür sind Funktionen wie $y = e^{x^2}$ oder $y = \dfrac{\cos x}{x}$. Eine wesentliche Hilfe beim Auffinden eines Integrals bieten die Integraltafeln. Trotzdem sind die hier behandelten Integrationsregeln nicht überflüssig, weil ein erfolgreiches Nachschlagen in den Tafeln ohne Kenntnis dieser Regeln oft nicht möglich oder zumindest sehr erschwert ist. Auf jeden Fall sollte man nach dem Auffinden eines Integrals prüfen, ob bei der Differentiation tatsächlich die ursprüngliche Funktion zurückerhalten wird.

4. Uneigentliche Integrale

Bevor wir Anwendungen der Integralrechnung betrachten, müssen wir uns über zwei Komplikationen Gedanken machen, die bei der Integration auftreten können.

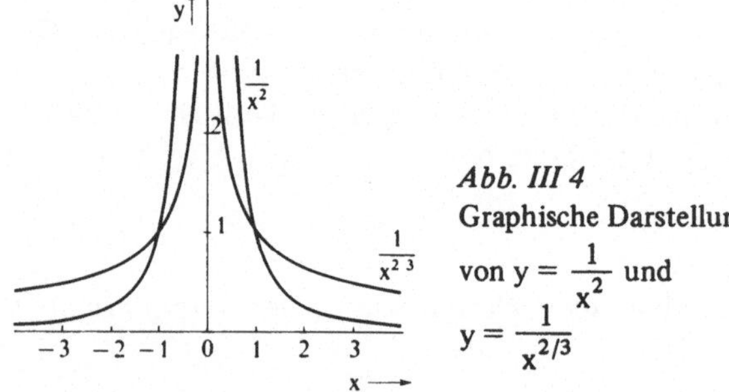

Abb. III 4
Graphische Darstellung
von $y = \dfrac{1}{x^2}$ und
$y = \dfrac{1}{x^{2/3}}$

1. Die Funktion wächst im Integrationsbereich an irgendeiner Stelle über alle Grenzen, z.B. $y = \dfrac{1}{x^2}$ an der Stelle $x = 0$ (Abb. 4). Wir bilden

$$\int_{-1}^{+1} \frac{1}{x^2}\,dx = \left| -\frac{1}{x} \right|_{-1}^{+1} = -1 - 1 = -2 \tag{49}$$

An diesem Resultat überrascht, daß für das Integral ein negativer Wert erhalten wird, obwohl die Funktion im gesamten Bereich nur positive Werte annimmt; dies kann nach unseren bisherigen Überlegungen nicht richtig sein. Unser Fehler besteht darin, daß wir über die Stelle $x = 0$ hinweg integriert haben, obwohl an dieser Stelle y über alle Grenzen wächst und damit auch das Flächenelement $y \cdot \Delta x$, während wir bei der Definition des Integrals davon ausgegangen sind, daß y im betrachteten Bereich endlich ist. Wir können diese Schwierigkeit dadurch beheben, daß wir von $x = -1$ bis zu einer Stelle $x = -z$, die kleiner als Null ist, integrieren und anschließend den Grenzübergang $z \to 0$ machen; entsprechend integrieren wir anschließend von $x = z$ bis $x = +1$.

$$\int\limits_{-1}^{+1} \frac{1}{x^2}\, dx = \int\limits_{-1}^{0} \frac{1}{x^2}\, dx + \int\limits_{0}^{1} \frac{1}{x^2}\, dx \tag{50}$$

$$\int\limits_{-1}^{0} \frac{1}{x^2}\, dx = \lim_{z \to 0} \int\limits_{-1}^{-z} \frac{1}{x^2}\, dx = \lim_{z \to 0} \left. -\frac{1}{x} \right|_{-1}^{-z}$$

$$= \lim_{z \to 0} \left(\frac{1}{z} - 1 \right) = \infty \tag{51}$$

Dieser Ausdruck wächst also über alle Grenzen, entsprechend das zweite Glied in (50); unser Integral wird also unendlich groß.

2. Der Integrationsbereich ist unendlich groß, z.B.

$$\int\limits_{1}^{\infty} \frac{1}{x^2}\, dx$$

Da wir Integrale nur für einen endlichen Integrationsbereich definiert haben, machen wir wieder einen Grenzübergang.

$$\int\limits_{1}^{\infty} \frac{1}{x^2}\, dx = \lim_{z \to \infty} \int\limits_{1}^{z} \frac{1}{x^2}\, dx = \lim_{z \to \infty} \left. -\frac{1}{x} \right|_{1}^{z}$$

$$= \lim_{z \to \infty} \left(-\frac{1}{z} + 1 \right) = 1 \tag{52}$$

Obwohl die obere Grenze unendlich ist, besitzt das Integral in diesem Fall einen endlichen Wert.

Übungsaufgabe 11

Man berechne die Integrale (Abb. 4)

a) $\displaystyle\int\limits_{-1}^{+1} \frac{1}{x^{2/3}}\, dx$ b) $\displaystyle\int\limits_{1}^{\infty} \frac{1}{x^{2/3}}\, dx$

5. Anwendungen

a) Flächen

Die Berechnung der Fläche zwischen einer Kurve y(x) und der Abszisse wurde bei der Einführung in die Integralrechnung bereits ausführlich diskutiert, so daß darauf nicht noch einmal eingegangen werden muß.

Übungsaufgabe 12

Man berechne die Fläche eines Kreises mit dem Radius r.

Ergänzend betrachten wir die Oberfläche eines dreidimensionalen Körpers, z.B. einer Kugel. Nach Abb. 5 können wir die gesamte Oberfläche in Streifen der Breite Δs und der Länge $2\pi R$ zerlegen; für Δs und R gilt

$$\Delta s = \sqrt{\Delta x^2 + \Delta y^2} \qquad\qquad R = \sqrt{r^2 - x^2}$$

Damit erhalten wir für die Oberfläche des Streifens

$$2\pi R\,\Delta s = 2\pi\,\sqrt{r^2 - x^2}\,\sqrt{\Delta x^2 + \Delta y^2}$$

$$= 2\pi\,\sqrt{r^2 - x^2}\,\sqrt{1 + \left(\frac{\Delta y}{\Delta x}\right)^2}\,\Delta x$$

Lassen wir Δx gegen Null streben, dann ist

$$O = \int\limits_{-r}^{+r} 2\pi\,\sqrt{r^2 - x^2}\,\sqrt{1 + \left(\frac{dy}{dx}\right)^2}\,dx \tag{53}$$

Für y setzen wir wie in Übungsaufgabe 12 die Funktionsgleichung eines Kreises mit dem Radius r ein.

$$y = \pm\,\sqrt{r^2 - x^2} \tag{54}$$

$$\frac{dy}{dx} = \mp\,\frac{x}{\sqrt{r^2 - x^2}} \qquad\qquad \left(\frac{dy}{dx}\right)^2 = \frac{x^2}{r^2 - x^2}$$

$$0 = 2\pi \int_{-r}^{+r} \sqrt{r^2 - x^2}\ \sqrt{1 + \frac{x^2}{r^2 - x^2}}\ dx$$

$$= 2\pi \int_{-r}^{+r} \sqrt{r^2 - x^2 + x^2}\ dx = 2\pi\, r \left. x \right|_{-r}^{+r} = 4\pi\, r^2 \qquad (55)$$

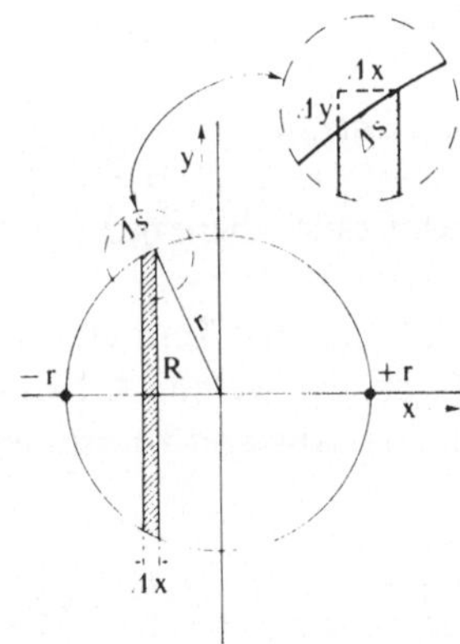

Abb. III 5
Berechnung
der Oberfläche
einer Kugel

b) Rauminhalte

Als Beispiel wählen wir den Rauminhalt einer Kugel; wir können den gesamten Rauminhalt in die Rauminhalte der in Abb. 5 gezeichneten Scheiben der Dicke Δx und der Fläche $\pi \cdot R^2$ zerlegen, wobei $R^2 = r^2 - x^2$ ist. Für $\Delta x \to 0$ gilt

$$V = \int_{-r}^{+r} \pi\,(r^2 - x^2)\, dx = \pi\, r^2 \left. x \right|_{-r}^{+r} - \pi\, \frac{1}{3} \left. x^3 \right|_{-r}^{+r}$$

$$= 2\pi\, r^3 - \frac{2}{3}\, \pi\, r^3 = \frac{4}{3}\, \pi\, r^3 \qquad (56)$$

Übungsaufgabe 13

Man berechne den Rauminhalt eines Rotationsellipsoids mit den Halbachsen a und b (Abb. 6)

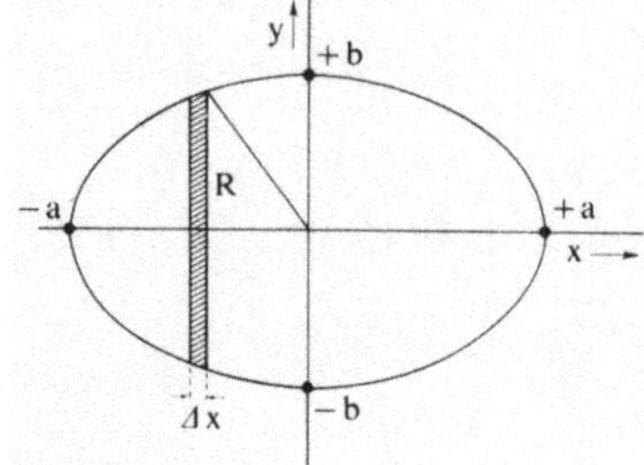

Abb. III 6
Berechnung des
Rauminhaltes eines
Rotationsellipsoids

c) Energien

α) Coulombenergie

Eine positive und eine negative elektrische Ladung befinden sich im Abstand d
(Abb. 7). Welche Arbeit muß zugeführt werden, um beide Ladungen auf unend-
lichen Abstand zu bringen?

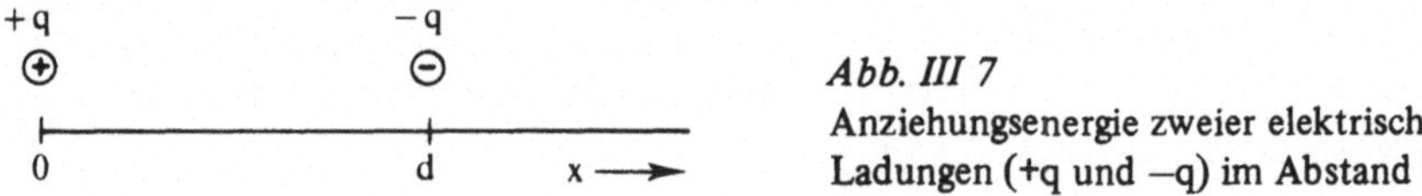

Abb. III 7
Anziehungsenergie zweier elektrischer
Ladungen (+q und −q) im Abstand d

Die Kraft K, mit der sich beide Ladungen anziehen, ist durch das Coulombsche
Gesetz gegeben.

$$K = \frac{q^2}{x^2} \tag{57}$$

K hängt also vom Abstand x der beiden Ladungen ab. Wäre K konstant, dann
wäre die Arbeit gleich dem Produkt aus Kraft und Weg. Ändern wir in unserem
Fall x um Δx, dann ändert sich K um ΔK; wir wollen nun Δx so klein wählen,
daß ΔK klein gegenüber K ist, und können dann näherungsweise den Mittelwert
von K im Bereich zwischen x und $(x + \Delta x)$ einsetzen. Dann gilt für die Arbeit
ΔA, die rechte Ladung um Δx nach rechts zu verschieben,

$$\Delta A = \frac{1}{2} [K + (K + \Delta K)] \Delta x$$

$$= \left(K + \frac{\Delta K}{2}\right) \Delta x \tag{58}$$

Wir dividieren auf beiden Seiten durch Δx und bilden den Grenzwert

$$\frac{dA}{dx} = \lim_{\Delta x \to 0} \frac{\Delta A}{\Delta x} = \lim_{\Delta x \to 0} \left(K + \frac{\Delta K}{2}\right) = K \tag{59}$$

Diesen Ausdruck lösen wir nach dA auf

$$dA = K\,dx = \frac{q^2}{x^2}\,dx \qquad (60)$$

und erhalten für A

$$A = \int_d^\infty K \cdot dx = \int_d^\infty \frac{q^2}{x^2}\,dx \qquad (61)$$

Der Arbeit A entspricht also die Fläche unter der Kurve $y = \dfrac{q^2}{x^2}$ von $x = d$ bis $x = \infty$. Das zu lösende Integral stellt ein Grundintegral dar (Tab. 1); wegen der oberen Grenze ∞ müssen wir es über eine Grenzwertbetrachtung lösen (Abb. 4).

$$A = q^2 \lim_{z \to \infty} \int_d^z \frac{1}{x^2}\,dx = q^2 \lim_{z \to \infty} \left| -\frac{1}{x} \right|_d^z$$

$$= q^2 \lim_{z \to \infty} \left(-\frac{1}{z} + \frac{1}{d} \right) = \frac{q^2}{d} \qquad (62)$$

Die zuzuführende Arbeit ist also endlich und ist umgekehrt proportional zum anfänglichen Abstand d.

Übungsaufgabe 14

Welche Arbeit ist zuzuführen, um eine Feder um die Strecke d aus der Ruhelage heraus zu spannen? Für die Kraft soll das Hooke'sche Gesetz gelten:

$$K = D\,x$$

β) Druckvolumenarbeit

Ein ideales Gas befindet sich in einem Zylinder mit einem Kolben (Abb. 8). Welche Arbeit ist zuzuführen, um das Gas durch Verschieben des Kolbens vom Volumen V_1 auf das Volumen V_2 zu komprimieren (die Temperatur des Gases soll konstant bleiben)?
Es gilt wie im ersten Beispiel

$$dA = -K\,dx = -p\,F\,dx = -p\,dV \qquad (63)$$

(F = Querschnitt des Kolbens; V = F · x, also dV = F · dx; das Minuszeichen kommt daher, daß bei einer Kompression (dx < 0) Arbeit zugeführt wird, dA also positiv sein muß).

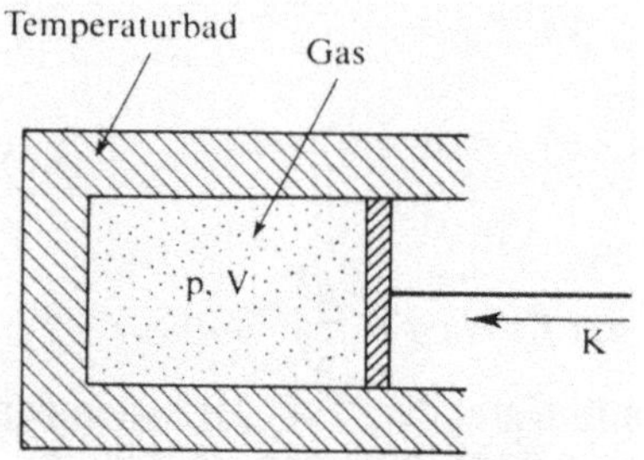

Abb. III 8
Arbeit zur Kompression eines
idealen Gases

Wir müssen noch p nach dem idealen Gasgesetz durch V ausdrücken

$$p = \frac{\nu\,RT}{V} \tag{64}$$

und über V integrieren

$$A = -\int_{V_1}^{V_2} p\,dV = -\nu\,RT \int_{V_1}^{V_2} \frac{dV}{V} = -\nu\,RT \left| \ln V \right|_{V_1}^{V_2}$$

$$= -\nu\,R\,T \ln \frac{V_2}{V_1} \tag{65}$$

Übungsaufgabe 15

Welche Arbeit ist nach (65) zuzuführen, um einen Autoreifen vom Druck $p_1 = 1$ *atm* auf den Druck $p_2 = 3$ *atm* zu bringen? Das Volumen des Reifens sei 10 *l*, T sei 300° *K.*

Übungsaufgabe 16

Wie groß ist die Druckvolumenarbeit, wenn in (64) nicht das ideale Gasgesetz, sondern die Van der Waals-Zustandsgleichung

$$\left(p + \frac{a}{V^2}\right)(V - b) = \nu\,RT$$

eingesetzt wird? a und b sind Stoffkonstanten.

d) Mittelwerte

Das arithmetische Mittel von n Funktionswerten $y_1, y_2 \ldots y_n$ ist gegeben durch (y_1 = Funktionswert an der Stelle x_1 in Abb. 9)

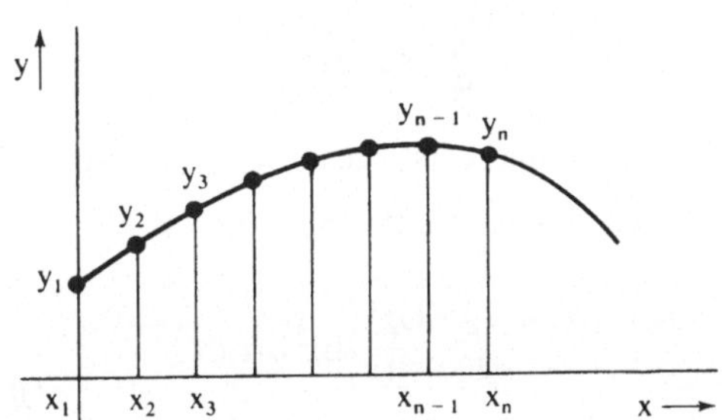

Abb. III 9
Mittelwert einer Funktion

$$\bar{y} = \frac{y_1 + y_2 + \ldots + y_n}{n} \tag{66}$$

Wir multiplizieren diesen Ausdruck in Zähler und Nenner mit Δx.

$$\bar{y} = \frac{y_1 \Delta x + y_2 \Delta x + \ldots + y_n \Delta x}{n \Delta x}$$

$$= \frac{y_1 \Delta x + y_2 \Delta x + \ldots + y_n \Delta x}{\Delta x + \Delta x + \ldots + \Delta x}$$

$$= \frac{\displaystyle\sum_{i=1}^{n} y_i \Delta x}{\displaystyle\sum_{i=1}^{n} \Delta x} \tag{67}$$

Lassen wir nun die Anzahl n der Werte y_i immer größer werden, dann erhalten wir daraus im Grenzfall $n \to \infty$ bzw. $\Delta x \to 0$

$$\bar{y} = \frac{\displaystyle\int_a^b y \, dx}{\displaystyle\int_a^b dx} \tag{68}$$

Die Grenzen a und b sollen andeuten, daß Funktionswerte von der Stelle $x = a \, (i = 1)$ bis $x = b \, (i = n)$ betrachtet werden.

Als Beispiel berechnen wir die mittlere Leistung eines Wechselstromes, der beim Anlegen einer Wechselspannung $U = U_0 \cdot \sin \omega t$ an einen Widerstand R fließt.

$$L = U I = U_0 \sin \omega t \, \frac{1}{R} U_0 \sin \omega t$$

$$= \frac{U_0^2}{R} \sin^2 \omega t \tag{69}$$

Die Leistung L ist eine Funktion der Zeit t; wir berechnen den Mittelwert von L über eine ganze Periode, also von $t = 0$ bis $t = T = \frac{2\pi}{\omega}$

$$\overline{L} = \frac{\int\limits_0^T \frac{U_0^2}{R} \sin^2 \omega t \, dt}{\int\limits_0^T dt} = \frac{U_0^2}{R\,T} \int\limits_0^T \sin^2 \omega t \, dt \tag{70}$$

Wir setzen $\omega t = z \quad \omega \cdot dt = dz$

$$\int \sin^2 \omega t \, dt = \frac{1}{\omega} \int \sin^2 z \, dz \tag{71}$$

Das verbleibende Integral lösen wir, indem wir das Additionstheorem (Übungsaufgabe I 20)

$$\sin^2 z = \frac{1}{2} - \frac{1}{2} \cos 2z \tag{72}$$

benutzen:

$$\int \sin^2 z \, dz = \frac{1}{2} \int dz - \frac{1}{2} \int \cos 2z \, dz$$

$$= \frac{1}{2} z - \frac{1}{2} \frac{1}{2} \sin 2z + \text{const.} \tag{73}$$

Damit erhalten wir $\left(\text{mit } \omega = \frac{2\pi}{T}\right)$

$$\overline{L} = \frac{U_0^2}{R\,T} \frac{1}{\omega} \left| \left(\frac{1}{2} \omega t - \frac{1}{4} \sin 2\,\omega t \right) \right|_0^T$$

$$= \frac{U_0^2}{R\,T} \; \frac{T}{2\pi} \; \frac{1}{2} \left(\frac{2\pi}{T} \, T - \frac{1}{2} \, \sin \frac{4\pi\,T}{T} - 0 + 0 \right) = \frac{1}{2} \, \frac{U_0^2}{R} \qquad (74)$$

$\bar{L}$ ist also gerade $\frac{1}{2}$ so groß wie die Spitzenleistung (L zur Zeit $t = \frac{T}{4}$, also $\sin^2 \omega t = 1$) des Wechselstromes (Abb. 10).

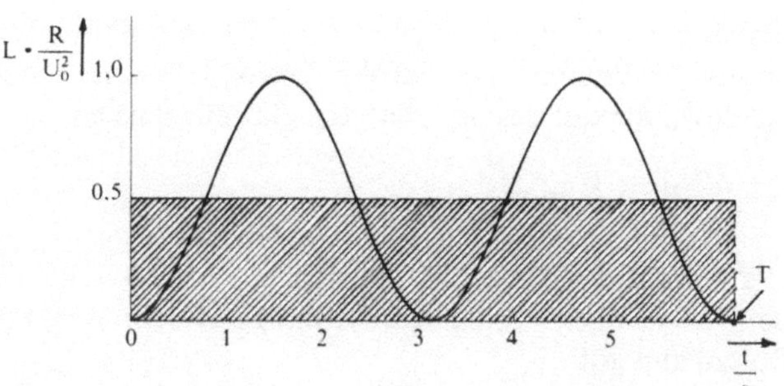

Abb. III 10
Mittelwert der Wechselstromleistung

$$L = \frac{U_0^2}{R} \cdot \sin^2 \omega t$$

($\omega = 1\,s^{-1}$); die schraffierte Rechteckfläche ist genau so groß wie die Fläche zwischen Kurve und Abszisse.

Übungsaufgabe 17

Beim freien Fall gilt für die Geschwindigkeit $u = g \cdot t$ (II 8). Wie groß ist die mittlere Geschwindigkeit zwischen $t_1 = 0$ und $t_2 = 2s$?

e) Gewichtete Mittelwerte

Wir betrachten jetzt den Fall, daß die Funktionswerte y_i verschieden oft vorkommen, etwa g_1 Werte y_1, g_2 Werte $y_2 \ldots g_i$ Werte y_i. Dann gilt für den Mittelwert der Größe y

$$\bar{y} = \frac{y_1\,g_1 + y_2\,g_2 + \ldots + y_i\,g_i + \ldots y_n\,g_n}{g_1 + g_2 + \ldots + g_i + \ldots + g_n} \qquad (75)$$

Wir verfahren weiter entsprechend wie bei der Berechnung einfacher Mittelwerte

$$\bar{y} = \frac{y_1\,g_1\,\Delta x + y_2\,g_2\,\Delta x + \ldots + y_n\,g_n\,\Delta x}{g_1\,\Delta x + g_2\,\Delta x + \ldots + g_n\,\Delta x}$$

$$= \frac{\sum\limits_{i=1}^{n} y_i\,g_i\,\Delta x}{\sum\limits_{i=1}^{n} g_i\,\Delta x} \qquad (76)$$

Im Grenzfall $\Delta x \to 0$ wird daraus

$$\bar{y} = \frac{\int\limits_a^b y\, g\, dx}{\int\limits_a^b g\, dx} \tag{77}$$

wobei g wie y eine Funktion von x ist. Als Beispiel berechnen wir die mittlere kinetische Energie eines idealen Gases. Die kinetische Energie E hängt von der Geschwindigkeit des betrachteten Gasteilchens ab

$$E = \frac{1}{2}\, m\, u^2 \tag{78}$$

Die Anzahl der Moleküle, die sich in einem Geschwindigkeitsintervall du befinden, ist je nach Molekülgeschwindigkeit sehr verschieden; nach Maxwell und Boltzmann gilt

$$g = A\, 4\pi^2\, u^2\, e^{-\frac{mu^2}{2kT}}\, du \tag{79}$$

(siehe Übungsaufgabe II 16)
u kann Werte von 0 bis ∞ annehmen, so daß wir erhalten:

$$\bar{E} = \frac{\int\limits_0^\infty \frac{1}{2}\, m\, u^2\, A\, 4\pi^2\, u^2\, e^{-\frac{mu^2}{2kT}}\, du}{\int\limits_0^\infty A\, 4\pi^2\, u^2\, e^{-\frac{mu^2}{2kT}}\, du}$$

$$= \frac{1}{2}\, m\, \frac{\int\limits_0^\infty u^4\, e^{-\frac{mu^2}{2kT}}\, du}{\int\limits_0^\infty u^2\, e^{-\frac{mu^2}{2kT}}\, du} \tag{80}$$

Wir substituieren $\frac{mu^2}{2kT} = z^2$ (bzw. $z = \sqrt{\frac{m}{2kT}}\cdot u$ und $dz = \sqrt{\frac{m}{2kT}}\, du$)

$$\bar{E} = \frac{1}{2}\, m\, \frac{\left(\frac{2kT}{m}\right)^2 \sqrt{\frac{2kT}{m}} \int\limits_0^\infty z^4\, e^{-z^2}\, dz}{\frac{2kT}{m} \sqrt{\frac{2kT}{m}} \int\limits_0^\infty z^2\, e^{-z^2}\, dz}$$

$$= kT \ \frac{\displaystyle\int_0^\infty z^4 \, e^{-z^2} \, dz}{\displaystyle\int_0^\infty z^2 \, e^{-z^2} \, dz} \tag{81}$$

Zur Berechnung des Zählerintegrals substituieren wir $z^2 = w$ $(2z \cdot dz = dw)$

$$\int_0^\infty z^4 \, e^{-z^2} \, dz = \frac{1}{2} \int_0^\infty w^2 \, e^{-w} \, \frac{1}{\sqrt{w}} \, dw$$

$$= \frac{1}{2} \int_0^\infty w^{\frac{3}{2}} \, e^{-w} \, dw \tag{82}$$

Dieses Integral lösen wir durch partielle Integration:

$$\int_0^\infty z^4 \, e^{-z^2} \, dz = \frac{1}{2} \left[-w^{\frac{3}{2}} \, e^{-w} \, \Big|_0^\infty \ - \int_0^\infty - \, e^{-w} \, \frac{3}{2} \, w^{\frac{1}{2}} \, dw \right]$$

$$= \frac{1}{2} \frac{3}{2} \int_0^\infty e^{-z^2} \, z \, 2z \, dz \ = \frac{3}{2} \int_0^\infty z^2 \, e^{-z^2} \, dz \tag{83}$$

Dieses Integral ist identisch mit dem Nennerintegral in (77), also

$$\overline{E} = \frac{3}{2} \, kT \tag{84}$$

Übungsaufgabe 18

Die Wahrscheinlichkeitsdichte ρ für das Elektron im Wasserstoffatom im 1s-Zustand ist gegeben durch

$$\rho = A \, 4\pi \, r^2 \, e^{-\frac{2r}{r_0}}$$

(Übungsaufgabe II 16). Wie groß ist der mittlere Abstand r des Elektrons? Man betrachte ρ als Verteilungsfunktion g in (77) und integriere über r; siehe auch Übungsaufgabe 8f.

f) Fakultätfunktion

Eulersches Integral

Wir betrachten das Integral

$$\int_0^\infty x^n \, e^{-x} \, dx \tag{85}$$

Dieses Integral lösen wir durch partielle Integration mit $u = x^n$, $dv = e^{-x} \, dx$ ($du = n \cdot x^{n-1} \cdot dx$, $v = -e^{-x}$)

$$\int_0^\infty x^n \, e^{-x} \, dx = \left| -x^n \, e^{-x} \right|_0^\infty + n \int_0^\infty x^{n-1} \, e^{-x} \, dx =$$

$$= n \int_0^\infty x^{n-1} \, e^{-x} \, dx \tag{86}$$

Damit haben wir den Integranden von der Form $x^n \cdot e^{-x}$ auf die Form $x^{n-1} \cdot e^{-x}$ reduziert; wir können dieses Verfahren weiter fortführen und erhalten

$$\int_0^\infty x^n \, e^{-x} \, dx = n \, (n-1) \int_0^\infty x^{n-2} \, e^{-x} \, dx$$

$$= n \, (n-1) \, (n-2) \int_0^\infty x^{n-3} \, e^{-x} \, dx$$

$$= n \, (n-1) \, (n-2) \ldots 3 \cdot 2 \cdot 1 \int_0^\infty e^{-x} \, dx$$

$$= n \, (n-1) \, (n-2) \ldots 3 \cdot 2 \cdot 1 \cdot 1 \tag{87}$$

Dieser Ausdruck ist nach (I 64b) identisch mit n!, also

$$\boxed{n! = \int_0^\infty x^n \, e^{-x} \, dx} \tag{88}$$

Dieses Integral nennt man Eulersches Integral.
Dieses Integral können wir dazu verwenden, n! für $n = 0$ und für nichtganzzahlige n zu definieren, z.B.

$$0! = \int_0^\infty x^0 \, e^{-x} \, dx = \left| -e^{-x} \right|_0^\infty = 1 \tag{88a}$$

$$\frac{1}{2}! = \int_0^\infty x^{\frac{1}{2}} \, e^{-x} \, dx$$

Wir setzen $z = x^{\frac{1}{2}} \qquad dz = \frac{1}{2} x^{-\frac{1}{2}} \, dx$

$$\frac{1}{2}! = 2 \int_{x=0}^{x=\infty} z \, e^{-z^2} \, z \, dz = 2 \int_{x=0}^{x=\infty} z^2 \, e^{-z^2} \, dz$$

Dieses Integral lösen wir durch partielle Integration mit $u = z$, $dv = z \cdot e^{-z^2} \cdot dz$; zur Festlegung von $v = \int z \cdot e^{-z^2} \cdot dz$ substituieren wir $w = z^2$, $dw = 2z \cdot dz$:

$$v = \frac{1}{2} \int w^{\frac{1}{2}} \, e^{-w} \, \frac{1}{w^{\frac{1}{2}}} \, dw = \frac{1}{2} \int e^{-w} \, dw = -\frac{1}{2} \, e^{-z^2}$$

Damit gilt

$$\frac{1}{2}! = 2 \left[\left| -z \, \frac{1}{2} \, e^{-z^2} \right|_{x=0}^{x=\infty} - \frac{1}{2} \int_{x=0}^{x=\infty} -e^{-z^2} \, dz \right]$$

$$= 2 \left[\left| -\frac{1}{2} \, x^{\frac{1}{2}} \, e^{-x} \right|_0^\infty + \frac{1}{2} \int_0^\infty e^{-z^2} \, dz \right]$$

$$= \int_0^\infty e^{-z^2} \, dz \tag{88b}$$

Dieses Integral läßt sich nur mit speziellen Methoden lösen; wie auf Seite 169 näher gezeigt wird, erhält man den Wert $\frac{1}{2} \sqrt{\pi}$.

$$\frac{1}{2}! = \frac{1}{2} \sqrt{\pi} = 0,886$$

Stirlingsche Formel

Für große Werte von n läßt sich eine einfache Näherungsformel für n! ableiten. Dazu bilden wir

$$\ln n! = \ln(1 \cdot 2 \cdot 3 \ldots (n-2)(n-1)n)$$

$$= \ln 1 + \ln 2 + \ln 3 + \ldots + \ln n$$

$$= \sum_{i=1}^{i=n} \ln i = \sum_{i=1}^{i=n} \ln i \, \Delta i \tag{89}$$

Δi soll die Differenz zweier aufeinanderfolgender Werte von i sein, also $\Delta i = (i+1) - i = 1$. Ist n genügend groß, dann spielen die Summanden mit großem i eine viel größere Rolle als die mit kleinem i. Für große i ist die Schrittweite $\Delta i = 1$ aber so klein, daß wir die Summe näherungsweise durch ein Integral ersetzen können.

$$\boxed{\ln n!} \approx \int_0^n \ln i \, di = \left| i \ln i - i \right|_0^n \boxed{= n \ln n - n} \tag{90}$$

Die letzte Integration ist in Übungsaufgabe 8 ausgeführt; beim Einsetzen der Grenzen ist $\lim\limits_{i \to 0} i \cdot \ln i = 0$ zu bilden (Übungsaufgabe II 15). Den erhaltenen Ausdruck nennt man *Stirlingsche Formel*.

Übungsaufgabe 19

Man vergleiche Werte für n!, die direkt bzw. nach der Stirlingschen Formel erhalten werden, mit den Funktionswerten für n^n und 10^n.

Wir wollen noch zeigen, daß $y = n!$ bei genügend großen Werten von n größer wird als die Potenzfunktion $y = x^n$. Dazu betrachten wir $\lim\limits_{n \to \infty} \dfrac{x^n}{n!}$; um diesen Grenzwert berechnen zu können, gehen wir zunächst zum Logarithmus dieses Ausdrucks über und wenden die Stirlingsche Formel an.

$$\lim_{n \to \infty} \left(\ln \frac{x^n}{n!} \right) = \lim_{n \to \infty} (n \ln x - n \ln n + n)$$

$$= \lim_{n \to \infty} n(\ln x - \ln n + 1) \tag{91}$$

Ist n genügend groß, dann können wir $(\ln x + 1)$ in der Klammer gegenüber $\ln n$ vernachlässigen und erhalten

$$\lim_{n \to \infty} \left(\ln \frac{x^n}{n!} \right) = \lim_{n \to \infty} (-n \ln n) = -\infty \tag{92}$$

Damit ist

$$\lim_{n \to \infty} \frac{x^n}{n!} = e^{-\infty} = 0 \tag{93}$$

IV. Unendliche Reihen

In vielen Fällen lassen sich Funktionen durch eine Summe von Potenzfunktionen mit unendlich vielen Gliedern darstellen.

$$y(x) = a_0 + a_1 x + a_2 x^2 + \ldots + a_n x^n + \ldots$$

$$= \sum_{n=0}^{\infty} a_n x^n \tag{1}$$

Dabei sind die Faktoren a_n Konstanten, die für die jeweilige Funktion charakteristisch sind. Die Summe in (1) nennt man eine unendliche Reihe. Als Beispiel betrachten wir die geometrische Reihe

$$y(x) = 1 + x + x^2 + \ldots + x^n + \ldots = \sum_{n=0}^{\infty} x^n \tag{2}$$

(hier sind alle Faktoren a_i gleich 1)

Zur Berechnung von $y(x)$ bilden wir zunächst die Summe einer endlichen geometrischen Reihe mit n Gliedern, die wir zum Unterschied zu (2) mit $Y(x)$ bezeichnen.

$$Y(x) = 1 + x + x^2 + \ldots + x^{n-1} \tag{3}$$

Wir multiplizieren auf beiden Seiten mit x

$$x\,Y(x) = x + x^2 + \ldots + x^{n-1} + x^n \tag{4}$$

Sodann subtrahieren wir die zweite Gleichung von der ersten.

$$Y(x) - x\,Y(x) = 1 - x^n \tag{5}$$

$$Y(x) = \frac{1 - x^n}{1 - x} \tag{6}$$

$y(x)$ ergibt sich als Grenzwert von $Y(x)$ für $n \to \infty$.

$$y(x) = \lim_{n \to \infty} \frac{1 - x^n}{1 - x} \tag{7}$$

Für $x > 1$ wird $y(x)$ unendlich; für $x < 1$ strebt x^n gegen Null, und wir erhalten

$$y(x) = \sum_{n=0}^{\infty} x^n = \frac{1}{1-x} \quad \text{für} \quad x < 1 \tag{8}$$

Die unendliche geometrische Reihe ist also mit der Funktion $y = \frac{1}{1-x}$ identisch, falls $x < 1$ ist; für $x > 1$ besitzt die Reihe unabhängig von x den Wert Unendlich. Bleibt eine unendliche Reihe für einen vorgegebenen Wert von x endlich, dann nennt man sie konvergent, andernfalls divergent. Es gibt Reihen, die für beliebige Werte von x konvergent sind, andere konvergieren nur für bestimmte Werte von x (z.B. die geometrische Reihe), oder für gar keine Werte von x.

1. Mc Laurin-Reihe

Wir wollen nun untersuchen, wie man umgekehrt für eine vorgegebene Funktion $y(x)$ die Faktoren a_i in dem Reihenansatz (1) bestimmen kann; anschließend wollen wir das Konvergenzproblem näher diskutieren. Wir schreiben $y(x)$ gemäß (1) und die Ableitungen von y nach x auf.

$$y = a_0 + a_1 x + a_2 x^2 + a_3 x^3 + a_4 x^4 + a_5 x^5 + \ldots$$

$$\frac{dy}{dx} = a_1 + 2a_2 x + 3a_3 x^2 + 4a_4 x^3 + 5a_5 x^4 + \ldots$$

$$\frac{d^2 y}{dx^2} = 2a_2 + 2 \cdot 3\ a_3 x + 3 \cdot 4\ a_4 x^2 + 4 \cdot 5\ a_5 x^3 \ldots$$

$$\frac{d^3 y}{dx^3} = 2 \cdot 3\ a_3 + 2 \cdot 3 \cdot 4\ a_4 x + 3 \cdot 4 \cdot 5\ a_5 x^2 + \ldots \tag{9}$$

Nun betrachten wir speziell den Fall $x = 0$; dann erhalten wir aus (9)

$$y(0) = a_0 \qquad \frac{dy(0)}{dx} = a_1 \qquad \frac{d^2 y(0)}{dx^2} = 2\ a_2 \qquad \frac{d^3 y(0)}{dx^3} = 2 \cdot 3 a_3$$

und damit allgemein

$$\frac{d^n y(0)}{dx^n} = 1 \cdot 1 \cdot 2 \cdot 3 \cdot 4 \ldots n\ a_n = n!\ a_n \tag{10}$$

Wir lösen nach a_n auf

$$a_n = \frac{1}{n!} \ \frac{d^n y(0)}{dx^n} \tag{11}$$

Damit haben wir die Faktoren a_n durch die Ableitungen der vorgegebenen Funktion an der Stelle $x = 0$ ausgedrückt und erhalten für die unendliche Reihe nach (1)

$$\boxed{y(x) = y(0) + \frac{1}{1!} \ \frac{dy(0)}{dx} + \frac{1}{2!} \ \frac{d^2 y(0)}{dx^2} + \ldots} \tag{12}$$

Diese Beziehung nennt man *Mc Laurin-Reihe*.
Wir betrachten einige Beispiele

$$y = \sin x$$

$$y(0) = 0 \qquad y'(0) = 1 \qquad y''(0) = 0 \qquad y'''(0) = -1$$

Daraus folgt

$$\boxed{y = \sin x = x - \frac{1}{3!} \ x^3 + \frac{1}{5!} \ x^5 - \frac{1}{7!} \ x^7 \ldots} \tag{13}$$

$$= \sum_{n=1}^{\infty} (-1)^{n+1} \cdot \frac{1}{(2n-1)!} x^{2n-1}.$$

Während wir im Abschnitt I für die Sinusfunktion nur wenige spezielle Werte angeben konnten, läßt sich $\sin x$ nach (13) für beliebige Werte von x im Prinzip beliebig genau berechnen.
In Abb. 1 ist dargestellt, wie sich die Sinusfunktion durch Überlagerung von einzelnen Potenzfunktionen ergibt.

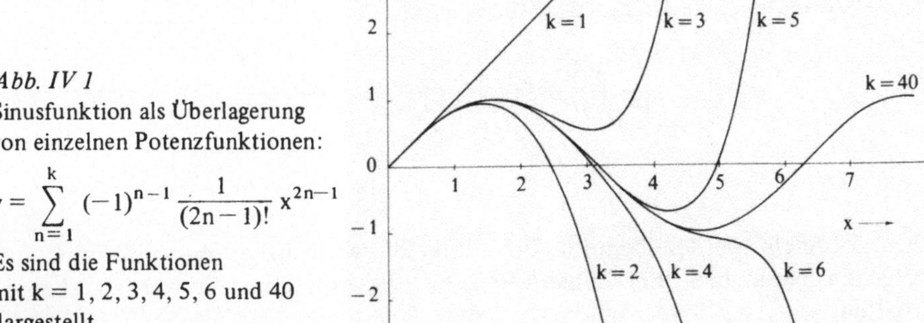

Abb. IV 1
Sinusfunktion als Überlagerung von einzelnen Potenzfunktionen:

$$y = \sum_{n=1}^{k} (-1)^{n-1} \frac{1}{(2n-1)!} \ x^{2n-1}$$

Es sind die Funktionen
mit $k = 1, 2, 3, 4, 5, 6$ und 40
dargestellt.

Übungsaufgabe 1

a) Man zeige an Hand der Reihe (13), daß

$$\sin(-x) = -\sin x \quad \text{ist}$$

b) Man berechne $y = \sin 1$

In entsprechender Weise erhalten wir

$$\cos x = 1 - \frac{1}{2!} x^2 + \frac{1}{4!} x^4 - \frac{1}{6!} x^6 + \dots$$

$$= \sum_{n=0}^{\infty} (-1)^{n+2} \frac{1}{(2n)!} x^{2n} \tag{14a}$$

$$e^x = 1 + \frac{1}{1!} x + \frac{1}{2!} x^2 + \frac{1}{3!} x^3 + \dots$$

$$= \sum_{n=0}^{\infty} \frac{1}{n!} x^n \tag{14b}$$

$$\ln(1+x) = x - \frac{1}{2} x^2 + \frac{1}{3} x^3 - \frac{1}{4} x^4 + \dots$$

$$= \sum_{n=1}^{\infty} (-1)^{n+1} \frac{1}{n} x^n \tag{14c}$$

$$(1+x)^k = 1 + \frac{k}{1!} x + \frac{k(k-1)}{2!} x^2 + \frac{k(k-1)(k-2)}{3!} x^3 + \dots$$

$$= 1 + \sum_{n=1}^{\infty} \frac{k(k-1)(k-2)\dots(k-n+1)}{n!} x^n \tag{14d}$$

Diese Formeln werden benutzt, um Funktionswerte näherungsweise im Computer zu berechnen; die Zahlenwerte in Logarithmentafeln werden ebenso erhalten.

Übungsaufgabe 2

a) Man berechne die Zahl e nach (14b)
b) Man berechne $\sqrt{1 + x}$ nach (14d). Wie groß ist $\sqrt{2}$?

2. Anwendungen

a) Berechnung unbestimmter Ausdrücke

$$\lim_{x \to 0} \frac{\sin x}{x} = \lim_{x \to 0} \frac{x - \frac{1}{3} x^3 + \frac{1}{5} x^5 \ldots}{x}$$

$$= \lim_{x \to 0} \left(1 - \frac{1}{3} x^2 + \frac{1}{5} x^4 \ldots \right) = 1 \tag{15}$$

$$\lim_{x \to \infty} x\, e^{-x} = \lim_{x \to \infty} \frac{x}{1 + x + \frac{1}{2!} x^3 + \ldots}$$

$$= \lim_{x \to \infty} \frac{1}{\frac{1}{x} + 1 + \frac{1}{2!} x^2 + \ldots} = 0 \tag{16}$$

b) Näherungsformeln

Für die Anziehungsenergie zweier Dipole (Abb. 2) erhalten wir nach dem Coulombschen Gesetz (Seite 108)

$$A = \frac{q^2}{r + d} + \frac{q^2}{r - d} - 2\,\frac{q^2}{r}$$

$$= q^2 \frac{1}{r} \left[\frac{1}{1 + \frac{d}{r}} + \frac{1}{1 - \frac{d}{r}} - 2 \right] \tag{17}$$

Abb. IV 2
Anziehungsenergie
zweier Dipole

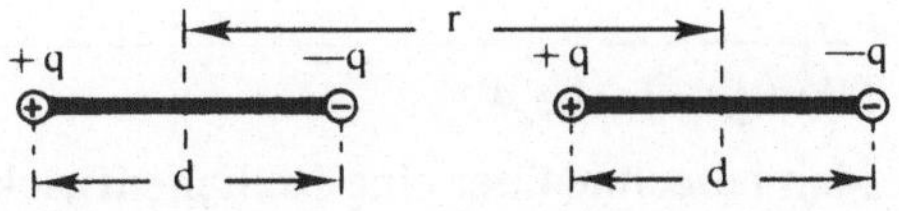

Ist $\dfrac{d}{r}$ genügend klein, dann können wir die Reihen für die beiden ersten Ausdrücke in der Klammer nach einer endlichen Anzahl von Gliedern abbrechen. Nach Übungsaufgabe 2 b gilt

$$A \approx \frac{q^2}{r}\left[\left(1 - \frac{d}{r} + \frac{d^2}{r^2}\right) + \left(1 + \frac{d}{r} + \frac{d^2}{r^2}\right) - 2\right]$$

$$= \frac{q^2}{r}\, 2\, \frac{d^2}{r^2} = 2\, \frac{(q\, d)^2}{r^3} = \frac{2\, \mu^2}{r^3} \tag{18}$$

(Punktdipolnäherung, $\mu = q \cdot d =$ Dipolmoment)

Übungsaufgabe 3

Man gebe Näherungsformeln an für

1. $\bar{\mu} = \mu\left[\mathrm{cth}\left(\dfrac{\mu E}{kT}\right) - \dfrac{kT}{\mu E}\right]$ für $\mu E \ll kT$ $(\bar{\mu} = f(E))$

2. $V = E_D\,(1 - e^{-k(r - r_0)})^2$ für $k\,(r - r_0) \ll 1$ $(V = f(r))$

3. $y = \dfrac{1}{e^{\frac{1}{x}} - 1}$ für $x \gg 1$ $(y = f(x))$

4.   die Kettenlinie in Abb. I 34 für $\dfrac{x}{b} \ll 1$

---

c) Integration über Reihen

$$\int e^{-x^2}\, dx = \int\left(1 - x^2 + \frac{1}{2}\, x^4 - \frac{1}{6}\, x^6 \ldots\right) dx$$

$$= x - \frac{1}{3 \cdot 1!}\, x^3 + \frac{1}{5 \cdot 2!}\, x^5 - \frac{1}{7 \cdot 3!}\, x^7 \ldots \tag{19}$$

$$+ \frac{1}{n\,[(n - 1)/2]!}\, x^n \ldots \qquad n = 1, 3, 5 \ldots$$

Übungsaufgabe 4

Man berechne über eine Reihenentwicklung

1. $\int \sin x \, dx$

2. $\displaystyle\int\limits_0^\infty \frac{x^3}{e^x - 1} \, dx = \int\limits_0^\infty x^3 \, e^{-x} \, \frac{1}{1 - e^{-x}} \, dx$

---

d) Komplexe Funktionen

Wenn wir für das Argument der Funktion auch imaginäre Zahlen zulassen, dann können wir durch Reihen komplexe Funktionen definieren.

$$e^{ix} = 1 + ix - \frac{1}{2!} x^2 - \frac{1}{3!} i \, x^3 \ldots$$

$$= 1 - \frac{1}{2!} x^2 + \frac{1}{4!} x^4 \ldots$$

$$+ i \left(x - \frac{1}{3!} x^3 + \frac{1}{5!} x^5 \ldots \right) \tag{20}$$

Daraus folgt mit (13) und (14a)

$$e^{ix} = \cos x + i \sin x \tag{21}$$

Diesen Ausdruck bezeichnet man als *Eulersche Beziehung*; über sie ist es möglich, die komplexe Zahl e^{ix} in Real- und Imaginärteil zu zerlegen.

Übungsaufgabe 5

1. Man zerlege e^{-ix} in Real- und Imaginärteil.
2. Nach der Hückelmethode gilt für die Wellenfunktion ψ_k des k-ten Elektronenzustandes beim Benzolmolekül $(k = 0, 1, 2, \ldots)$

$$\psi_k = \sum_{n=1}^{6} c_{nk} \, \varphi_n \qquad (\varphi_n = \text{Atomfunktion am Atom } n)$$

$$c_{nk} = A \, e^{\pm i k \, \alpha_n} \qquad (\alpha_n \text{ siehe Abb. 3, } n = 1, 2 \ldots 6)$$

Man berechne den Normierungsfaktor A über die Beziehung (A soll reell sein)

$$\sum_{n=1}^{6} c_{nk} \, c_{nk}^* = 1$$

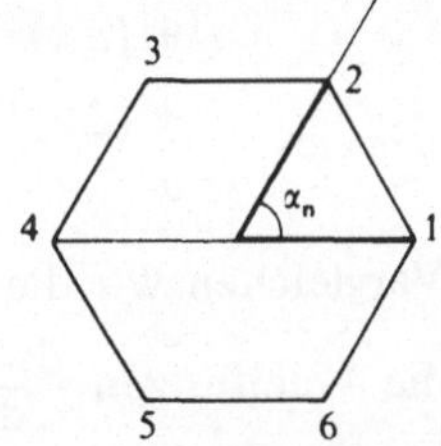

Abb. IV 3
**Anordnung der Atome
und Winkel α_n
im Benzolmolekül**

3. Die Linearkombination

$$c'_{nk} = B\,(e^{+\,ik\,\alpha_n} + e^{-\,ik\,\alpha_n})$$

kann ebenfalls zur Beschreibung der Benzolwellenfunktion dienen. Man berechne den Normierungsfaktor B für den Fall $k = 1$ und zeige, daß c'_{nk} reell ist.

Aus $e^{ix} = \cos x + i \cdot \sin x$ und $e^{-ix} = \cos x - i \cdot \sin x$ (Übungsaufgabe 5) erhalten wir durch Auflösen nach $\sin x$ bzw. $\cos x$

$$\sin x = -i\,\frac{1}{2}\,(e^{ix} - x^{-ix}) = -i\,\mathrm{sh}\,(ix)$$

$$\cos x = \frac{1}{2}\,(e^{ix} + e^{-ix}) = \mathrm{ch}(ix) \tag{22}$$

Dadurch ist ein direkter Zusammenhang zwischen den Winkelfunktionen und den hyperbolischen Funktionen hergestellt.

3. Taylorreihe

Bei der Mc Laurin-Reihe haben wir die Funktion $y(x)$ an der Stelle $x = 0$ entwickelt; wir können dies aber auch an einer beliebigen Stelle x tun und danach fragen, wie groß der Funktionswert an einer Stelle $x + \Delta x$ ist. Dazu entwickeln wir wieder in eine Potenzreihe

$$\begin{aligned}
y(x + \Delta x) = a_0 &+ a_1(x + \Delta x) + a_2(x + \Delta x)^2 \\
&+ a_3(x + \Delta x)^3 + a_4(x + \Delta x)^4 + \ldots
\end{aligned} \tag{23}$$

Wir multiplizieren die Klammerausdrücke aus und ordnen nach steigenden Potenzen von x.

$$\begin{aligned}
y(x + \Delta x) = a_0 &+ a_1\,x + a_2\,x^2 + a_3\,x^3 + a_4\,x^4 + \ldots \\
&+ \Delta x(a_1 + 2a_2\,x + 3a_3\,x^2 + 4a_4\,x^3 + \ldots) \\
&+ (\Delta x)^2\,(a_2 + 3a_3\,x + 6a_4\,x^2 + 10\,a_5\,x^2 + \ldots) \\
&+ (\Delta x)^3\,(a_3 + 4a_4\,x + 10a_5\,x^2 + \ldots) \\
&+ \ldots
\end{aligned} \tag{24}$$

Vergleichen wir die einzelnen Zeilen mit den Potenzreihen (9) für $y(x)$ und für die Ableitungen $\dfrac{dy(x)}{dx}$, dann finden wir

$$y(x + \Delta x) = y(x) + \frac{dy(x)}{dx} \, \Delta x + \frac{1}{2!} \, \frac{d^2 y(x)}{dx^2} \, (\Delta x)^2$$
$$+ \frac{1}{3!} \, \frac{d^3 y(x)}{dx^3} \, (\Delta x)^3 + \ldots \tag{25}$$

Diese Entwicklung nennt man *Taylorreihe*; für $x = 0$ geht sie in die Mc Laurin-Reihe über.

Übungsaufgabe 6

Man berechne $y = \sin(x + \Delta x) - \sin x$ für $x = \frac{\pi}{2}$ durch Entwickeln in eine Taylorreihe.

Aus (25) können wir die Regel von de l'Hospital (II 64) erhalten; aus $f(x_0) = g(x_0) = 0$ folgt mit (25)

$$\lim_{x \to x_0} \frac{f(x)}{g(x)} = \lim_{\Delta x \to 0} \frac{f(x_0 + \Delta x)}{g(x_0 + \Delta x)} = \lim_{\Delta x \to 0} \frac{f'(x_0)\,\Delta x + \frac{1}{2}\,f''(x_0)(\Delta x)^2 + \ldots}{g'(x_0)\,\Delta x + \frac{1}{2}\,g''(x_0)(\Delta x)^2 + \ldots}$$

$$= \lim_{\Delta x \to 0} \frac{f'(x_0) + \frac{1}{2}\,f''(x_0)\Delta x + \ldots}{g'(x_0) + \frac{1}{2}\,g''(x_0)\Delta x + \ldots} = \lim_{x \to x_0} \frac{f'(x)}{g'(x)}$$

4. Konvergenzkriterien

Eine unendliche Reihe kann offensichtlich nur dann konvergieren, wenn die Glieder fortlaufend kleiner werden und schließlich gegen Null streben. Daß diese Bedingung jedoch nicht ausreichend ist, sehen wir an dem Beispiel

$$y = 1 + \frac{1}{2} + \frac{1}{3} + \frac{1}{4} + \ldots + \frac{1}{n} + \ldots \tag{26}$$

Bei dieser Reihe können wir Glieder in der folgenden Weise zusammenfassen:

$$y = 1 + \frac{1}{2} + \underbrace{\left(\frac{1}{3} + \frac{1}{4}\right)}_{> \frac{1}{2}} + \underbrace{\left(\frac{1}{5} + \frac{1}{6} + \frac{1}{7} + \frac{1}{8}\right)}_{> \frac{1}{2}} + \ldots \tag{27}$$

Da die Reihe $1 + \frac{1}{2} + \frac{1}{2} + \ldots$ nicht konvergiert, kann die betrachtete Reihe erst recht nicht konvergieren. Wir müssen also noch zusätzliche Eigenschaften der Reihe betrachten; dazu denken wir uns eine Reihe ($|d_n| = $ Absolutwert von d_n)

$$y = |d_0| + |d_1| + |d_2| + \ldots + |d_n| + |d_{n+1}| + |d_{n+2}| + \ldots \qquad (28)$$

und bilden die Quotienten

$$\left|\frac{d_{n+1}}{d_n}\right|, \quad \left|\frac{d_{n+2}}{d_{n+1}}\right|, \quad \left|\frac{d_{n+3}}{d_{n+2}}\right| \quad \text{usw.}$$

von je zwei aufeinanderfolgenden Gliedern. Sind nun diese Quotienten von einem bestimmten n ab kleiner als eine positive Konstante k, dann gilt

$$|d_{n+1}| < |d_n|\, k \qquad |d_{n+2}| < |d_{n+1}|\, k < |d_n|\, k^2$$

$$|d_{n+3}| < |d_{n+2}|\, k < |d_n|\, k^3 \qquad\qquad\qquad\qquad (29)$$

Unter diesen Voraussetzungen sind die Glieder der betrachteten Reihe

$$y = \ldots + |d_n| + |d_{n+1}| + |d_{n+2}| + \ldots \qquad (30)$$

vom n-ten Glied an kleiner als die Glieder der Reihe

$$z = |d_n| + |d_n|\, k + |d_n|\, k^2 + \ldots \qquad (31)$$

Dies ist eine geometrische Reihe, die für $k < 1$ konvergiert; also muß auch die zuerst betrachtete Reihe konvergieren. Damit erhalten wir folgendes Konvergenzkriterium:

Eine unendliche Reihe konvergiert, wenn von einer bestimmten Stelle an ständig

$$\left|\frac{d_{n+1}}{d_n}\right| < k$$

ist, wobei k eine positive Konstante $k < 1$ sein muß.

Eine Reihe, die diesem Kriterium genügt, muß auf jeden Fall konvergieren. Umgekehrt heißt dies aber nicht, daß Reihen, die diesem Kriterium nicht genügen, nicht doch konvergieren können; eine Entscheidung über diese Frage ist nur mit weiteren Konvergenzkriterien möglich, auf die hier aber nicht eingegangen werden soll. Wir prüfen einige Reihen auf ihre Konvergenz hin nach.

$$y = e^x = 1 + x + \frac{1}{2!}\, x^2 + \frac{1}{3!}\, x^3 + \ldots + \frac{1}{n!}\, x^n + \ldots \qquad (14b)$$

$$\left| \frac{d_{n+1}}{d_n} \right| = \frac{\dfrac{1}{(n+1)!}\ |x^{n+1}|}{\dfrac{1}{n!}\ |x^n|} = \frac{n!}{(n+1)!}\ |x| = \frac{1}{n+1}\ |x| \qquad (32)$$

Solange x endlich bleibt, können wir diesen Ausdruck durch entsprechende Wahl von n beliebig klein machen; also konvergiert die Reihe für alle x. Entsprechendes gilt für sin x, cos x. Für die Logarithmusreihe erhalten wir

$$y = \ln(1+x) = x - \frac{1}{2}\,x^2 + \frac{1}{3}\,x^3 \ldots + \frac{1}{n}\,x^n - \frac{1}{n+1}\,x^{n+1}$$

$$\left| \frac{d_{n+1}}{d_n} \right| = \frac{n}{n+1}\ |x| = \frac{1}{1+\dfrac{1}{n}}\ |x| \qquad (14c)$$

Der erste Faktor wird mit steigendem n immer größer und strebt gegen 1; der Ausdruck kann also mit Sicherheit nur dann kleiner als 1 bleiben, wenn $x < 1$ ist.

Übungsaufgabe 7

Wie kann man mit einer Reihe näherungsweise ln 10 berechnen, obwohl die angegebene Reihe nur für $x < 1$ konvergiert?

---

5. Fourier-Reihen

Wir versuchen, eine beliebige periodische Funktion y (Periodenlänge 2π) durch den Ansatz

$$y = a_0 + a_1 \sin x + a_2 \sin 2x + \ldots$$
$$+ b_1 \cos x + b_2 \cos 2x + \ldots \qquad (34)$$

$$= a_0 + \sum_{n=1}^{\infty} a_n \sin nx + \sum_{n=1}^{\infty} b_n \cos nx$$

auszudrücken; eine solche Reihe bezeichnet man als Fourierreihe. Zur Bestimmung des Koeffizienten a_0 integrieren wir von 0 bis 2π.

$$\int_0^{2\pi} y\,dx = \int_0^{2\pi} a_0\,dx + \sum_{n=1}^{\infty} a_n \int_0^{2\pi} \sin nx\,dx + \sum_{n=1}^{\infty} b_n \int_0^{2\pi} \cos nx\,dx$$

$$= a_0 \left. x \right|_0^{2\pi} + \sum_{n=1}^{\infty} a_n \left. \left(-\frac{1}{n} \cos nx \right) \right|_0^{2\pi}$$

$$+ \sum_{n=1}^{\infty} b_n \left. \frac{1}{n} \sin nx \, dx \right|_0^{2\pi} = a_0 \, 2\pi \tag{35}$$

Also

$$a_0 = \frac{1}{2\pi} \int_0^{2\pi} y \, dx \tag{36}$$

Zur Festlegung der a_n multiplizieren wir mit $\sin kx$ und integrieren dann.

$$\int_0^{2\pi} y \sin kx \, dx = a_0 \int_0^{2\pi} \sin kx \, dx$$

$$+ \sum_{n=1}^{\infty} a_n \int_0^{2\pi} \sin nx \sin kx \, dx$$

$$+ \sum_{n=1}^{\infty} b_n \int_0^{2\pi} \cos nx \sin kx \, dx \tag{37}$$

Es gilt

$$\int_0^{2\pi} \sin nx \sin kx \, dx \quad \begin{cases} = \pi \text{ für } n = k \text{ (nach III 73)} \\[2ex] = 0 \text{ für } n \neq k \text{ (nach Übungsaufgabe III 5)} \end{cases} \tag{38}$$

$$\int_0^{2\pi} \cos nx \sin kx \, dx = 0 \text{ (nach Übungsaufgabe III 5 für } n = k \text{ und}$$
$$\text{Übungsaufgabe III 9 für } n \neq k) \tag{39}$$

Damit gilt

$$a_n = \frac{1}{\pi} \int_0^{2\pi} y \sin nx \, dx \tag{40}$$

Entsprechend erhalten wir für b_n (Multiplikation von (35) mit $\cos kx$)

$$b_n = \frac{1}{\pi} \int_0^{2\pi} y \cos nx \, dx \tag{41}$$

Bei diesem Ansatz der Fourierreihe sind wir von der speziellen Periodenlänge 2π ausgegangen; um einen Ausdruck für eine Funktion mit einer beliebigen Periodenlänge L zu erhalten, setzen wir

$$x = \frac{2\pi}{L}\, z \quad (z = L \text{ entspricht dann } x = 2\pi) \tag{42}$$

Damit wird

$$y = a_0 + \sum_{n=1}^{\infty} a_n \sin \frac{n\,2\pi}{L}\, z + \sum_{n=1}^{\infty} b_n \cos \frac{n\,2\pi}{L}\, z$$

$$a_0 = \frac{1}{L} \int_0^L y \, dz$$

$$a_n = \frac{2}{L} \int_0^L y \sin \frac{n\,2\pi}{L}\, z \, dz \tag{43}$$

$$b_n = \frac{2}{L} \int_0^L y \cos \frac{n\,2\pi}{L}\, z \, dz$$

Als Beispiel betrachten wir die in Abb. I 9 gegebene Dreiecksfunktion; nach Übungsaufgabe I 7 gilt

$$\begin{aligned}
y &= 3 - x &\quad \text{für} \quad& 0 \leqslant x \leqslant 6 \\
y &= -9 + x &\quad \text{für} \quad& 6 \leqslant x \leqslant 12
\end{aligned} \tag{44}$$

Die Periodenlänge ist also L = 12. Nach (43) gilt nun

$$a_0 = \frac{1}{12} \left[\int_0^6 (3-x)\, dx + \int_6^{12} (-9+x)\, dx \right] = 0$$

$$a_n = \frac{1}{6} \left[\int_0^6 (3-x) \sin \frac{n\pi}{6}\, x \, dx + \int_6^{12} (-9+x) \sin \frac{n\pi}{6}\, x \, dx \right]$$

$$= \frac{1}{6} \left[\left| -3\,\frac{6}{n\pi} \cos \frac{n\pi}{6}\, x + \frac{6}{n\pi}\, x \cos \frac{n\pi}{6}\, x - \frac{36}{n^2\pi^2} \sin \frac{n\pi}{6}\, x \right|_0^6 \right.$$

$$\left. + \left| 9\,\frac{6}{n\pi} \cos \frac{n\pi}{6}\, x - \frac{6}{n\pi}\, x \cos \frac{n\pi}{6}\, x + \frac{36}{n^2\pi^2} \sin \frac{n\pi}{6}\, x \right|_6^{12} \right]$$

$$= \frac{1}{6} \left[-\frac{18}{n\pi} \cos 2n\pi + \frac{18}{n\pi} \right] = 0$$

$$b_n = \frac{1}{6} \left[\int_0^6 (3 - x) \cos \frac{n\pi}{6} \, x \, dx + \int_6^{12} (-9 + x) \cos \frac{n\pi}{6} \, x \, dx \right]$$

$$= \frac{12}{n^2 \pi^2} (1 - \cos n\pi) = \begin{cases} \dfrac{24}{n^2 \pi^2} & \text{für n ungeradzahlig} \\[2em] 0 & \text{für n geradzahlig} \end{cases}$$

Somit erhalten wir für die Dreiecksfunktion

$$y = \frac{24}{\pi^2} \left(\cos \frac{\pi}{6} \, x + \frac{1}{9} \cos \frac{3\pi}{6} \, x + \frac{1}{25} \cos \frac{5\pi}{6} \, x + \ldots \right)$$

$$= \frac{24}{\pi^2} \sum_{n=0}^{\infty} \frac{1}{(2n+1)^2} \cos \frac{(2n+1)\pi}{6} \, x$$

In Abb. 4 ist dargestellt, wie sich y durch Überlagerung der einzelnen Cosinusglieder ergibt.

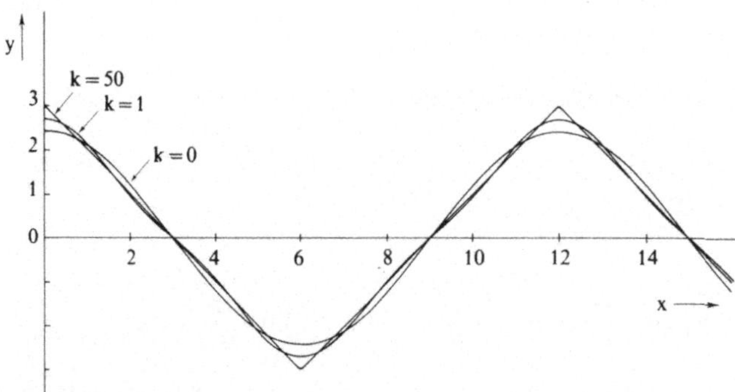

Abb. IV 4
Dreiecksfunktion als Überlagerung von Cosinusfunktionen

$$y = \frac{24}{\pi^2} \sum_{n=0}^{k} \frac{1}{(2n+1)^2} \cos \frac{(2n+1) \cdot x}{6}$$

mit k = 0, 1, 50

Übungsaufgabe 8

Man entwickle die in Abb. 5 dargestellte periodische Funktion (Rechteckfunktion) in eine Fourierreihe.

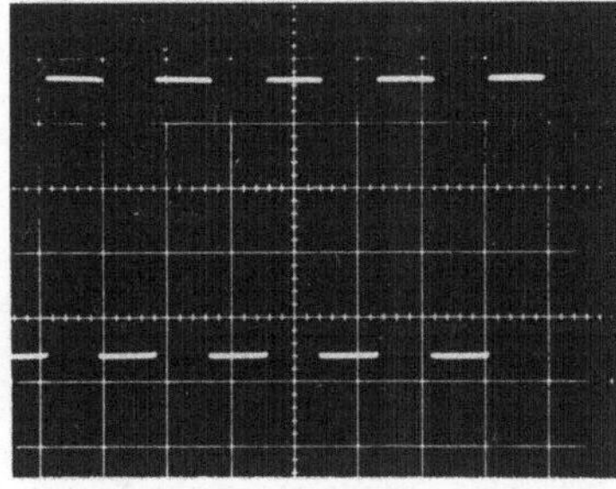

Abb. IV 5
Oszillographenbild der Spannung U an einem periodisch öffnenden Relais in Abhängigkeit von der Zeit.
Horizontalablenkung: 0,5 ms/Skt
Vertikalablenkung   : 1 V/Skt

V. Gewöhnliche Differentialgleichungen

Gleichungen, bei denen als Unbekannte nicht eine Konstante, sondern eine Funktion bzw. Ableitungen dieser Funktion vorkommen, bezeichnet man als Differentialgleichungen. Differentialgleichungen klassifiziert man nach dem Grad der höchsten vorkommenden Ableitung: Differentialgleichungen 1., 2., ... n-ter Ordnung, wenn die 1., 2., ... n-te Ableitung die höchste ist.

Hängt die Lösungsfunktion nur von 1 unabhängigen Variablen ab, dann spricht man von einer „gewöhnlichen" Differentialgleichung im Gegensatz zu einer „partiellen" Differentialgleichung (die Lösungsfunktion hängt von mehreren Variablen ab). Im folgenden betrachten wir gewöhnliche Differentialgleichungen 1. und 2. Ordnung an Hand von typischen naturwissenschaftlichen Anwendungen.

1. Radioaktiver Zerfall (Dgl. 1. Ordnung); Methode der Trennung der Variablen

Beim radioaktiven Zerfall, z.B.

$$\ce{^{226}_{88}Ra} \longrightarrow \ce{^{222}_{86}Rn} + \ce{^{4}_{2}He} \tag{1}$$

ist die Wahrscheinlichkeit, daß ein Ra-Kern zerfällt, für alle Kerne gleich groß. Die Bildungsgeschwindigkeit $\dfrac{dN_{Rn}}{dt}$ der Rn-Kerne ist deshalb proportional zur Anzahl N_{Ra} der noch nicht zerfallenen Kerne.

$$\frac{dN_{Rn}}{dt} = k\, N_{Ra} \tag{2}$$

Nun ist $N_{Ra} = N_0 - N_{Rn}$ (N_0 = Anzahl der Ra-Kerne zur Zeit $t = t_0$) und somit

$$\frac{dN_{Ra}}{dt} = -\frac{dN_{Rn}}{dt} \tag{3}$$

Einsetzen in (2) ergibt

$$\boxed{\frac{dN_{Ra}}{dt} = - k\, N_{Ra}} \tag{4}$$

Dies ist eine Differentialgleichung 1. Ordnung für die Funktion $N_{Ra}(t)$. Wir lösen sie, indem wir dt auf die rechte und N_{Ra} auf die linke Seite bringen.

$$\frac{dN_{Ra}}{N_{Ra}} = - k\, dt \tag{5}$$

Der Ausdruck auf der linken Seite ist identisch mit $d(\ln N_{Ra})$.

$$d(\ln N_{Ra}) = - k\, dt \tag{6}$$

Das linke Differential ist also gleich dem rechten, also muß auch das Integral der linken Seite gleich dem Integral der rechten Seite sein

$$\int d(\ln N_{Ra}) = - k \int dt$$

$$\ln N_{Ra} + C_1 = - k\, t + C_2 \tag{7}$$

C_1 und C_2 sind die bei der Integration auftretenden Konstanten, die noch näher festzulegen sind; es ist nützlich, diese Konstanten zu einer neuen Konstanten

$$C = C_2 - C_1 \tag{8}$$

zusammenzufassen.

$$\boxed{\ln N_{Ra} = - kt + C} \tag{9}$$

Zur Festlegung der Konstanten gehen wir davon aus, daß die Anzahl der Ra-Kerne zur Zeit $t = t_0$ gleich N_0 ist; Einsetzen in (9)

$$\ln N_0 = - k\, t_0 + C \tag{10}$$

Wir lösen nach C auf und setzen in (9) ein

$$\ln \frac{N_{Ra}}{N_0} = - k(t - t_0)$$

$$\tag{11}$$

$$\boxed{N_{Ra} = N_0\, e^{- k(t - t_0)}}$$

Damit haben wir die Differentialgleichung (4) gelöst. Wir fassen die einzelnen Schritte noch einmal zusammen:

1. Abhängige Variable (N_{Ra}) auf die linke Seite, unabhängige Variable (t) auf die rechte Seite bringen; dieses Verfahren wird mit *„Trennung der Variablen"* bezeichnet.

2. Integration der neu erhaltenen Gleichung; dabei tritt eine zunächst willkürliche Integrationskonstante auf.

3. Festlegung der Integrationskonstanten durch Angabe von N_{Ra} zur Zeit $t = t_0$; man nennt dies *„Einsetzen der Anfangsbedingung"*.

Wegen $N_{Ra} = N_0 - N_{Rn}$ erhalten wir für N_{Rn}

$$\boxed{N_{Rn} = N_0 - N_{Ra} = N_0\,(1 - e^{-k\,(t - t_0)})} \qquad (12)$$

Die Funktionen (11) und (12) sind in Abb. 1 für $k = 1s^{-1}$ dargestellt. Beim radioaktiven Zerfall gibt man an Stelle von k meist die Halbwertszeit $t_{1/2}$ an, d.h. die Zeit, nach der die Anzahl der Ra-Kerne von N_0 auf $\frac{1}{2} N_0$ abgesunken ist. Nach (11) gilt

$$\frac{1}{2}\,N_0 = N_0\,e^{-k\,t_{1/2}}$$

$$\ln\frac{1}{2} = -k\,t_{1/2}$$

$$t_{1/2} = \frac{\ln 2}{k} \qquad (13)$$

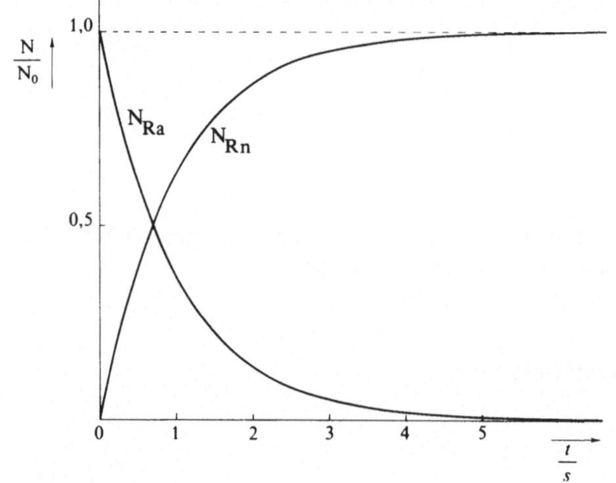

Abb. V 1
Graphische Darstellung
von (11), (12) für
$k = 1\,s^{-1}$

Übungsaufgabe 1

Bei der Gasreaktion $J + J \rightarrow J_2$ ist die Bildungsgeschwindigkeit von J_2 proportional zum Quadrat der Anzahl N_J der Jodatome.

$$\frac{dN_{J_2}}{dt} = k\,N_J^2$$

Zur Zeit $t = t_0$ ist $N_J = N_0$ und $N_{J_2} = 0$; da aus 2 J-Atomen 1 J_2-Molekül entsteht, gilt weiter $N_J = N_0 - 2 \cdot N_{J_2}$ bzw.

$$\frac{dN_J}{dt} = -2\,\frac{dN_{J_2}}{dt}$$

Einsetzen führt zu der Differentialgleichung

$$\frac{dN_J}{dt} = -2\,k\,N_J^2$$

Man löse diese Differentialgleichung über die Methode der Trennung der Variablen.

---

2. Verzögerte Bewegung (Dgl. 2. Ordnung); Methode der Variation der Konstanten

Wir denken uns einen Eisenbahnwagen auf einer horizontalen Schiene (Abb. 2); wir stoßen den Wagen zur Zeit $t = 0$ an (Anfangsgeschwindigkeit v_0) und beobachten, daß der Wagen allmählich durch Reibung (zwischen Rädern und Schienen, Lagerreibung) abgebremst wird. Wir fragen nach der Abhängigkeit

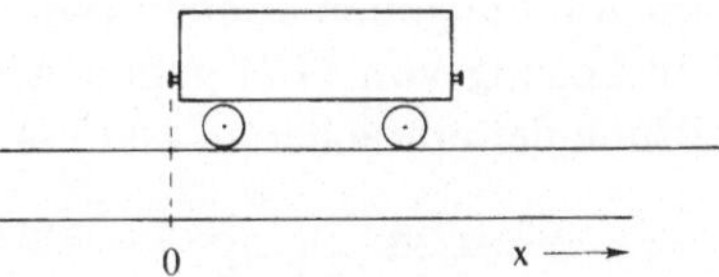

Abb. V 2
Eisenbahnwagen auf einer horizontalen Schiene
(verzögerte Bewegung)

des Ortes x des Wagens bzw. seiner Geschwindigkeit in Abhängigkeit von der Zeit t. Dazu betrachten wir die Kraft K, die auf den Wagen wirkt; in unserem Fall ist dies allein die Reibungskraft, von der wir annehmen wollen, daß sie proportional zur Geschwindigkeit ist.

$$K = -a\,v = -a\,\frac{dx}{dt} \tag{14}$$

Das Minuszeichen ist erforderlich, weil die Reibungskraft der Fahrtrichtung des Wagens entgegengerichtet ist. Nach dem Newtonschen Axiom gilt für die auf den Wagen wirkende Beschleunigung

$$K = m\,b = m\,\frac{d^2x}{dt^2} \tag{15}$$

Aus (14) und (15) erhalten wir die Differentialgleichung

$$\boxed{\;\frac{d^2x}{dt^2} + \frac{a}{m}\,\frac{dx}{dt} = 0\;}\qquad(16)$$

Dies ist eine Differentialgleichung 2. Ordnung. Wir lösen sie, indem wir zunächst auf beiden Seiten mit dt multiplizieren und dann integrieren.

$$d\left(\frac{dx}{dt}\right) + \frac{a}{m}\,dx = 0\qquad(16a)$$

Dabei haben wir $\dfrac{d^2x}{dt^2} = \dfrac{d}{dt}\left(\dfrac{dx}{dt}\right)$ umgeschrieben; Integration analog wie bei (6):

$$\frac{dx}{dt} + \frac{a}{m}\,x = C_1\qquad(17)$$

C_1 ist eine noch näher festzulegende Integrationskonstante. Wir haben damit die Differentialgleichung 2. Ordnung auf eine Gleichung 1. Ordnung zurückgeführt. Die Gleichung (17) ist jedoch schwieriger zu lösen als die entsprechende Gleichung (4); der Unterschied liegt darin, daß in (17) auf der rechten Seite nicht Null, sondern die Konstante C_1 steht. Versuchen wir die Methode der Trennung der Variablen, dann erhalten wir auf der rechten Seite den Ausdruck $\dfrac{C_1}{x} \cdot dt$, den wir nicht integrieren können, weil wir x nicht explizit als Funktion von t angeben können (wir suchen diese Funktion ja erst).

Zur Lösung von (17) gehen wir deshalb anders vor. Wir suchen zunächst die Lösung der einfacheren, zu (17) analogen Gleichung

$$\frac{dz}{dt} + \frac{a}{m}\,z = 0\qquad(18)$$

auf der die rechte Seite Null ist. Diese Lösung ist nach (4) bis (9)

$$\ln z = -\frac{a}{m}\,t + C_2$$

$$z = e^{-\frac{a}{m}t + C_2} = e^{C_2}\,e^{-\frac{a}{m}t} = C_3\,e^{-\frac{a}{m}t}\qquad(19)$$

Hierin ist e^{C_2} zu einer neuen Konstanten C_3 zusammengefaßt. Zur Lösung von (17) probieren wir nun den Ansatz

$$x = z \cdot f(t)\qquad(20)$$

Wir gehen also davon aus, daß die Funktion x(t) sich als Produkt aus der soeben erhaltenen Funktion z(t) und einer zweiten, noch näher zu bestimmenden

Funktion f(t) schreiben läßt; dies ist zunächst keineswegs zwingend, sondern stellt lediglich einen Versuch dar. Ob dieser Versuch zum Erfolg führt, muß sich noch zeigen. Zur Bestimmung von f setzen wir (20) in unsere Differentialgleichung (17) ein.

$$\frac{dz}{dt}\, f + z\, \frac{df}{dt} + \frac{a}{m}\, z\, f = C_1 \tag{17a}$$

bzw.

$$f\left[\frac{dz}{dt} + \frac{a}{m}\, z\right] + z\, \frac{df}{dt} = C_1 \tag{17b}$$

Nach (18) ist der Klammerausdruck in (17b) Null; Auflösen nach $\frac{df}{dt}$ und Einsetzen von (19) für z ergibt

$$\frac{df}{dt} = \frac{C_1}{z} = \frac{C_1}{C_3}\, e^{\frac{a}{m} t} \tag{17c}$$

Aus (17c) folgt durch Integration

$$f = \frac{C_1}{C_3}\, \frac{m}{a}\, e^{\frac{a}{m} t} + C_4 \tag{21}$$

bzw. mit dem Ansatz (20)

$$x = C_3\, e^{-\frac{a}{m} t}\left(\frac{C_1}{C_3}\, \frac{m}{a}\, e^{\frac{a}{m} t} + C_4\right) = C_1\, \frac{m}{a} + C_3\, C_4\, e^{-\frac{a}{m} t} \tag{22}$$

Damit ist (17) gelöst. Differentialgleichungen wie (17) bezeichnet man als *inhomogene* Differentialgleichungen, weil außer Gliedern, die die Funktion x enthalten, auf der rechten Seite noch ein Ausdruck steht, der x nicht enthält (in unserem Fall die Konstante C_1); ist die rechte Seite Null wie bei (18), dann spricht man von einer *homogenen* Differentialgleichung. Das beschriebene Lösungsverfahren nennt man „*Variation der Konstanten*"; dies ist eine etwas irreführende Bezeichnung, weil die Funktion f(t), die in dem Ansatz (20) gesucht wird, natürlich keine Konstante, sondern eben eine Funktion ist. Das Verfahren ist ganz allgemein anwendbar, wenn bei einer gegebenen inhomogenen Differentialgleichung die Lösung der dazu analogen homogenen Gleichung gefunden werden kann.

Wir legen jetzt noch die Konstanten in (22) durch die Anfangsbedingungen fest.

Zur Zeit t = 0 sei x = 0 und $v = \frac{dx}{dt} = v_0$; da 2 Integrationskonstanten festzulegen sind (der Ausdruck $C_3 \cdot C_4$ läßt sich genauso gut durch eine einzelne Konstante ausdrücken), die von der zweimaligen Integration herrühren, genügen diese beiden Gleichungen. Einsetzen in die Lösungsfunktion (22):

1. $\qquad 0 = C_1 \dfrac{m}{a} + C_3\, C_4$

2. $\qquad \dfrac{dx}{dt} = - C_3\, C_4\, \dfrac{a}{m}\, e^{-\frac{a}{m}\, t} \qquad\qquad v_0 = - C_3\, C_4\, \dfrac{a}{m}$ (23)

Wir lösen nach C_1 bzw. $C_3 \cdot C_4$ auf und setzen in (22) ein.

$$x = \frac{m}{a}\, v_0 \left(1 - e^{-\frac{a}{m}\, t}\right) \tag{24}$$

Für die Geschwindigkeit $\dfrac{dx}{dt}$ gilt entsprechend

$$\frac{dx}{dt} = v_0\, e^{-\frac{a}{m}\, t} \tag{25}$$

Die Funktionen x und $\dfrac{dx}{dt}$ sind in Abb. 3 dargestellt. x verläuft exponentiell mit t und erreicht für $t \to \infty$ den Wert $\dfrac{m}{a} \cdot v_0$; an dieser Stelle bleibt der Eisenbahnwagen also schließlich stehen.

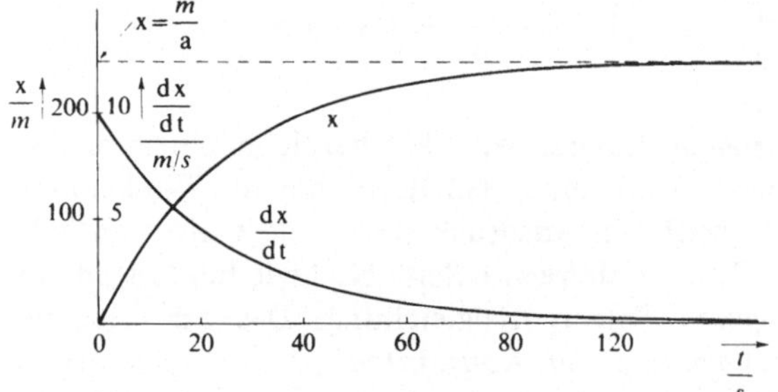

Abb. V 3
Graphische Darstellung
von (24), (25) für
$m = 10^4\ kg$,
$v_0 = 10\ m/s$,
$a = 400\ kg/s$
Der Eisenbahnwagen
kommt nach 250 m
zum Stehen.

Übungsaufgabe 2

Wir bringen eine NaCl-Lösung zwischen die Platten eines Plattenkondensators und legen die Spannung U an (Abb. 4); auf ein Na^+-Ion wirkt die Kraft $q \cdot \dfrac{U}{d}$ im elektrischen Feld (q = Ladung des Ions, d = Plattenabstand) sowie die Reibungskraft $-a \cdot \dfrac{dx}{dt}$. Analog zu (16) gilt dann (m = Masse von Na^+)

$$\frac{d^2 x}{dt^2} + \frac{a}{m} \frac{dx}{dt} = \frac{q\,U}{m\,d}$$

Man berechne daraus x(t) und $v = \dfrac{dx}{dt}$. Zur Zeit t = 0 sei x = 0 und $\dfrac{dx}{dt} = 0$.

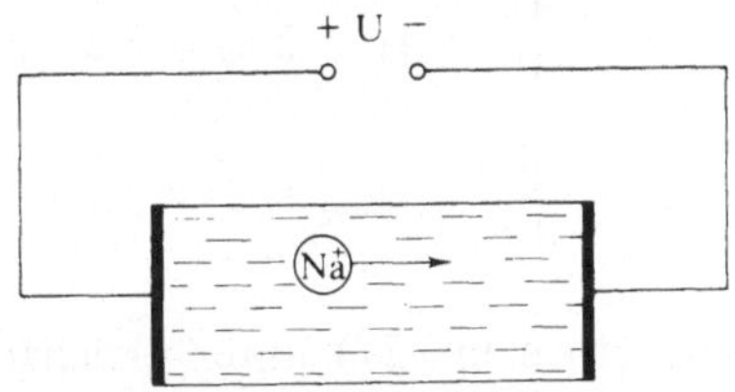

Abb. V 4
Na$^+$-Ion im elektrischen Feld eines
Plattenkondensators

3. Linearer harmonischer Oszillator (Dgl. 2. Ordnung); Methode des Potenzreihenansatzes

Wir betrachten eine Kugel der Masse m, die über eine Feder der Kraftkonstanten k an einer Wand befestigt ist (Abb. 5). Normalerweise befindet sich die Kugel in der Ruhelage (x = 0). Lenken wir die Kugel aus und lassen sie dann wieder los, dann führt sie Schwingungen um ihre Ruhelage aus.

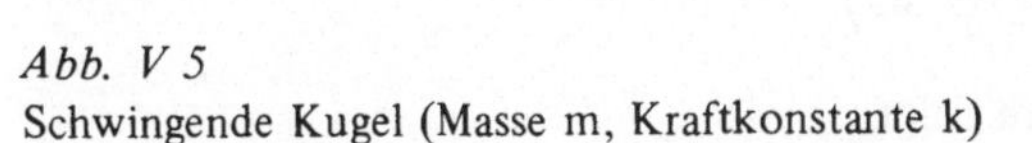
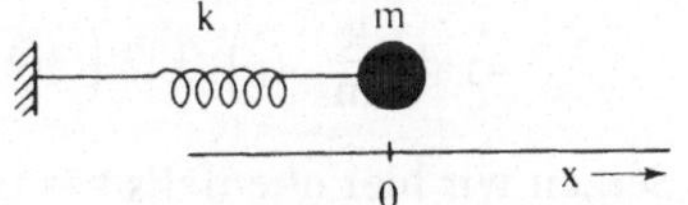

Abb. V 5
Schwingende Kugel (Masse m, Kraftkonstante k)

Wir wollen die Auslenkung x in Abhängigkeit von der Zeit t berechnen. Auf die Kugel wirkt die rücktreibende Kraft der Feder (k = Kraftkonstante)

$$K = -k\,x \tag{26}$$

Zusammen mit dem Newtonschen Axiom (15) erhalten wir

$$\boxed{\frac{d^2 x}{dt^2} + \frac{k}{m}\,x = 0} \tag{27}$$

Diese Differentialgleichung können wir nicht wie im Fall (16) integrieren, weil das dabei auftretende Integral $\int x \cdot dt$ nicht lösbar ist. Auch die anderen bisher behandelten Methoden führen hier nicht weiter. Eine allgemeine anwendbare Methode, die wir an diesem Beispiel erläutern wollen, ist die Methode des Potenzreihenansatzes. Wir gehen davon aus, daß sich die Lösungsfunktion durch eine unendliche Reihe der Form

$$x = a_0 + a_1\,t + a_2\,t^2 + a_3 t^3 + \ldots \tag{28}$$

darstellen läßt. Wir versuchen, die Faktoren a_0, a_1 ... durch Einsetzen von (28) in die Differentialgleichung zu bestimmen. Wir bilden zunächst die ersten beiden Ableitungen.

$$\frac{dx}{dt} = a_1 + 2\,a_2\,t + 3\,a_3\,t^2 + 4\,a_4 t^3 + \ldots$$

$$\frac{d^2 x}{dt^2} = 2\,a_2 + 2{\cdot}3\,a_3\,t + 3{\cdot}4\,a_4\,t^2 + 4{\cdot}5\,a_5\,t^3 + \ldots \tag{28a}$$

Einsetzen in (27) unter gleichzeitigem Zusammenfassen aller Glieder, welche dieselbe Potenz von t enthalten:

$$\left(1{\cdot}2\,a_2 + \frac{k}{m}\,a_0\right) + \left(2{\cdot}3\,a_3 + \frac{k}{m}\,a_1\right)\,t$$

$$+ \left(3{\cdot}4\,a_4 + \frac{k}{m}\,a_2\right)\,t^2 + \left(4{\cdot}5\,a_5 + \frac{k}{m}\,a_3\right)\,t^3 + \ldots = 0 \tag{29a}$$

Diese Gleichung muß für beliebige Werte von t gelten, also z.B. auch für $t = 0$; setzen wir diesen Wert ein, dann folgt

$$1{\cdot}2\,a_2 + \frac{k}{m}\,a_0 = 0 \tag{30a}$$

Durch Differenzieren von (29a) nach t erhalten wir

$$\left(2{\cdot}3\,a_3 + \frac{k}{m}\,a_1\right) + 2\left(3{\cdot}4\,a_4 + \frac{k}{m}\,a_2\right)\,t + \ldots = 0 \tag{29b}$$

Setzen wir hier ebenfalls $t = 0$, dann folgt

$$2{\cdot}3\,a_3 + \frac{k}{m}\,a_1 = 0 \tag{30b}$$

Durch fortgesetztes weiteres Differenzieren und Einsetzen von $t = 0$ erhalten wir 2 Systeme von Gleichungen.

$$
\begin{aligned}
1{\cdot}2\,a_2 + \frac{k}{m}\,a_0 &= 0 & \qquad 2{\cdot}3\,a_3 + \frac{k}{m}\,a_1 &= 0 \\[2mm]
3{\cdot}4\,a_4 + \frac{k}{m}\,a_2 &= 0 & \qquad 4{\cdot}5\,a_5 + \frac{k}{m}\,a_3 &= 0 \\[2mm]
5{\cdot}6\,a_6 + \frac{k}{m}\,a_4 &= 0 & \qquad 6{\cdot}7\,a_7 + \frac{k}{m}\,a_5 &= 0 \\[2mm]
\vdots & & \vdots &
\end{aligned}
\tag{31}
$$

Im linken System wird a_6 auf a_4, a_4 auf a_2 und a_2 auf a_0 zurückgeführt; im rechten System werden alle Glieder mit ungeradem Index auf a_1 zurückgeführt. Damit können wir alle Faktoren a_n durch a_0 bzw. a_1 ausdrücken.

$$a_2 = -\frac{1}{2!}\,\frac{k}{m}\,a_0 \qquad\qquad a_3 = -\frac{1}{3!}\,\frac{k}{m}\,a_1$$

$$a_4 = \frac{1}{4!}\left(\frac{k}{m}\right)^2 a_0 \qquad\qquad a_5 = \frac{1}{5!}\left(\frac{k}{m}\right)^2 a_1 \qquad\qquad (32)$$

$$a_6 = -\frac{1}{6!}\left(\frac{k}{m}\right)^3 a_0 \qquad\qquad a_7 = -\frac{1}{7!}\left(\frac{k}{m}\right)^3 a_1$$

Diese Werte setzen wir in (28) ein.

$$x = a_0 \left[1 - \frac{1}{2!}\,\frac{k}{m}\,t^2 + \frac{1}{4!}\left(\frac{k}{m}\right)^2 t^4 - \frac{1}{6!}\left(\frac{k}{m}\right)^3 t^6 \dots \right]$$

$$+ a_1 \left[t - \frac{1}{3!}\,\frac{k}{m}\,t^3 + \frac{1}{5!}\left(\frac{k}{m}\right)^2 t^5 - \frac{1}{7!}\left(\frac{k}{m}\right)^3 t^7 \dots \right]$$

$$= a_0 \left[1 - \frac{1}{2!}\left(\sqrt{\frac{k}{m}}\,t\right)^2 + \frac{1}{4!}\left(\sqrt{\frac{k}{m}}\,t\right)^4 \dots \right]$$

$$+ a_1 \sqrt{\frac{m}{k}}\left[\left(\sqrt{\frac{k}{m}}\,t\right) - \frac{1}{3!}\left(\sqrt{\frac{k}{m}}\,t\right)^3 \dots \right] \qquad\qquad (33)$$

Die erste dieser Teilreihen ist nach Seite 122 identisch mit der Funktion $\cos\sqrt{\frac{k}{m}}\cdot t$, die zweite Reihe mit $\sin\sqrt{\frac{k}{m}}\cdot t$, es ist also

$$\boxed{\; x = a_0 \cos\sqrt{\frac{k}{m}}\,t + a_1 \sqrt{\frac{m}{k}}\,\sin\sqrt{\frac{k}{m}}\,t \;} \qquad\qquad (34)$$

a_0 und a_1 sind wie in den vorangehenden Beispielen Konstanten, die durch Anfangsbedingungen festgelegt werden müssen.

Anfangsbedingungen

Wir denken uns die Kugel zur Zeit $t = 0$ bis zur Stelle $x = x_0$ ausgelenkt und dann losgelassen; es ist also $\dfrac{dx}{dt}$ zur Zeit $t = 0$ Null.

1. $x_0 = a_0$

2.
$$\frac{dx}{dt} = -a_0 \sqrt{\frac{k}{m}} \sin \sqrt{\frac{k}{m}}\, t + a_1 \cos \sqrt{\frac{k}{m}}\, t \tag{35}$$

$$0 = +a_1$$

$$\boxed{x = x_0 \cos \sqrt{\frac{k}{m}}\, t} \tag{36}$$

Die Kugel führt also eine periodische Bewegung mit der Frequenz

$$\nu_0 = \frac{1}{2\pi}\, \omega_0 = \frac{1}{2\pi} \sqrt{\frac{k}{m}} \tag{37}$$

aus.

In diesem Fall führt der Potenzreihenansatz auf eine recht einfache elementare Funktion, die man u.U. auch leicht hätte erraten können. Bei komplizierteren Differentialgleichungen muß dies durchaus nicht der Fall sein; es werden dann oft Potenzreihen erhalten, die ganz neuen, vorher noch nicht definierten Funktionen zugeordnet werden müssen (z.B. Funktionen, die bei der Lösung der Schrödingergleichung auftreten); der Potenzreihenansatz ist in solchen Fällen meist der einzig mögliche Lösungsweg.

Komplexe Schreibweise der Lösung (34)

Die Lösung (34) ist vom Typ

$$x = A \cos \omega_0 t + B \sin \omega_0 t \tag{38}$$

Diesen Ausdruck können wir nach (IV 22) ausdrücken durch

$$x = \frac{1}{2} A \left(e^{i\omega_0 t} + e^{-i\omega_0 t} \right) - \frac{1}{2} B\, i \left(e^{i\omega_0 t} - e^{-i\omega_0 t} \right)$$

$$= \frac{1}{2} (A - iB)\, e^{i\omega_0 t} + \frac{1}{2} (A + i B)\, e^{-i\omega_0 t} \tag{39}$$

Mit der Abkürzung

$$C = \frac{1}{2} (A - iB) \qquad C^* = \frac{1}{2} (A + iB) \tag{40}$$

$(C^*$ ist zu C konjugiert komplex (Seite 55)) erhalten wir

$$\boxed{x = C\, e^{i\omega_0 t} + C^*\, e^{-i\omega_0 t}} \tag{41}$$

Diese Darstellung ist der Schreibweise (34) äquivalent; sie wird oft benutzt, weil es sich mit Exponentialfunktionen leichter rechnen läßt als mit Winkelfunktionen.

Übungsaufgabe 3

Man lege die Konstanten C und C* in (41) durch die Anfangsbedingungen $x = x_0$ und $\frac{dx}{dt} = 0$ zur Zeit $t = 0$ fest.

Übungsaufgabe 4

Bewegt sich die Kugel in Beispiel 3 in einem viskosen Medium, dann tritt zusätzlich eine Reibungskraft $-c \cdot \frac{dx}{dt}$ auf, und wir gelangen zu der Differentialgleichung der gedämpften Schwingung

$$\frac{d^2 x}{dt^2} + \frac{c}{m} \frac{dx}{dt} + \frac{k}{m} x = 0$$

Man versuche, diese Gleichung mit dem zu (41) analogen Ansatz

$$x = A\, e^{(a+b)t} + B\, e^{(a-b)\, t}$$

zu lösen, wobei $a + b$ und $a - b$ komplexe Zahlen sein können.

---

4. Erzwungene Schwingung ohne Dämpfung (Dgl. 2. Ordnung); partikuläre und vollständige Lösung

Wir stellen uns vor, daß der schwingende Körper in Abb. 5 eine Ladung q trägt und sich im elektrischen Feld $E = E_0 \cdot \cos \omega t$ eines Plattenkondensators befindet (Abb. 6); dann wirkt auf den Körper zusätzlich zu den im 3. Beispiel aufgeführten Kräften die Kraft $q \cdot E_0 \cdot \cos \omega t$ im elektrischen Feld. Damit erhalten wir für die Auslenkung x(t) an Stelle von (27) die Differentialgleichung

$$\boxed{\frac{d^2 x}{dt^2} + \frac{k}{m} x = \frac{q\, E_0}{m} \cos \omega t} \tag{42}$$

Dies ist eine inhomogene Dgl. 2. Ordnung. Im Prinzip könnten wir sie mit der im 2. Beispiel behandelten Methode der Variation der Konstanten lösen, da wir die Lösung der zugehörigen homogenen Dgl. bereits kennen (34). Nun läßt sich aber vermuten, daß ein schwingungsfähiges System, das mit einer periodischen Kraft angeregt wird, mit derselben Frequenz wie die anregende Kraft schwingen wird (erzwungene Schwingung); damit liegt es nahe, direkt einen Ansatz

$$x = A \cos \omega t \tag{43}$$

zu versuchen. Dies ist natürlich ein Probierverfahren; durch Einsetzen von (43) in (42) überzeugen wir uns von der Richtigkeit dieses Lösungsansatzes.

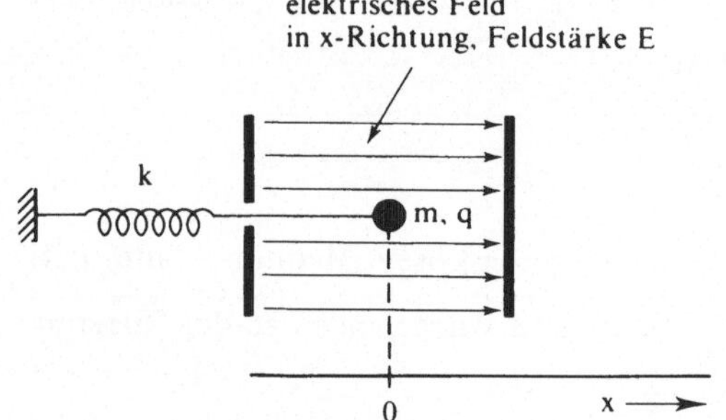

Abb. V 6
Schwingende Kugel im elektrischen
Feld der Feldstärke E

$$-A \omega^2 \cos \omega t + \frac{k}{m} A \cos \omega t = \frac{q\,E_0}{m} \cos \omega t \tag{44}$$

$\cos \omega t$ fällt auf beiden Seiten heraus, und wir erhalten für A

$$A = \frac{q\,E_0}{m} \frac{1}{\dfrac{k}{m} - \omega^2} = \frac{qE_0}{m} \frac{1}{\omega_0^2 - \omega^2} \tag{45}$$

mit der Abkürzung $\omega_0^2 = \dfrac{k}{m}$ wie im 3. Beispiel; damit gilt für x

$$x = \frac{q\,E_0}{m} \frac{1}{\omega_0^2 - \omega^2} \cos \omega t \tag{46}$$

Dies ist sicherlich eine Lösung der Dgl. (42); daß dieser Lösung etwas fehlt, merken wir dann, wenn wir wie gewohnt Anfangsbedingungen festlegen wollen: in (46) ist überhaupt keine frei wählbare Konstante enthalten, die durch die Wahl der Anfangsbedingungen festgelegt werden könnte. Deswegen bezeichnet man die Lösung (46) im Gegensatz zur „vollständigen" Lösung (die bei einer Dgl. 2. Ordnung 2 freie Konstanten enthalten müßte) als „partikuläre" Lösung. Zu der vollständigen Lösung gelangen wir durch einen einfachen Trick: wir addieren zu (46) die Lösung der zu (42) gehörigen homogenen Dgl.

$$\frac{d^2 y}{dt^2} + \frac{k}{m} y = 0 \tag{47}$$

also nach (38)

$$y = C_1 \cos \omega_0 t + C_2 \sin \omega_0 t \tag{38a}$$

und erhalten damit

$$x = \frac{q\,E_0}{m}\,\frac{1}{\omega_0^2 - \omega^2}\cos\omega t + C_1 \cos\omega_0 t + C_2 \sin\omega_0 t \qquad (48)$$

Wir können uns leicht davon überzeugen, daß diese Funktion ebenfalls eine Lösung von (42) ist, indem wir wieder in (42) einsetzen

$$-\frac{qE_0}{m}\,\frac{1}{\omega_0^2 - \omega^2}\,\omega^2 \cos\omega t + \frac{q\,E_0}{m}\,\frac{1}{\omega_0^2 - \omega^2}\cdot\omega_0^2 \cos\omega t$$

$$+\left[-C_1\,\omega_0^2 \cos\omega_0 t + C_1\,\omega_0^2 \cos\omega_0 t - C_2\,\omega_0^2 \sin\omega_0 t + C_2\,\omega_0^2 \sin\omega t\right]$$

$$= \frac{q\,E_0}{m}\,\cos\omega t \qquad (49)$$

Der Inhalt der eckigen Klammer ist Null, so daß nur noch Ausdrücke übrig bleiben, die von der partikulären Lösung (46) herrühren. Die Lösung (48) erfüllt also die Dgl. (42); sie enthält im Gegensatz zu (46) die frei wählbaren Konstanten C_1 und C_2, ist also eine vollständige Lösung.

Festlegung der Anfangsbedingungen

Zur Zeit $t = 0$ soll $x = 0$ und $\dfrac{dx}{dt} = 0$ sein (beim Einschalten des elektrischen Feldes befindet sich der schwingende Körper in Ruhe und in der Gleichgewichtslage).

1. $\qquad 0 = \dfrac{q\,E_0}{m}\,\dfrac{1}{\omega_0^2 - \omega^2} + C_1 \qquad\qquad\qquad\qquad (50)$

2. $\qquad \dfrac{dx}{dt} = -\dfrac{qE_0}{m}\,\dfrac{1}{\omega_0^2 - \omega^2}\,\omega \sin\omega t - C_1\,\omega_0 \sin\omega_0 t + C_2\,\omega_0 \cos\omega_0 t$

$$0 = C_2\,\omega_0$$

Damit ist

$$C_1 = -\frac{qE_0}{m}\,\frac{1}{\omega_0^2 - \omega^2} \qquad\qquad C_2 = 0$$

und wir erhalten

$$x = \frac{q\,E_0}{m}\,\frac{1}{\omega_0^2 - \omega^2}\,(\cos\omega t - \cos\omega_0 t) \qquad (51)$$

Diese Gleichung können wir unter Verwendung der Additionstheoreme der Winkelfunktionen umformen gemäß (I 56 d)

$$\cos \delta - \cos \epsilon = -\, 2 \sin \frac{\delta + \epsilon}{2} \; \sin \frac{\delta - \epsilon}{2}$$

$$= 2 \sin \frac{\delta + \epsilon}{2} \; \sin \frac{\epsilon - \delta}{2}$$

$$x = \left\{ \frac{2\,q\,E_0}{m} \; \frac{1}{\omega_0^2 - \omega^2} \; \sin \frac{\omega_0 - \omega}{2} \, t \right\} \; \sin \frac{\omega_0 + \omega}{2} \, t \qquad (52)$$

Der Körper schwingt also mit der Kreisfrequenz $\frac{1}{2}\,(\omega_0 + \omega)$, dem Mittelwert von ω_0 und ω; die Amplitude schwankt sinusförmig mit der kleineren Kreisfrequenz $\frac{1}{2}\,(\omega_0 - \omega)$: Schwebungen (Abb. 7)

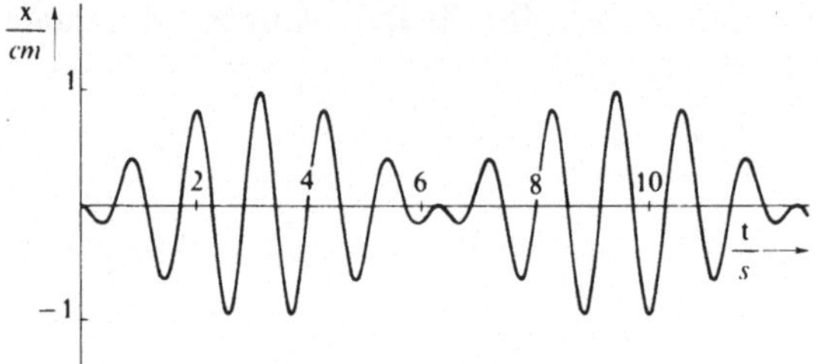

Abb. V 7
Graphische Darstellung
von (52) für
$\omega_0 = 1,0\ s^{-1}$,
$\omega = 1,2\ s^{-1}$,

$$\frac{2qE_0}{m} = -\, 0,44\ cm/s^2$$

Übungsaufgabe 5

Man gebe x(t) nach (52) für den Resonanzfall ($\omega = \omega_0$) an.

Übungsaufgabe 6

Bewegt sich der schwingende Körper in Abb. 6 in einem viskosen Medium, dann wirkt zusätzlich noch eine Reibungskraft; es gilt dann für die Bewegung des Körpers die Diff.-Gl.

$$\frac{d^2 x}{dt^2} + \frac{c}{m} \; \frac{dx}{dt} + \frac{k}{m} \; x = \frac{q}{m} E_0 \; \cos \omega t$$

(Erzwungene Schwingung mit Dämpfung). Man löse diese Gleichung mit dem Ansatz

$$x = A \cos \omega t + B \sin \omega t$$

5. Folgereaktion
   (gekoppelte Dgl. 1. Ordnung)

Wir betrachten eine chemische Reaktion vom Typ

$$A \xrightarrow{k_1} B \xrightarrow{k_2} C \qquad (53)$$

Diese Reaktion bezeichnet man als Folgereaktion, weil das Primärprodukt B nach seiner Bildung zu dem Produkt C weiterreagiert. Für A gilt wie im 1. Beispiel (Gl. 4)

$$\boxed{\frac{dN_A}{dt} = - k_1 \, N_A} \qquad (54)$$

Die Bildungsgeschwindigkeit von B hängt nicht nur von der Menge an A ab ($+k_1 \cdot N_A$), sondern auch von der bereits gebildeten Menge an B ($-k_2 \cdot$ B: je mehr von B gebildet ist, um so schneller reagiert es weiter zu C), also

$$\boxed{\frac{dN_B}{dt} = + k_1 \, N_A - k_2 \, N_B} \qquad (55)$$

Für C gilt schließlich

$$\boxed{\frac{dN_C}{dt} = k_2 \, N_B} \qquad (56)$$

Die Dgl. (55) enthält außer N_B noch N_A, (56) enthält neben N_C noch N_B; dadurch sind die Dgl. miteinander verknüpft; man bezeichnet (54) bis (56) deshalb als ein System gekoppelter Differentialgleichungen.
Die Dgl. (54) können wir sofort lösen; nach (9) ist

$$\boxed{N_A = C_1 \, e^{-k_1 \, t}} \qquad (57)$$

(C_1 = Integrationskonstante)
Diesen Ausdruck setzen wir in (55) ein.

$$\frac{dN_B}{dt} = k_1 \, C_1 \, e^{-k_1 t} - k_2 \, N_B \qquad (58)$$

Damit haben wir N_A aus (55) eliminiert (ähnlich wie man bei der Lösung von Gleichungen mit mehreren Unbekannten vorgeht); wir formen (58) noch etwas um

$$\frac{dN_B}{dt} + k_2 N_B = k_1 \, C_1 \, e^{-k_1 t} \qquad (58a)$$

Dies ist eine inhomogene Dgl. 1. Ordnung, die wir wie im 2. Beispiel nach der Methode der Variation der Konstanten lösen können; wie in Übungsaufgabe 7 näher gezeigt wird, erhalten wir

$$N_B = -C_1 \frac{k_2}{k_1 - k_2} e^{-k_1 t} + C_2 e^{-k_2 t} \qquad (59)$$

(C_2 = Integrationskonstante)
Schließlich erhalten wir N_C, wenn wir (59) in (56) einsetzen.

$$\frac{dN_C}{dt} = -C_1 \frac{k_1 k_2}{k_1 - k_2} e^{-k_1 t} + C_2 k_2 e^{-k_2 t} \qquad (60)$$

Hieraus erhalten wir durch einfache Integration

$$N_C = C_1 \frac{k_2}{k_1 - k_2} e^{-k_1 t} - C_2 e^{-k_2 t} + C_3 \qquad (61)$$

(C_3 = Integrationskonstante)
Damit ist das System von gekoppelten Dgl. gelöst; wir müssen nur noch Anfangsbedingungen einsetzen. Wir wählen

$$
\begin{aligned}
&1. \qquad N_A = N_0 \quad \text{zur Zeit } t = 0 \\
&2. \qquad N_B = 0 \quad \text{zur Zeit } t = 0 \\
&3. \qquad N_C = 0 \quad \text{zur Zeit } t = 0
\end{aligned}
\qquad (62)
$$

Mit diesen 3 Bedingungen legen wir die Konstanten C_1, C_2 und C_3 fest (wir erhalten in diesem Fall genau so viele Integrationskonstanten wie die Anzahl von Dgl., weil die Dgl. alle von 1. Ordnung sind).

$$N_0 = C_1 \qquad 0 = -C_1 \frac{k_1}{k_1 - k_2} + C_2$$

$$0 = C_1 \frac{k_2}{k_1 - k_2} - C_2 + C_3 \qquad (63)$$

Auflösen nach C_1, C_2 und C_3:

$$C_1 = N_0 \qquad C_2 = N_0 \frac{k_1}{k_1 - k_2} \qquad C_3 = N_0 \qquad (64)$$

Damit ergibt sich

$$N_A = N_0 e^{-k_1 t} \qquad (65a)$$

$$N_B = N_0 \frac{k_1}{k_1 - k_2} \left[e^{-k_2 t} - e^{-k_1 t} \right] \qquad (65b)$$

$$N_C = N_0 \frac{1}{k_1 - k_2} \left[k_2 (e^{-k_1 t} - 1) - k_1 (e^{-k_2 t} - 1) \right] \qquad (65c)$$

Diese Funktionen sind in Abb. 8 dargestellt.

Übungsaufgabe 7

1. Man führe die Lösung von (58a) im einzelnen aus.
2. Man zeige, daß man auch über die Summenbeziehung $N_C = N_0 - N_A - N_B$ durch Einsetzen von N_A und N_B zu der Beziehung (65c) für N_C gelangt.
3. Welche Ausdrücke werden aus (65) im Fall $k_1 = k_2$ für N_B und N_C erhalten?

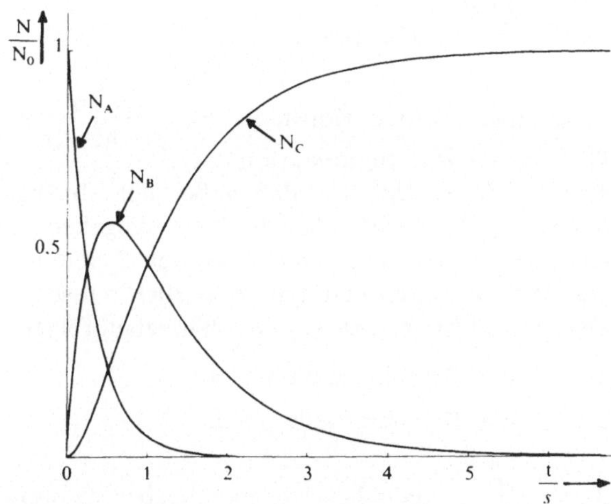

Abb. V 8
Graphische Darstellung von (65) mit $k_1 = 3\ s^{-1}$, $k_2 = 1\ s^{-1}$

Übungsaufgabe 8

Für eine chemische Reaktion mit Rückreaktion

$$A \underset{k_2}{\overset{k_1}{\rightleftharpoons}} B$$

gilt

$$\frac{dN_A}{dt} = -k_1\,N_A + k_2\,N_B$$

$$\frac{dN_B}{dt} = k_1\,N_A - k_2\,N_B$$

Man löse dieses System von gekoppelten Differentialgleichungen.

6. Materieteilchen zwischen zwei reflektierenden Wänden
   (Dgl. mit Randbedingungen)

Für die Wellenfunktion ψ und die Energie E eines Teilchens (z.B. eines Elektrons), das sich in x-Richtung frei zwischen 2 reflektierenden Wänden bewegen kann (Abb. 9), gilt auf Grund der Postulate der Quantentheorie für $0 \leqslant x \leqslant L$

$$\frac{d^2\psi}{dx^2} + C\,E\,\psi = 0 \tag{66}$$

C ist eine positive Konstante ($C = \dfrac{8\pi^2 m}{h^2}$; m = Masse des Teilchens, h = Plancksches Wirkungsquantum)

Neu an dieser Dgl. ist, daß außer der abhängigen Variablen $\psi(x)$ noch die Konstante E auftritt, über die keine Angaben gemacht werden. Da es sich um eine Dgl. 2. Ordnung handelt, werden 2 Bedingungen zur Festlegung der Integrationskonstanten benötigt; zusätzlich müssen wir noch eine Bedingung angeben, um E festlegen zu können. Wir geben folgende Bedingungen vor:

1. $\psi = 0$ an der Stelle $x = 0$

2. $\psi = 0$ an der Stelle $x = L$ (67)

3. $\displaystyle\int_0^L \psi^2\, dx = 1$ (Normierungsbedingung)

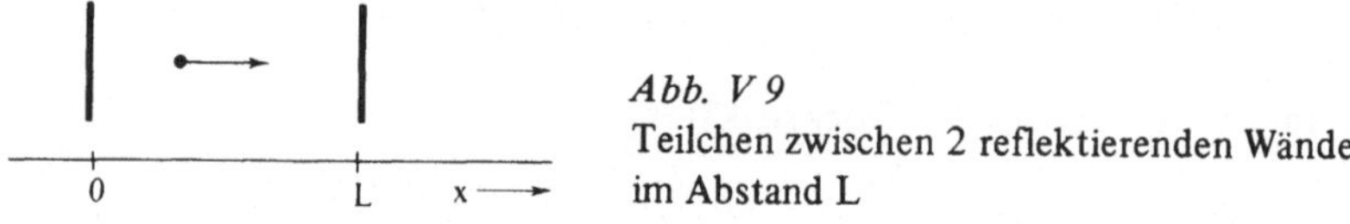

Abb. V 9
Teilchen zwischen 2 reflektierenden Wänden
im Abstand L

Die ersten beiden Bedingungen nennt man Randbedingungen, weil über Eigenschaften der Lösungsfunktion an bestimmten Stellen (hier am linken bzw. rechten Rand des Definitionsbereiches) eine Aussage gemacht wird. Die dritte Bedingung nennt man „Normierungsbedingung" (sie rührt daher, daß die Wahrscheinlichkeit, das Teilchen irgendwo zwischen $x = 0$ und $x = L$ anzutreffen, gleich 1 ist). Eine Lösung von (66) lautet nach (34), (38)

$$\boxed{\psi = A \cos\sqrt{C\,E}\,x + B \sin\sqrt{CE}\,x} \tag{68}$$

falls $E \geqslant 0$ ist. Im Fall $E \leqslant 0$ gilt dagegen nach (IV 22)

$$\boxed{\psi = A \operatorname{ch}\sqrt{-CE}\,x + B \operatorname{sh}\sqrt{-CE}\,x} \tag{69}$$

Zwischen diesen beiden Möglichkeiten können wir entscheiden, wenn wir die Bedingungen (67) einsetzen. Aus (68) folgt dann

$$1. \qquad 0 = A \tag{68a}$$

$$2. \qquad 0 = B \sin\sqrt{CE'}\, L$$

Der Sinus ist Null, wenn das Argument ein Vielfaches von π ist:

$$\sqrt{CE'}\, L = n\,\pi \qquad n = 0, 1, 2 \ldots \tag{68b}$$

Also

$$\psi = B \sin \frac{n\,\pi}{L}\, x \tag{68c}$$

Dagegen folgt aus (69)

$$1. \qquad 0 = A \tag{69a}$$

$$2. \qquad 0 = B \, \mathrm{sh}\sqrt{-CE'}\, L$$

Der hyperbolische Sinus kann nur für das Argument 0 Null werden, also

$$\sqrt{-CE'}\, L = 0 \tag{69b}$$

Damit ergibt sich als einzige Lösung

$$\psi = 0 \tag{69c}$$

Mit der Normierungsbedingung in (67) erhalten wir schließlich aus (68c)

$$\int_0^L \psi^2 \, dx = B^2 \int_0^L \sin^2 \frac{n\pi}{L}\, x \, dx = B^2 \, \frac{L}{2} = 1$$

$$\boxed{\psi = \sqrt{\frac{2}{L}}\, \sin \frac{n\,\pi}{L}\, x \qquad n = 1, 2, 3 \ldots} \tag{68d}$$

Diese Beziehung gilt nicht für $n = 0$, weil dann nach (68c) $\psi = 0$ ist und deshalb $\int_0^L \psi^2 \, dx = 0$ sein muß. Aus demselben Grund scheidet auch (69c) als Lösung unserer Dgl. aus. Eine graphische Darstellung der Lösung (68d) ist in Abb. VIII 11 (Seite 205) gegeben. Für die Energie E erhalten wir aus (68b) den Ausdruck

$$E = \frac{n^2\pi^2}{C\,L^2} = \frac{h^2}{8mL^2}\, n^2 \qquad n = 1, 2, 3 \ldots \tag{70}$$

VI. Funktionen mehrerer Veränderlicher

1. Darstellungsweisen

Bisher haben wir Funktionen betrachtet, die von nur einer Veränderlichen x abhängen:

$$y = f(x) \tag{1}$$

Beispielsweise haben wir bei der idealen Gasgleichung im Abschnitt I

$$V = \nu\, R\, \frac{T}{p} \tag{I2}$$

vorausgesetzt, daß p konstant und T die unabhängige Variable sei. Nun können wir aber auch p als Variable auffassen und V als Funktion von p und T betrachten, also als eine Funktion von 2 Variablen.

$$V = f(p, T) \tag{2}$$

Von dem analytischen Ausdruck können wir eine Wertetabelle aufstellen (Tab. 1), die im Gegensatz zu Tab. I1 eine zweidimensionale Struktur besitzt.

Tab. VI 1: Wertetabelle der Funktion $V = \nu\, R\, \dfrac{T}{p}$ ($\nu = 1\ mol$, V ist in der Einheit l angegeben)

$\dfrac{p}{atm}$	$\dfrac{T}{^\circ K}$									
	0,	20,	40,	60,	80,	100,	120,	140,	160,	180,
0,1	0,0	16,4	32,8	49,2	65,6	82,1	98,5	114,9	131,3	147,7
0,2	0,0	8,2	16,4	24,6	32,8	41,0	49,2	57,4	65,6	73,8
0,3	0,0	5,5	10,9	16,4	21,9	27,4	32,8	38,3	43,8	49,2
0,4	0,0	4,1	8,2	12,3	16,4	20,5	24,6	28,7	32,8	36,9
0,5	0,0	3,3	6,6	9,8	13,1	16,4	19,7	23,0	26,3	29,5
0,6	0,0	2,7	5,5	8,2	10,9	13,7	16,4	19,1	21,9	24,6
0,7	0,0	2,3	4,7	7,0	9,4	11,7	14,1	16,4	18,8	21,1
0,8	0,0	2,1	4,1	6,2	8,2	10,3	12,3	14,4	16,4	18,5
0,9	0,0	1,8	3,6	5,5	7,3	9,1	10,9	12,8	14,6	16,4
1,0	0,0	1,6	3,3	4,9	6,6	8,2	9,8	11,5	13,1	14,8

Wenn wir versuchen, die Funktion graphisch darzustellen, kommen wir allerdings in Schwierigkeiten, weil wir für die Darstellung 3 Koordinatenrichtungen

(V, p und T) benötigen, in der Papierebene aber nur 2 Koordinaten unterbringen können. Eine Darstellung ist also nur als dreidimensionales Modell möglich, indem man in einer Ebene die unabhängigen Variablen und senkrecht dazu die abhängige Variable aufträgt (Abb. 1); die Punkte auf der Oberfläche des so

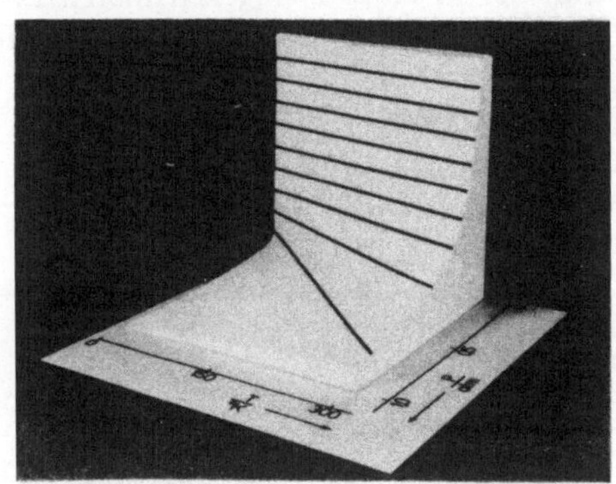

Abb. VI 1
Dreidimensionales Modell der Funktion

$$V = v \cdot R \cdot \frac{T}{p} \text{ mit } v = 1 \text{ } mol \text{ und } R =$$

$0,08205 \text{ } l \cdot atm \cdot Grad^{-1} \cdot mol^{-1}$
Die ausgezogenen Linien verbinden Punkte
mit gleichen Werten von V (Niveaukurven
für V = 20, 40, 60, 80, 100, 120, 140,
160, 180 *l*).

erhaltenen räumlichen Gebildes entsprechen den Kurvenpunkten im Fall einer Funktion von nur einer unabhängigen Variablen. Da eine solche Darstellung recht aufwendig ist, begnügt man sich meist mit der Kurvenschardarstellung in Abb. 2 (V(p) für mehrere Werte von T bzw. V(T) für mehrere Werte von p)

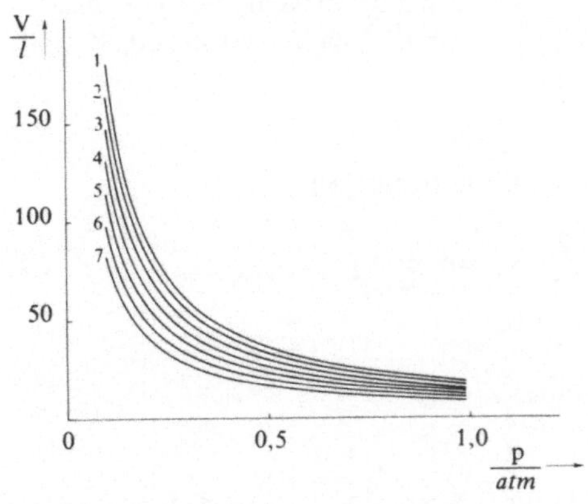
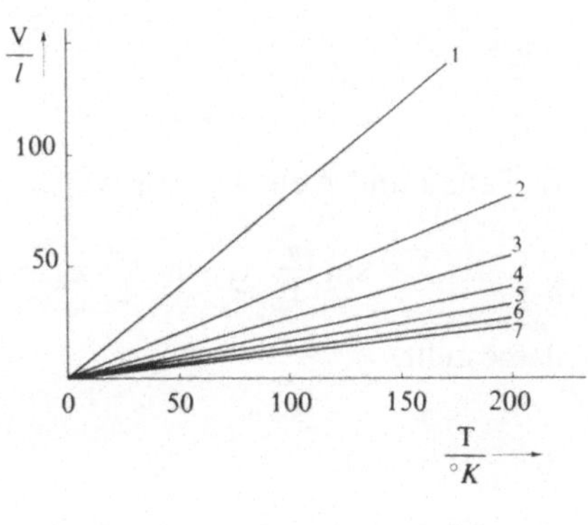

Abb. VI 2
Kurvenschardarstellung der Funktion $V = v \cdot R \frac{T}{p}$ mit $v = 1$ *mol* und R = 0,08205 *l atm* · $Grad^{-1} mol^{-1}$

a) T als Parameter		b) p als Parameter	
1	220 °K	1	0,1 atm
2	200 °K	2	0,2 atm
3	180 °K	3	0,3 atm
4	160 °K	4	0,4 atm
5	140 °K	5	0,5 atm
6	120 °K	6	0,6 atm
7	100 °K	7	0,7 atm

oder mit der Niveaukurvendarstellung in Abb. 3 (diejenigen Punkte in dem Raster von Tab. 1, die den gleichen Wert von V enthalten, werden durch eine Kurve miteinander verbunden; die Niveaukurven kann man sich auch als Projektion der in Abb. 1 eingezeichneten Linien auf die T/p-Ebene entstanden denken); eine Niveaukurve entspricht der Höhenlinie auf einer Landkarte.

Übungsaufgabe 1

a) Man konstruiere die Niveaukurven in Abb. 3 im einzelnen.
b) Man stelle die Funktion $z = e^{-(x^2 - y^2)}$ als Wertetabelle und graphisch gemäß den Abb. 1−3 dar.

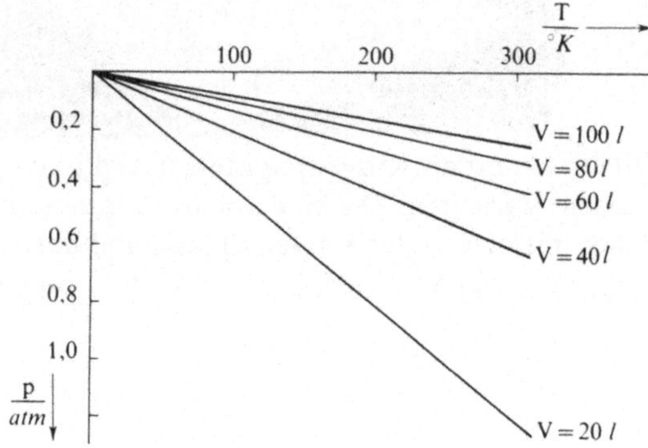

Abb. VI 3
Niveaukurvendarstellung der Funktion $V = \nu \cdot R \cdot \dfrac{T}{p}$ mit $\nu = 1\ mol$ und $R = 0{,}08205\ l \cdot atm \cdot Grad^{-1} \cdot mol^{-1}$ für $V = 20, 40, 60, 80, 100\ l$

In Tab. 2 und Abb. 4 ist als weiteres Beispiel die Funktion

$$\psi = \sin \frac{\pi}{L} x_1 \sin \frac{2\pi}{L} x_2 + \sin \frac{2\pi}{L} x_1 \sin \frac{\pi}{L} x_2 \tag{3}$$

dargestellt.

Tab. VI 2: Wertetabelle der Funktion (3) für $0 \leqslant x_1 \leqslant L,\ 0 \leqslant x_2 \leqslant L$

$\dfrac{x_1}{L}$	$\dfrac{x_2}{L}$										
	0,0	0,1	0,2	0,3	0,4	0,5	0,6	0,7	0,8	0,9	1,0
0,0	0,000	0,000	0,000	0,000	0,000	0,000	0,030	0,000	0,000	0,000	0,000
0,1	0,000	0,363	0,639	0,769	0,741	0,588	0,377	0,182	0,052	0,000	-0,000
0,2	0,000	0,639	1,118	1,328	1,250	0,951	0,559	0,210	0,000	-0,052	-0,000
0,3	0,000	0,769	1,328	1,539	1,380	0,951	0,429	0,000	-0,210	-0,182	-0,000
0,4	0,000	0,741	1,250	1,380	1,118	0,588	0,030	-0,429	-0,559	-0,377	-0,000
0,5	0,000	0,588	0,951	0,951	0,588	0,000	-0,588	-0,951	-0,951	-0,588	-0,000
0,6	0,000	0,377	0,559	0,429	0,000	-0,588	-1,118	-1,380	-1,250	-0,741	-0,000
0,7	0,000	0,182	0,210	0,000	-0,429	-0,951	-1,380	-1,539	-1,328	-0,769	-0,000
0,8	0,000	0,052	0,000	-0,210	-0,559	-0,951	-1,250	-1,328	-1,118	-0,639	-0,000
0,9	0,000	0,000	-0,052	-0,182	-0,377	-0,588	-0,741	-0,769	-0,639	-0,363	-0,000
1,0	0,000	-0,000	-0,000	-0,000	-0,000	-0,000	-0,000	-0,000	-0,000	-0,000	-0,000

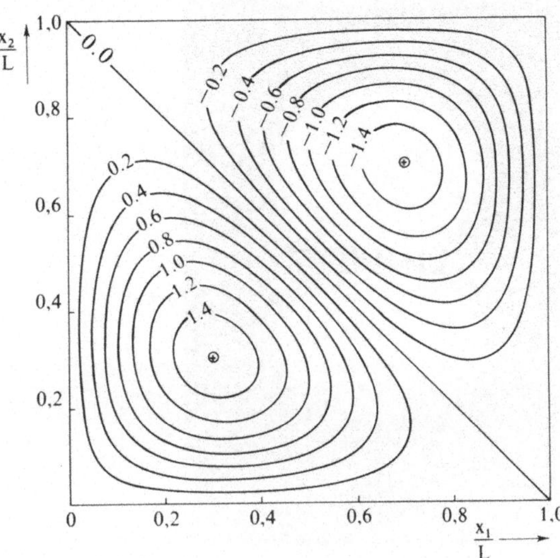

Abb. VI 4

Niveaukurvendarstellung
der Funktion (3)

für $\psi = -1{,}4{-}1{,}2 \ldots + 1{,}2 + 1{,}4$.

⊕ Lage des Maximums bzw. Minimums der Funktion

Entsprechendes gilt für eine Funktion mit mehr als 2 unabhängigen Variablen, z.B.

$$\psi = A\, e^{-\frac{1}{2r_0}\sqrt{x^2 + y^2 + z^2}}\, \frac{z}{r_0} = f(x, y, z) \tag{4}$$

($\psi = 2p_z$ — Wellenfunktion des Wasserstoffatoms; r_0 = Bohrscher Radius, A = Normierungsfaktor)

Eine Wertetabelle für diese Funktion müßte aus einer großen Anzahl von xy-Tabellen gemäß Tab. 1 bestehen, wobei jede dieser Tabellen für einen anderen Wert von z gilt. Eine graphische Darstellung ist auch als räumliches Modell prinzipiell nicht möglich, da hierzu insgesamt 4 Koordinaten benötigt würden. Da Wellenfunktionen in der Theorie der chemischen Bindung eine große Rolle spielen, möchte man diese Funktionen wenigstens näherungsweise darstellen; dies ist möglich, wenn man in Analogie zu den Niveaukurven (Abb. 3) jetzt Niveauflächen betrachtet, also Flächen mit gleichen Funktionswerten ψ. Diese Niveauflächen sind wie die Schalen einer Zwiebel ineinandergeschachtelt. In Abb. 5 ist ein räumliches Modell einer solchen Niveaufläche für $\frac{\psi}{A} = 0{,}2$ dargestellt, in Abb. 6 ein Schnitt durch dieses Modell, und zwar durch die zx-Ebene; in diesem Schnitt entspricht jede Niveaukurve einer Niveaufläche in Abb. 5. Die Berechnungen, die zu den Abb. 5, 6 führen, werden in Übungsaufgabe 2 ausgeführt.

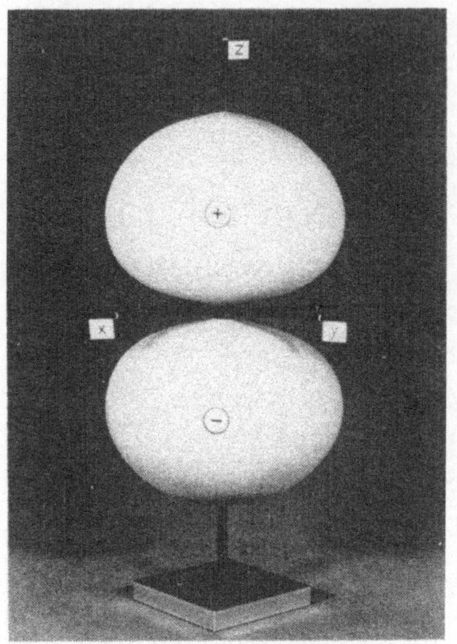

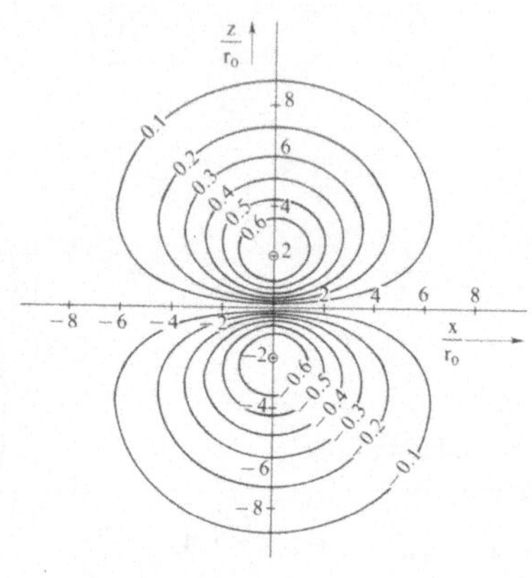

Abb. VI 5
Niveauflächenmodell der Funktion

$$\psi = A \cdot e^{-\frac{1}{2r_0}\sqrt{x^2+y^2+z^2}} \cdot \frac{z}{r_0}$$

für $\frac{\psi}{A} = \pm 0,2$; die Marken an den
Achsen entsprechen Abständen von
5 r_0 (x, y-Achsen) bzw. 10 r_0
(z-Achse) vom Koordinatennullpunkt.

Abb. VI 6
Schnitt durch das Niveauflächenmodell von Abb. 5
an der Stelle y = 0 (xz-Ebene) mit $\psi/A = 0,2$ sowie
die entsprechenden Schnitte für Modelle mit $\psi/A =$
$\pm 0,1$ bis $\pm 0,6$.
$\oplus$ Maximal- bzw. Minimalwert von ψ/A
($= \pm 0,74$ für x = 0, z = $\pm 2 r_0$)

Polarkoordinaten

Bei einer Funktion von zwei unabhängigen Variablen x und y können wir
analog zu (I 71) zu Polarkoordinaten übergehen. So gilt für die in Übungsaufgabe 1 behandelte Funktion

$$z = e^{-x^2+y^2} \tag{5}$$

nach Abb. I 42 mit

$$x = r \cos\varphi \qquad y = r \sin\varphi \tag{I 71}$$

$$z = e^{-r^2(\cos^2\varphi + \sin^2\varphi)} = e^{-r^2} \tag{5a}$$

Die analytische Darstellung dieser Funktion ist damit stark vereinfacht. Entsprechend können wir bei einer Funktion, die von x, y und z abhängt, zu räumlichen Polarkoordinaten übergehen. Nach Abb. 7 gilt

$$z = r \cos\vartheta \qquad y = r \sin\vartheta \sin\varphi \qquad x = r \sin\vartheta \cos\varphi \tag{6}$$

$(0 \leqslant r \leqslant \infty, 0 \leqslant \varphi \leqslant 2\pi, 0 \leqslant \vartheta \leqslant \pi)$

Damit wird aus der Funktion (4)

$$\psi = A \ \frac{r}{r_0} \ e^{-\frac{r}{2r_0}} \cos \vartheta \tag{4a}$$

Da ψ nur von ϑ, nicht aber von φ abhängt, ist ψ bei gegebenem r und ϑ für beliebige Werte von φ gleich groß, die Funktion ist also drehsymmetrisch zur z-Achse des xyz-Koordinatensystems.

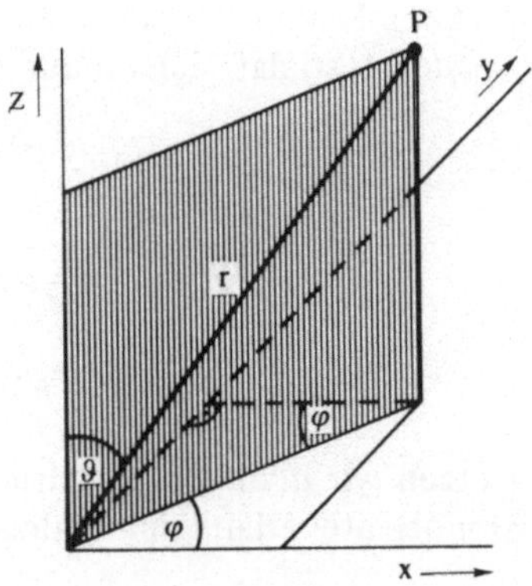

Abb. VI 7
Räumliche Polarkoordinaten r, φ und ϑ

Übungsaufgabe 2

Man berechne nach (4a) die in den Abb. 5 und 6 dargestellten Niveauflächen.

Übungsaufgabe 3

Man zeige, daß die Funktionen

$$\psi' = A \ \frac{r}{r_0} \ e^{-\frac{r}{2r_0}} \sin \vartheta \sin \varphi$$

$$\psi'' = A \ \frac{r}{r_0} \ e^{-\frac{r}{2r_0}} \sin \vartheta \cos \varphi$$

aus (4) erhalten werden, wenn man das xyz-Koordinatensystem um 90° um die x-Achse bzw. um die y-Achse dreht.

2. Differentiation einer Funktion mehrerer Veränderlicher

Ändern wir bei einer Funktion $z = f(x,y)$ die unabhängigen Variablen x und y um Δx bzw. Δy, dann gilt für die Änderung von z

$$\begin{aligned}
\Delta z &= f(x + \Delta x, y + \Delta y) - f(x, y) \\
&= [f(x + \Delta x, y + \Delta y) - f(x + \Delta x, y)] \\
&\quad + [f(x + \Delta x, y) - f(x, y)]
\end{aligned} \tag{7}$$

Im ersten Klammerausdruck wird nur y, im zweiten Klammerausdruck wird nur x geändert, so daß sich Δz aus zwei Anteilen zusammensetzt.

$$\begin{aligned}
\Delta z &= [\Delta z]_{x = \text{const.}} + [\Delta z]_{y = \text{const.}} \\
&= \left[\left(\frac{\Delta z}{\Delta y} \right) \Delta y \right]_{x = \text{const.}} + \left[\left(\frac{\Delta z}{\Delta x} \right) \Delta x \right]_{y = \text{const.}} \\
&= \left[\frac{\Delta z}{\Delta y} \right]_{x = \text{const.}} \cdot \Delta y + \left[\frac{\Delta z}{\Delta x} \right]_{y = \text{const.}} \cdot \Delta x
\end{aligned} \tag{8}$$

Ersetzen wir in diesem Ausdruck die Differenzenquotienten durch die Differentialquotienten, dann gilt analog zu (II 76, 77)

$$\Delta z = \left[\frac{dz}{dy} \right]_{x = \text{const.}} \cdot \Delta y + \left[\frac{dz}{dx} \right]_{y = \text{const.}} \cdot \Delta x + \epsilon = dz + \epsilon \tag{9}$$

bzw.

$$dz = \left[\frac{dz}{dy} \right]_{x = \text{const.}} \cdot dy + \left[\frac{dz}{dx} \right]_{y = \text{const.}} \cdot dx \tag{9a}$$

dz bezeichnet man als das totale Differential von z. Da bei den Ableitungen von z nach y und x zu beachten ist, daß die jeweils zweite Variable konstant gehalten werden muß, führt man zur Unterscheidung von einer gewöhnlichen Differentiation neue Differentialsymbole ein.

$$dz = \left(\frac{\partial z}{\partial y} \right)_x dy + \left(\frac{\partial z}{\partial x} \right)_y dx \tag{10}$$

$\left(\frac{\partial z}{\partial y} \right)_x$ bezeichnet man als partielle **Ableitung** von **z nach** y bei konstantem x.
Für kleine Änderungen dx, dy geht dz in Δz über.
Als Beispiel betrachten wir die ideale Gasgleichung I 2.

$$dV = \left(\frac{\partial V}{\partial T} \right)_p dT + \left(\frac{\partial V}{\partial p} \right)_T dp \tag{11}$$

$$\left(\frac{\partial V}{\partial T} \right)_p = \nu R \frac{1}{p} \qquad\qquad \left(\frac{\partial V}{\partial p} \right)_T = - \nu RT \frac{1}{p^2}$$

$$dV = \nu\,R\,\frac{1}{p}\,dT - \nu\,RT\,\frac{1}{p^2}\,dp$$

$$= \nu\,R\,\frac{1}{p}\left(dT - \frac{T}{p}\,dp\right) \tag{12}$$

Sind dT und dp genügend klein, dann können wir dV mit der Volumenänderung ΔV gleichsetzen.

3. Höhere partielle Ableitungen

Formal können wir von einer Funktion ein zweites Mal die partielle Ableitung bilden

$$\frac{\partial}{\partial y}\left(\frac{\partial z}{\partial y}\right) = \frac{\partial^2 z}{\partial y^2} \qquad\qquad \frac{\partial}{x}\left(\frac{\partial z}{\partial x}\right) = \frac{\partial^2 z}{\partial x^2} \tag{13a}$$

$$\frac{\partial}{y}\left(\frac{\partial z}{x}\right) = \frac{\partial^2 z}{\partial y\,\partial x} \qquad\qquad \frac{\partial}{\partial x}\left(\frac{\partial z}{\partial y}\right) = \frac{\partial^2 z}{\partial x\,\partial y} \tag{13b}$$

Für die gemischten Ausdrücke (13b) gilt, wie wir jetzt noch zeigen wollen,

$$\boxed{\frac{\partial^2 z}{\partial y\,\partial x} = \frac{\partial^2 z}{\partial x\,\partial y}} \tag{14}$$

Diese Beziehung bezeichnet man als *Schwartzschen Satz*. Zu seiner Begründung gehen wir von der Definition der partiellen Ableitung aus.

$$\frac{\partial z}{\partial x} = \lim_{\Delta x \to 0} \frac{f(x + \Delta x, y) - f(x, y)}{\Delta x}$$

$$\frac{\partial^2 z}{\partial y\,\partial x} = \lim_{\Delta y \to 0}\left[\frac{\dfrac{\partial z}{\partial x}(x, y + \Delta y) - \dfrac{\partial z}{\partial x}(x, y)}{\Delta y}\right] \tag{15}$$

$$= \lim_{\Delta y \to 0}\left[\lim_{\Delta x \to 0} \frac{f(x + \Delta x, y + \Delta y) - f(x, y + \Delta y) - f(x + \Delta x, y) + f(x, y)}{\Delta x\,\Delta y}\right]$$

$$\left(\frac{\partial z}{\partial x}(x, y + \Delta y) \text{ bedeutet: } \frac{\partial z}{\partial x} \text{ an der Stelle } (x, y + \Delta y)\right) \tag{16}$$

Analog zu (II 61) drücken wir einen Funktionswert an der Stelle x, y + Δy durch den Funktionswert an der Stelle x, y und durch die Steigung der Sekante durch beide Kurvenpunkte aus:

$$f(x, y + \Delta y) = f(x, y) + \frac{\partial z}{\partial y}\,(x, y + a\,\Delta y)\,\Delta y \tag{17}$$

mit $0 \leqslant a \leqslant 1$

Damit wird aus (16)

$$\frac{\partial^2 z}{\partial y\,\partial x} = \lim_{\Delta y \to 0}\left[\lim_{\Delta x \to 0}\frac{\frac{\partial z}{\partial y}\,(x + \Delta x, y + a\,\Delta y) - \frac{\partial z}{\partial y}\,(x, y + a\,\Delta y)}{\Delta x}\right]$$

Entsprechend drücken wir $\dfrac{\partial z}{\partial y}$ an der Stelle $(x + \Delta x, y + a\Delta y)$ aus:

$$\frac{\partial z}{\partial y}\,(x + \Delta x, y + a\Delta y) = \frac{\partial z}{\partial y}\,(x, y + a\Delta y) + \frac{\partial^2 z}{\partial x\,\partial y}\,(x + b\Delta x, y + a\Delta y)$$

Damit erhalten wir

$$\frac{\partial^2 z}{\partial y\,\partial x} = \lim_{\Delta y \to 0}\left[\lim_{\Delta x \to 0}\frac{\partial^2 z}{\partial x\,\partial y}\,(x + b\Delta x, y + a\Delta y)\right] = \frac{\partial^2 z}{\partial x\,\partial y} \tag{18}$$

Als Beispiel betrachten wir wieder die ideale Gasgleichung. Nach (11) ist

$$\left(\frac{\partial V}{\partial T}\right)_p = \nu\,R\,\frac{1}{p} \qquad\qquad \left(\frac{\partial V}{\partial p}\right)_T = -\,\nu\,RT\,\frac{1}{p^2}$$

Somit ist

$$\frac{\partial^2 V}{\partial p\,\partial T} = \frac{\partial}{\partial p}\left(\frac{\partial V}{\partial T}\right)_p = -\,\nu\,R\,\frac{1}{p^2}$$

$$\frac{\partial^2 V}{\partial T\,\partial p} = \frac{\partial}{\partial T}\left(\frac{\partial V}{\partial p}\right)_T = -\,\nu\,R\,\frac{1}{p^2} \tag{19}$$

Extremwerte von Funktionen mehrerer Veränderlicher

Bedingung für einen Extremwert ist, daß die Steigung der Funktion Null ist; bei einer Funktion $z = f(x,y)$ heißt dies, daß das totale Differential der Funktion bei einer beliebigen Änderung von x und y Null sein muß. Dies ist nach (10) nur möglich, wenn die partiellen Ableitungen nach x und nach y gleichzeitig Null sind

$$\left(\frac{\partial z}{\partial x}\right)_y = 0 \qquad\qquad \left(\frac{\partial z}{\partial y}\right)_x = 0 \tag{20}$$

Als Beispiel betrachten wir die Funktion $z = e^{-(x^2 + y^2)}$.

$$\left(\frac{\partial z}{\partial x}\right)_y = -2x\;e^{-(x^2 + y^2)}$$

$$\left(\frac{\partial z}{\partial y}\right)_x = -2y\;e^{-(x^2 + y^2)} \tag{21}$$

Diese Ausdrücke sind Null für $x_1 = y_1 = 0$ und $x_2 = y_2 = \infty$; der erste dieser Werte ist nach Übungsaufgabe 1 ein Maximum, der zweite stellt keinen Extremwert dar.

Übungsaufgabe 4

Man berechne die Lage der Extremwerte der Funktion (3).

Anwendungen:

Ausgleichsrechnung

Wir betrachten eine Meßgröße, die von einer Variablen abhängt ($y = f(x)$); wir messen die Werte

$$x_1, y_1 \qquad x_2, y_2 \qquad x_3, y_3 \ldots x_n, y_n \tag{22}$$

und erwarten zwischen x und y eine lineare Abhängigkeit

$$y = a + b\ x \tag{23}$$

Wir suchen ein Verfahren, diejenigen Werte für a und b zu finden, mit denen eine Gerade erhalten wird, die möglichst gut durch die Meßpunkte hindurchgeht (Abb. 8). Dies wollen wir dadurch erreichen, daß die Fehlerquadratsumme

$$S = \sum_{i=1}^{n} (a + b\, x_i - y_i)^2 \tag{24}$$

(der Klammerausdruck stellt den Unterschied zwischen jedem gemessenen y-Wert und dem entsprechenden berechneten y-Wert dar) möglichst klein wird. Mathematisch heißt dies, daß S minimal bzw. dS = 0 wird. S hängt von den Variablen a und b ab, also

$$dS = \left(\frac{\partial S}{\partial a}\right)_b da + \left(\frac{\partial S}{\partial b}\right)_a db$$

$$\left(\frac{\partial S}{\partial a}\right)_b = \sum_{i=1}^{n} 2\,(a + bx_i - y_i) = 0 \tag{25}$$

$$\left(\frac{\partial S}{\partial b}\right)_a = \sum_{i=1}^{n} 2\, x_i\,(a + bx_i - y_i) = 0$$

Diese beiden Gleichungen werden nach a und b aufgelöst, indem zuerst a und b vor die Summenzeichen gezogen werden.

$$n\,a + b \sum_i x_i - \sum_i y_i = 0$$

$$a \sum_i x_i + b \sum_i x_i^2 - \sum_i x_i y_i = 0 \tag{26}$$

Daraus folgt mit $\sum_i x_i = A$, $\sum_i y_i = B$, $\sum_i x_i^2 = C$, $\sum_i x_i y_i = D$

$$a = \frac{B\,C - A\,D}{n\,C - A^2}$$

$$b = \frac{n\,D - A\,B}{n\,C - A^2}$$

(27)

Im einzelnen geht man so vor, daß man aus den einzelnen Meßwerten die Summen A, B, C und D berechnet und diese Summen in (27) einsetzt. Wir wenden dieses Verfahren auf das Beispiel in Übungsaufgabe (I 13) an; nach der Tabelle auf Seite 201 erhalten wir $A = 360{,}000 \cdot s$, $B = -5{,}934$, $C = 20400{,}000 \cdot s^2$, $D = -336{,}946 \cdot s$.

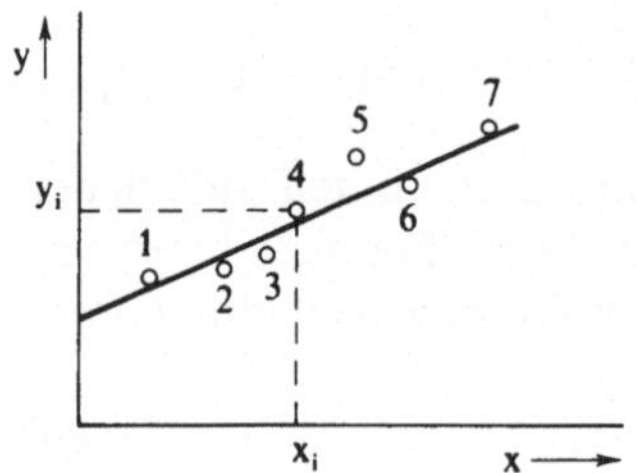

Abb. VI 8
Ausgleichende Gerade $y = a + b \cdot x$

Tab. VI 3: Ausgleichsrechnung zu Übungsaufgabe I 13 (Computerprotokoll)

```
              MESSWERTE      BERECHNET  ABWEICHUNG
      I   T   U  LG(U/UO)   LG(U/UO)      PROZENT

      1   0.   7.70   0,000     0,005       0,0
      2  10.   5,23  -0,168    -0,161      -3,9
      3  20.   3,66  -0,330    -0,327      -0,9
      4  30.   2,49  -0,490    -0,493       0,6
      5  40.   1,72  -0,651    -0,659       1,3
      6  50.   1,18  -0,815    -0,825       1,3
      7  60.   0,80  -0,963    -0,991       0,8
      8  70.   0,54  -1,154    -1,157       0,3
      9  80.   0,35  -1,342    -1,323      -1,4

      A =     360,0000 B =      -5,9340
      C = 20400,0000 D =    -336,9460

      LG(U/UO) =       0,0046  +    -0,0166   x  T

      FEHLERQUADRATSUMME =        0,0007
```

Nach (27) ist somit $a = 0,0046$ und $b = -0,0166\ s^{-1}$, die wir mit den in der Übungsaufgabe zeichnerisch erhaltenen Werten $a = 0,00$, $b = -0,0147\ s^{-1}$ vergleichen können.

Gegenüber der Zeichenmethode ist dieses Verfahren wesentlich objektiver; der etwas größere Rechenaufwand fällt kaum ins Gewicht, wenn man die Zahlenrechnung mit einem entsprechenden Computerprogramm ausführt (Tab. 3).

Boltzmannscher e-Satz
(Extremwertaufgabe mit Nebenbedingungen; Lagrangesche Multiplikatoren)

Nach der Statistik für unterscheidbare Teilchen (z.B. für die Atome in einem Kristallgitter, die sich auf den Energieniveaus E_1, E_2 ... aufhalten können), gilt für die Anzahl der unterscheidbaren Mikrozustände

$$P = \frac{N!}{n_1!\,n_2!\,\ldots} \tag{28}$$

($N =$ Gesamtzahl der Teilchen, $n_i =$ Anzahl der Teilchen auf dem Energieniveau E_i).

Nach Boltzmann ist diejenige Verteilung n_1, n_2 ... realisiert, bei der P ein Maximum wird. Wir fordern also

$$P = \text{Maximum}$$

bzw. $\quad \ln P = \text{Maximum} \tag{29}$

bzw. $\quad d\ln P = 0$

Im Gegensatz zu den bisherigen Beispielen sind bei dieser Extremwertaufgabe noch Nebenbedingungen einzuhalten:

1. $\quad \displaystyle\sum_{i=1}^{\infty} n_i\,E_i = U \quad$ (Die Gesamtenergie aller Teilchen ist konstant)

$$\tag{30}$$

2. $\quad \displaystyle\sum_{i=1}^{\infty} n_i = N \quad$ (Die Gesamtzahl der Teilchen ist konstant)

Statt (30) können wir auch formulieren

$$dU = \sum_{i=1}^{\infty} \left(\frac{\partial U}{\partial n_i}\right) dn_i = \sum_{i=1}^{\infty} E_i\,dn_i = 0$$

$$\tag{30a}$$

$$dN = \sum_{i=1}^{\infty} \left(\frac{\partial N}{\partial n_i}\right) dn_i = \sum_{i=1}^{\infty} dn_i = 0$$

An diesen Gleichungen ändert sich nichts, wenn wir sie mit 2 Konstanten α und β multiplizieren.

$$\sum_{i=1}^{\infty} \alpha \, dn_i \, E_i = 0 \tag{30b}$$

$$\sum_{i=1}^{\infty} \beta \, dn_i = 0$$

Aus (28) erhalten wir über die Stirlingsche Formel

$$\ln P = N \ln N - N - \sum_{i=1}^{\infty} (n_i \ln n_i - n_i) \tag{28a}$$

P ist eine Funktion von den Besetzungszahlen $n_1, n_2, n_3 \ldots$, also gilt für $d\ln P$

$$d\ln P = \left(\frac{\partial \ln P}{\partial n_1}\right) dn_1 + \left(\frac{\partial \ln P}{\partial n_2}\right) dn_2 + \ldots = \sum_{i=1}^{\infty} \left(\frac{\partial \ln P}{\partial n_i}\right) dn_i$$

$$= - \sum_{i=1}^{\infty} \left(\ln n_i + n_i \, \frac{1}{n_i} - 1\right) dn_i = - \sum_{i=1}^{\infty} \ln n_i \, dn_i \tag{28b}$$

Nach (29), (28b) und (30b) ist somit

$$\sum_{i=1}^{\infty} (-\ln n_i + \alpha \, E_i + \beta) \, dn_i = 0 \tag{31}$$

Dies ist zunächst nur 1 Gleichung für die Besetzungszahlen $n_1, n_2 \ldots$; wir benötigen jedoch genau so viele Gleichungen wie Besetzungszahlen zu bestimmen sind. Dies erreichen wir dadurch, daß wir davon Gebrauch machen, daß α und β zwei völlig frei wählbare Konstanten sind. Wir können sie z.B. so festlegen, daß

$$- \ln n_1 + \alpha \, E_1 + \beta = 0$$
$$- \ln n_2 + \alpha \, E_2 + \beta = 0 \tag{32}$$

gilt. Dann folgt aus (31) durch Einsetzen

$$\sum_{i>2}^{\infty} (-\ln n_i + \alpha \, E_i + \beta) \, dn_i = 0 \tag{31a}$$

Während in (31) für die Änderungen dn_i die einschränkende Bedingung (30a) galt, können wir die dn_i in (31a) ganz beliebig wählen, weil wir über dn_1 und dn_2, die in (31a) nicht vorkommen, immer erreichen können, daß (30a) gilt.

Wenn aber die dn_i völlig frei wählbar sind, dann kann die Summe in (31a) nur dann Null sein, wenn alle Summenglieder einzeln Null sind, also

$$- \ln n_i + \alpha\, E_i + \beta = 0 \tag{32a}$$

Daraus folgt

$$\boxed{n_i = e^{\alpha E_i + \beta} = C\, e^{\alpha E_i}} \tag{33}$$

(Boltzmannscher e-Satz)

Dieses Verfahren nennt man Methode der Lagrangeschen Multiplikatoren; in unserem Fall wird mit den Konstanten α und β multipliziert.

Übungsaufgabe 5

Man löse das Extremwertproblem (29) ohne die Nebenbedingungen (30).

---

4. Integration von Funktionen mehrerer Veränderlicher

Wir betrachten die Funktion

$$z = e^{-(x^2 + y^2)} \tag{34}$$

und fragen nach dem Volumen des in Abb. VIII 40 (Seite 270) dargestellten Körpers. Ähnlich wie wir in Abb. III 1 (Seite 89) die Fläche F in n Streifen der Breite Δx unterteilt haben, unterteilen wir das Volumen des Körpers in n^2 Quader der Grundfläche $\Delta x \cdot \Delta y$ und der Höhe z. V ergibt sich als Summe der Quadervolumina im Grenzfall $\Delta x \to 0$ und $\Delta y \to 0$.

$$V = \lim_{\substack{\Delta x \to 0 \\ \Delta y \to 0}} \sum_{i=1}^{n} \sum_{j=1}^{n} z_{ij}\, \Delta x\, \Delta y \tag{35}$$

z_{ij} ist der Funktionswert im Quader mit den Indices i und j. Das doppelte Summenzeichen bedeutet, daß die Indices i und j bei z_{ij} alle Werte von 1 bis n durchlaufen sollen (also insgesamt n^2 Summenglieder). Da die Reihenfolge bei der Summation beliebig ist, können wir auch schreiben

$$\sum_{i=1}^{n} \sum_{j=1}^{n} z_{ij}\, \Delta x\, \Delta y = \sum_{i=1}^{n} \left[\sum_{j=1}^{n} z_{ij} \Delta y \right] \Delta x \tag{36}$$

Die Summe in der Klammer wird nur über j gebildet; sie geht im Grenzfall

$\Delta y \to 0$ über in $\int\limits_{y_A}^{y_E} z(x, y) \cdot dy$, wobei y_A und y_E die y-Werte an den Stellen

$j = 1$ und $j = n$ bedeuten. Entsprechendes gilt für die Summe über i. Wir erhalten somit

$$V = \int\limits_{x_A}^{x_E} \left[\int\limits_{y_A}^{y_E} z \, dy \right] dx = \int\limits_{x_A}^{x_E} \int\limits_{y_A}^{y_E} z \, dy \, dx \tag{36}$$

Ein solches Integral nennt man Doppelintegral. In unserem Fall mit $e^{-(x^2 + y^2)}$ erhalten wir somit

$$V = \int\limits_{-\infty}^{+\infty} \int\limits_{-\infty}^{+\infty} e^{-(x^2 + y^2)} \, dy \, dx = \int\limits_{-\infty}^{+\infty} \left[\int\limits_{-\infty}^{+\infty} e^{-x^2} e^{-y^2} \, dy \right] dx$$

$$= \int\limits_{-\infty}^{+\infty} \left[e^{-x^2} \int\limits_{-\infty}^{+\infty} e^{-y^2} \, dy \right] dx \tag{37}$$

Da das Integral in der Klammer nicht von x abhängt, können wir es vor das Integralzeichen für die Variable x ziehen.

$$V = \left[\int\limits_{-\infty}^{+\infty} e^{-y^2} \, dy \right] \left[\int\limits_{-\infty}^{+\infty} e^{-x^2} \, dx \right] \tag{38}$$

In diesem Fall können wir das Doppelintegral als Produkt zweier Einfachintegrale schreiben; dies geht immer dann, wenn sich die Funktion z in zwei Faktoren aufspalten läßt, von denen der eine nur von x, der andere nur von y abhängt.

In (38) sind außerdem noch beide Klammerausdrücke gleich groß, also

$$V = \left[\int\limits_{-\infty}^{+\infty} e^{-x^2} \, dx \right]^2 \tag{39}$$

Das Integral $\int\limits_{-\infty}^{+\infty} e^{-x^2} \cdot dx$ können wir mit den bisher behandelten Integrationsmethoden nicht lösen, so daß die Volumenbestimmung über die Quader $z \cdot \Delta x \cdot \Delta y$ nicht erfolgreich zu Ende geführt werden kann. Statt den Körper in Abb. VIII 40 in Quader zu unterteilen, können wir ihn aber auch genauso gut in n Zylinderschalen vom Radius r, der Dicke Δr und der Höhe z unterteilen

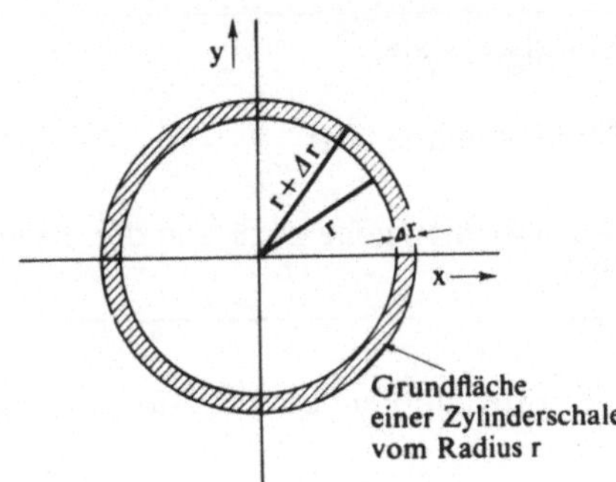

Abb. VI 9
Volumenberechnung des Körpers in Abb. VIII 40
durch Unterteilung in Zylinderschalen der Dicke
Δr, des Radius r und der Höhe z

(Abb. 9). Dann gilt an Stelle von (35), da die Grundfläche einer Schale $2\pi r \cdot \Delta r$
ist,

$$V = \lim_{\Delta r \to 0} \sum_{i=1}^{n} z_i \, 2\pi r_i \, \Delta r$$

$$= \lim_{\Delta r \to 0} \sum_{i=1}^{n} e^{-(x_i^2 + y_i^2)} \, 2\pi r_i \, \Delta r$$

$$= \lim_{\Delta r \to 0} \sum_{i=1}^{n} e^{-r_i^2} \, 2\pi r_i \, \Delta r = 2\pi \int_0^{\infty} r \, e^{-r^2} \, dr \tag{40}$$

Wir erhalten auf diese Weise von vornherein ein Einfachintegral; r läuft von 0

bis ∞. Der Wert dieses Einfachintegrals ist $-\frac{1}{2} e^{-r^2}$ (Übungsaufgabe III 6).

$$V = 2\pi \int_0^{\infty} r \, e^{-r^2} \, dr = -2\pi \, \frac{1}{2} \left| e^{-r^2} \right|_0^{\infty} = \pi \tag{41}$$

Damit haben wir das Volumen des Körpers bestimmt. Unter Verwendung von
(41) können wir auch das Integral in (39) angeben.

$$\int_{-\infty}^{+\infty} e^{-x^2} \, dx = \sqrt{V} = \sqrt{\pi} \tag{42}$$

Da die Funktion e^{-x^2} symmetrisch zur Ordinate ist, gilt weiter

$$\int_0^{\infty} e^{-x^2} \, dx = \frac{1}{2} \sqrt{\pi}.$$

Bei der Integration von Funktionen mit 3, 4 ... Variablen treten entsprechend
Dreifach-, Vierfach-, ... Integrale auf.

Übungsaufgabe 6

Man berechne über $\displaystyle\int_{-\infty}^{+\infty}\int_{-\infty}^{+\infty}\int_{-\infty}^{+\infty} \psi^2 \, dx \cdot dy \cdot dz = 1$ den Normierungsfaktor

A in (4); man gehe dazu von den kartesischen Koordinaten auf Polarkoordinaten über.

Ein Integral, bei dem die Aufspaltung (38) nicht möglich ist, ist z.B.

$$I = \int_{x_1}^{x_2} \int_{y_1}^{y_2} y \, e^{-x\,y} \, dx \, dy \; = \int_{y_1}^{y_2} y \left[\int_{x_1}^{x_2} e^{-x\,y} \, dx \right] dy \tag{43}$$

Wir beginnen mit dem Integral in der eckigen Klammer.

$$\int_{x_1}^{x_2} e^{-x\,y} \, dx = -\frac{1}{y} \left. e^{-x\,y} \right|_{x_1}^{x_2} = -\frac{1}{y} \left(e^{-x_2\,y} - e^{-x_1\,y} \right) \tag{44}$$

Diesen Ausdruck setzen wir oben ein.

$$I = -\int_{y_1}^{y_2} \left(e^{-x_2 y} - e^{-x_1 y} \right) dy$$

$$= \frac{1}{x_2} \left(e^{-x_2 y_2} - e^{-x_2 y_1} \right) - \frac{1}{x_1} \left(e^{-x_1 y_2} - e^{-x_1 y_1} \right) \tag{45}$$

Ist beispielsweise $x_1 = 1$, $x_2 = \infty$, $y_1 = 0$, $y_2 = \infty$, dann gilt

$$I = 1$$

5. Partielle Differentialgleichungen

Spannen wir einen Stahldraht so ein, daß er an den Stellen $x = 0$ und $x = L$ festgehalten wird und daß in Längsrichtung die Kraft K wirkt (Abb. 10), dann

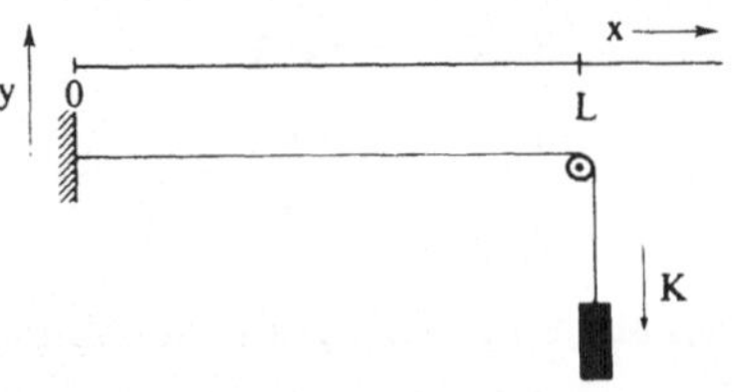

Abb. VI 10
Schwingende Saite der Länge L,
Spannkraft K.

beginnt der Draht zu schwingen, wenn wir ihn kurzzeitig auslenken und dann wieder loslassen (schwingende Saite). Für die Auslenkung y der Saite in Abhängigkeit von der Zeit t und vom Ort x findet man die Dgl.

$$\frac{\partial^2 y}{\partial x^2} = C \, \frac{\partial^2 y}{\partial t^2} \qquad (46)$$

mit $C = \dfrac{m}{K \cdot L}$ (m = Masse des Drahtes). (46) nennt man eine partielle Differentialgleichung, weil die Lösungsfunktion von mehreren unabhängigen Variablen abhängt und deshalb an Stelle gewöhnlicher Differentialquotienten partielle Differentialquotienten auftreten. Partielle Dgl. löst man, indem man sie mit einem geeigneten Ansatz in gewöhnliche Dgl. überführt. Im Fall von (46) gelingt dies mit

$$y(x, t) = X(x) \ T(t) \qquad (47)$$

y wird also versuchsweise in ein Produkt aus 2 Faktoren zerlegt, wobei der eine Faktor nur von x, der andere nur von t abhängt. Es läßt sich nicht allgemein angeben, ob ein solcher Ansatz überhaupt zum Ziel führt, man kann es lediglich in einem konkret vorliegenden Fall so probieren. Einsetzen von (47) in (46) ergibt

$$\frac{d^2 X}{dx^2} \ T = C \ \frac{d^2 T}{dt^2} \ X \qquad (48)$$

Wir dividieren beide Seiten durch $T \cdot X$

$$\frac{\dfrac{d^2 X}{dx^2}}{X} = C \, \frac{\dfrac{d^2 T}{dt^2}}{T} \qquad (49)$$

Damit haben wir erreicht, daß auf der linken Seite der Gleichung ein Ausdruck steht, der nur von x abhängt, und rechts ein Ausdruck, der nur von t abhängt. Beide Ausdrücke müssen für beliebige Werte von x und t gleich groß sein; beispielsweise können wir t festhalten und x variieren: dann ist der rechte Ausdruck konstant, der linke muß infolgedessen auch konstant sein.

$$\frac{\frac{d^2 X}{dx^2}}{X} = C \frac{\frac{d^2 T}{dt^2}}{T} = \text{const.} \tag{50}$$

Daraus erhalten wir die gewöhnlichen Dgl.

$$\frac{d^2 X}{dx^2} = \text{const. } X \qquad\qquad \frac{d^2 T}{T} = \frac{1}{C} \text{ const.} \tag{51}$$

Nach (V 68), (V 69) lauten die Lösungen von (51)

$$X = a \cos \sqrt{-\text{const.}}\, x + b \sin \sqrt{-\text{const.}}\, x$$
$$T = A \cos \sqrt{-\frac{\text{const.}}{C}}\, t + B \sin \sqrt{-\frac{\text{const.}}{C}}\, t \tag{52a}$$

falls die Konstante const. $\leqslant 0$ ist; für const. $\geqslant 0$ gilt

$$X = a \, \text{ch} \sqrt{\text{const.}}\, x + b \, \text{sh} \sqrt{\text{const.}}\, x$$
$$T = A \, \text{ch} \sqrt{\frac{\text{const.}}{C}}\, t + B \, \text{sh} \sqrt{\frac{\text{const.}}{C}}\, t \tag{52b}$$

Zur Entscheidung zwischen diesen beiden Möglichkeiten und zur Festlegung von a, b, A, B und const. müssen wir wie in (V 67) zusätzliche Bedingungen einführen.

1. $X = 0$ an der Stelle $x = 0$ $\Big\}$ Randbedingungen

2. $X = 0$ an der Stelle $x = L$

3. $T = T_0$ zur Zeit $t = 0$

4. $\dfrac{dT}{dt} = 0$ zur Zeit $t = 0$ Anfangsbedingungen

5. $X = X_0$ an einer Stelle $x = x_0 \neq 0, L$ zur Zeit $t = 0$.   (53)

Aus den Randbedingungen folgt, daß für X nur die Lösung (52a) möglich ist (außer in dem nicht weiter interessierenden Trivialfall $X = 0$); nach der letzten

Bedingung verbleibt auch für T nur die Lösung (52a), da t beliebig groß werden darf, y aber endlich bleiben muß. Einsetzen von (53) in (52a) ergibt

$$X = b \sin \frac{n\pi}{L} x \qquad n = 1, 2, 3 \ldots \qquad b = \frac{X_0}{\sin \frac{n\pi}{L} x_0} \tag{54}$$

$$T = A \cos \frac{n\pi}{L\sqrt{C}} t \qquad n = 1, 2, 3 \ldots \qquad A = T_0$$

Somit erhalten wir für y

$$\boxed{\begin{aligned} y(x, t) = y_0 \sin \frac{n\pi}{L} x \cos \frac{n\pi}{L\sqrt{C}} t \\ n = 1, 2, 3 \ldots \end{aligned}} \tag{55}$$

(55) ist die Gleichung einer stehenden Welle; die Auslenkung y ändert sich zeitlich cosinusförmig mit der Frequenz $\nu = \frac{1}{2\,L\sqrt{C}} \cdot n = \frac{1}{2} \sqrt{\frac{K}{L\,m}} \cdot n$, die Amplitude ändert sich sinusförmig von x = 0 bis x = L (Abb. VIII 11). Die Frequenz ν ist ein ganzzahliges Vielfaches einer Grundfrequenz (harmonische Schwingung).

Übungsaufgabe 7

Für die in Abb. 10 dargestellte Saite sei L = $1m$ und K = 10 kp; die Saite sei aus Stahldraht (Dichte $\rho = 8 \ \frac{g}{cm^3}$) von 1 mm Durchmesser. Wie groß ist die Schwingungsfrequenz ν?

Nach (55) ist zur Zeit t = 0 die gesamte Saite sinusförmig ausgelenkt; dies stellt eine sehr spezielle Anfangsbedingung dar. Da in (55) keine weiteren Konstanten frei wählbar sind, ist (55) offensichtlich nur eine partikuläre Lösung unserer Dgl. Die vollständige Lösung lautet (Nachprüfung durch Einsetzen in die Dgl.)

$$y = \sum_{n=1}^{\infty} y_n \cdot \sin \frac{n\pi}{L} x \cdot \cos \frac{n\pi}{L\sqrt{C}} t \qquad n = 1, 2, 3 \ldots \tag{55a}$$

Die Konstanten y_n können darin so angepaßt werden, daß zur Zeit t = 0 eine an allen Stellen beliebige Auslenkung vorgegeben werden kann (Fourier-Reihe).

VII. Numerische Methoden

Oft gelingt es nicht, mathematische Probleme mit analytischen Methoden zu lösen (z.B. Auflösung der Bestimmungsgleichung auf Seite 79 nach x); analytische Methoden sind auch nicht direkt anwendbar, wenn beispielsweise die Differentiation oder Integration einer Funktion verlangt wird, die nur durch ihre graphische Darstellung oder durch eine Wertetabelle gegeben ist (z.B. das Resultat einer physikalischen Messung, das auf einem Schreiber oder einem Drucker erscheint). Aufgabe der numerischen Mathematik ist es, diese Lücke zu schließen; numerische Methoden sind vor allem dann interessant, wenn die damit verbundene oft zeitraubende Rechenarbeit mit Hilfe eines Computers erledigt werden kann. So kann es u.U. vorteilhafter sein, ein konkretes Problem auf numerischem Wege zu lösen, auch wenn im Prinzip eine analytische Lösung möglich wäre, die Lösung aber nur durch langwierige Literatursuche gefunden werden kann (wenn z.B. ein Integral benötigt wird, das in den üblichen Tabellenwerken nicht aufgeführt ist).

1. Näherungsweise Lösung von Gleichungen mit 1 Unbekannten

Im Abschnitt II (Seite 79) war die Gleichung

$$12x_1^5 + 18x_1^4 - 96x_1^3 - 148x_1^2 - 124x_1 - 78 = 0 \tag{1}$$

zu lösen, d.h. es sind diejenigen Werte von x_1 zu finden, die die Gleichung erfüllen. Es ist unmöglich, diese Gleichung analytisch nach x_1 aufzulösen. Anstelle von (1) betrachten wir deshalb die Funktion (x = unabhängige Variable)

$$y = 12x^5 + 18x^4 - 96x^3 - 148x^2 - 124x - 78. \tag{2}$$

Die Nullstellen von (2) sind mit den Lösungen von (1) identisch; diese Nullstellen können wir finden, wenn wir eine Wertetabelle dieser Funktion aufstellen und feststellen, an welchen Stellen die Funktion ihr Vorzeichen wechselt. Wir erwarten in diesem Fall mindestens 1 Nullstelle, da die Funktion für $x \to -\infty$ nach $-\infty$ strebt, für $x \to +\infty$ gegen $+\infty$, also mindestens 1 mal die Abszisse schneiden muß (diese Argumentation ist möglich, weil es sich um eine rationale, nicht gebrochene Funktion handelt, die keine Polstellen und keine undefinierten Bereiche enthält). Wir erhalten die Werte in Tab. 1, wenn x-Werte von −10 bis +10 berücksichtigt werden (Schrittweite $\Delta x = 0,001$); wir sehen, daß y an 3 Stellen das Vorzeichen wechselt: bei $x = -3,08$; $x = -1,00$ und $x = +3,00$. Die Gleichung (1) besitzt also diese 3 reellen Lösungen.

Tab. VII 1: Wertetabelle für
$$y_i = 12x_i^5 + 18x_i^4 - 96x_i^3 - 148x_i^2 - 124x_i - 78$$
Es sind nur die Werte in der Nähe der Nullstellen ausgedruckt.

i	x_i	y_i
6915	−3,086	−9,544
6916	−3,085	−8,173
6917	−3,084	−6,806
6918	−3,083	−5,443
6919	−3,082	−4,083
6920	−3,081	−2,726
6921	−3,080	−1,373
6922	−3,079	−0,023
6923	−3,078	1,323
6924	−3,077	2,666
6925	−3,076	4,005
6926	−3,075	5,341
8998	−1,003	0,365
8999	−1,002	0,257
9000	−1,001	0,128
9001	−1,000	0,000
9002	−0,999	−0,128
9003	−0,998	−0,255
9004	−0,997	−0,383
9005	−0,996	−0,510
9006	−0,995	−0,637
9007	−0,994	−0,763
12998	2,997	−9,572
12999	2,998	−6,388
13000	2,999	−3,197
13001	3,000	−0,000
13002	3,001	3,203
13003	3,002	6,412
13004	3,003	9,628

Damit ist die Aufgabe im Prinzip gelöst.
Wenn wir den Zahlenwert von x_1 mit größerer Genauigkeit berechnen wollen, müßten wir die oben ausgeführte Rechnung mit kleinerer Schrittweite wiederholen; die Rechnung wird beschleunigt, wenn wir eine der drei folgenden Methoden anwenden.

Annäherung durch Verkleinerung der Schrittweite

Wir betrachten Abb. 1. Die Nullstelle liege zwischen P_1 und P_2. Zur weiteren Einengung wird die Schrittweite δ auf $\frac{1}{4}$ verkleinert, und nacheinander werden die Punkte P_3 und P_4 berechnet: die Nullstelle liegt zwischen diesen Punkten. Nach weiterer Verkleinerung von δ auf $\frac{1}{16}$ des ursprünglichen Wertes werden die Punkte P_5, P_6, P_7 erhalten. Diese Schritte lassen sich leicht mit einem Computerprogramm ausführen. In Tab. 2 ist das Resultat im Fall der Funktion (2) mit $\delta = 0{,}025$ bis $\delta = 0{,}0001$ aufgeführt; wir erhalten $x_1 = -3{,}0790$ nach 14 Schritten.

Tab. VII 2: Nullstelle der Funktion (2) nach der Schrittweitenmethode

δ	x_{P_1}	y_{P_1}	$x_{P_2,P_3,\ldots}$	$y_{P_2,P_3,\ldots}$
0.0250	-3.1000	-29.1043	-3.0750	5.3408
0.0062	-3.1000	-29.1043	-3.0938	-20.2860
0.0062	-3.1000	-29.1043	-3.0875	-11.6066
0.0062	-3.1000	-29.1043	-3.0813	-3.0647
0.0062	-3.1000	-29.1043	-3.0750	5.3408
0.0016	-3.0813	-3.0647	-3.0797	-0.9505
0.0016	-3.0813	-3.0647	-3.0781	1.1551
0.0004	-3.0797	-0.9505	-3.0793	-0.4233
0.0004	-3.0797	-0.9505	-3.0789	0.1033
0.0001	-3.0793	-0.4233	-3.0792	-0.2916
0.0001	-3.0793	-0.4233	-3.0791	-0.1599
0.0001	-3.0793	-0.4233	-3.0790	-0.0283
0.0001	-3.0793	-0.4233	-3.0789	0.1033
0.0000	-3.0790	-0.0283	-3.0790	0.0046

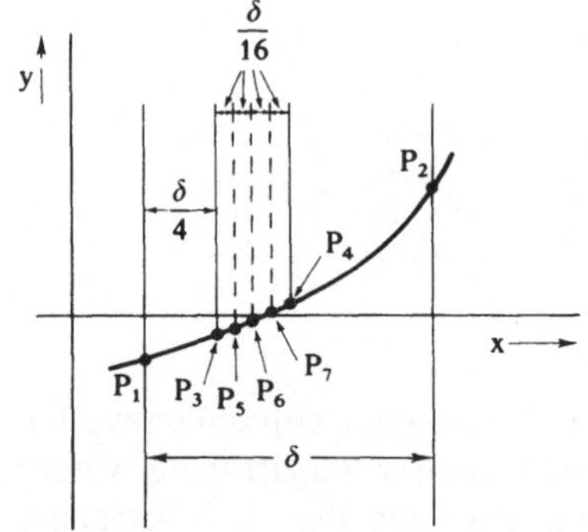

Abb. VII 1
Nullstelle nach
Schrittweitenverfahren

Regula falsi

Wir verbinden die Punkte P_1 und P_2 in Abb. 2 durch eine Gerade und berechnen den Schnittpunkt P_3 dieser Geraden mit der Abszisse; die x-Koordinate von P_3 ist ein erster Näherungswert für die gesuchte x-Koordinate der Nullstelle der Funktion. Für die Gerade durch P_1 und P_2 gilt

$$\frac{y_{P2} - y_{P1}}{x_{P2} - x_{P1}} = \frac{y_{P2} - y_{P3}}{x_{P2} - y_{P3}} \tag{3}$$

und wegen $y_{P3} = 0$ (Schnittpunkt mit der Abszisse) ist dann

$$x_{P3} = x_{P2} - \frac{x_{P2} - x_{P1}}{x_{P2} - x_{P1}}\, y_{P2} \tag{4}$$

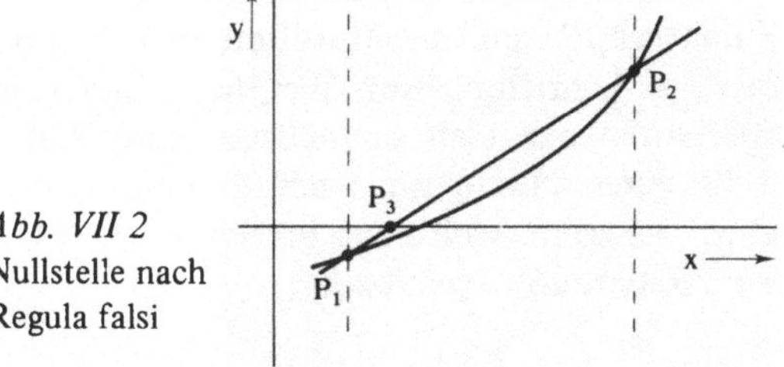

Abb. VII 2
Nullstelle nach
Regula falsi

Nun wird das Ganze wiederholt, indem wir den zu x_{P3} gehörigen Punkt auf der Kurve als neuen Punkt P_1 betrachten und einen neuen Punkt P_3 berechnen. Die so erhaltenen Punkte P_3 rücken immer näher an den gesuchten Punkt P heran. Für die Funktion (2) sind die Resultate in Tab. 3 dargestellt; wir erhalten $x_1 = -3{,}0790$ nach 4 Schritten.

Tab. VII 3: Nullstelle der Funktion (2) nach der Regula falsi ($x_{P2} = -3{,}0$)

x_{P1}	y_{P1}	x_{P3}
-3.1000	-29.1043	-3.0767
-3.0767	3.0198	-3.0792
-3.0792	-0.3307	-3.0790
-3.0790	0.0360	-3.0790

Newtonsches Verfahren

In Abb. 3 ist an die Kurve im Punkt P_2 die Tangente gezeichnet; diese Tangente schneidet die Abszisse im Punkt P_3. P_3 ist der erste Näherungswert für die Nullstelle. Für die Tangente gilt

$$\frac{y_{P2} - y_{P3}}{x_{P2} - x_{P3}} = \left(\frac{dy}{dx}\right)_{P2} = y'_{P2} \tag{5}$$

Mit $y_{P3} = 0$ erhalten wir x_{P3}.

$$x_{P3} = x_{P2} - y_{P2}\, \frac{1}{y'_{P2}} \tag{6}$$

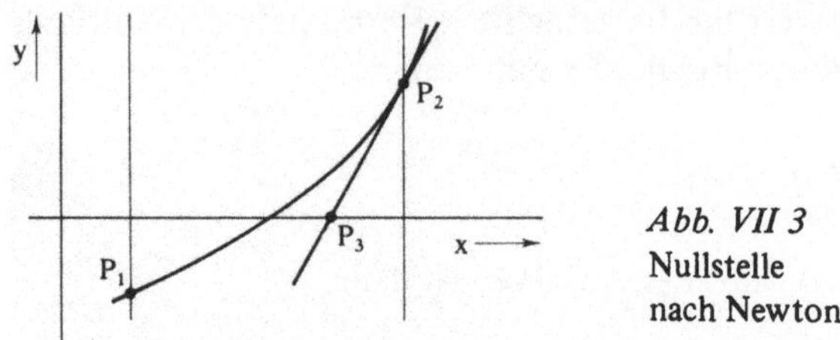

Abb. VII 3
Nullstelle
nach Newton

Nun berechnen wir den zu x_{P3} gehörigen Ordinatenwert und wiederholen das Verfahren, indem wir an diesen neuen Punkt die Tangente anlegen. Für die Funktion (2) sind die Resultate in Tab. 4 dargestellt; wir erhalten $x = -3{,}0790$ nach 4 Schritten. Von den beschriebenen Verfahren führt das Newtonsche Verfahren meist am schnellsten zum Ziel. Wenn der Punkt P_2 zufällig in der Nähe eines Maximums oder Minimums der Kurve liegt, kann die Methode jedoch versagen, weil dann der Punkt P_3 u.U. nicht zwischen P_1 und P_2, sondern weit außerhalb liegen kann.

Tab. VII 4: Nullstelle der Funktion (2) nach Newton
$$\text{(mit } y' = 60\, x_i^4 + 72\, x_i^3 - 288\, x_i^2 - 296\, x_i - 124)$$

x_{P2}	y_{P2}	y'_{P2}	x_{P3}
-3,0000	96,0000	1088.0000	-3,0882
-3,0882	-12.6205	1380.2689	-3,0791
-3,0791	-0.1468	1348.2365	-3,0790
-3,0790	-0.0000	1347.8577	-3,0790

Mit Schwierigkeiten müssen wir rechnen, wenn es sich um eine doppelte Nullstelle handelt, also die Kurve die Abszisse nicht schneidet, sondern nur berührt (Abb. 4). Dann ändert sich an der Nullstelle das Vorzeichen der Funktion nicht. Wir müssen also in Tab. 1 nachschauen, ob die Funktion in der Nähe der Abszisse ein Minimum oder ein Maximum besitzt; eine weitere Verbesserung der Werte ist nach der Regula falsi und nach dem Newtonschen Verfahren möglich, nur müssen die Punkte P_1 und P_2 auf derselben Seite der Nullstelle liegen.

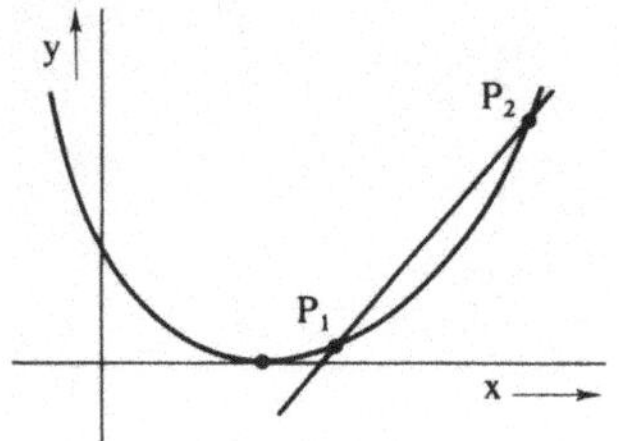

Abb. VII 4
Doppelte Nullstelle; bei Anwendung der Regula falsi müssen P_1 und P_2 auf derselben Seite der Nullstelle liegen

Übungsaufgabe 1

Man berechne näherungsweise x_1 aus

1. $x_1 = \sqrt{2}$
2. $x_1^2 + 4x_1 + 4 = 0$

2. Interpolation

Liegt eine Funktion als Wertetabelle vor, dann muß man zwischen zwei Werten interpolieren, wenn man einen Zwischenwert berechnen möchte.

Lineares Interpolieren

Man nimmt im einfachsten Fall an, daß die Funktion zwischen den Werten x_1/y_1 und x_2/y_2 (Stützpunkte) linear verläuft (Abb. 5), so daß ein Zwischenwert x/y gemäß I 4 nach

$$\frac{y_2 - y_1}{x_2 - x_1} = \frac{y - y_1}{x - x_1}$$

$$y = y_1 + \frac{y_2 - y_1}{x_2 - x_1} \, (x - x_1)$$

(7)

berechnet werden kann.

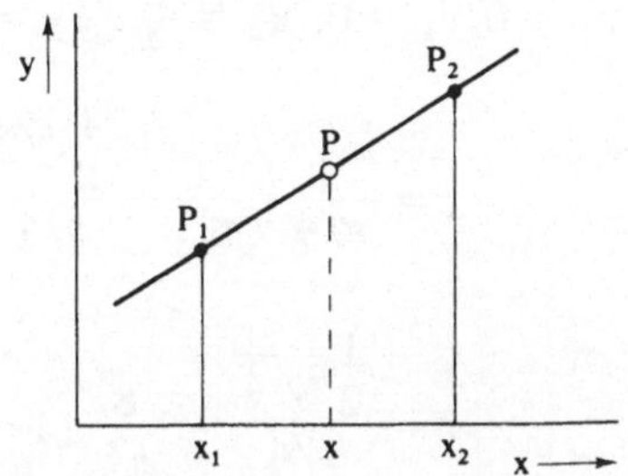

Abb. VII 5
Lineares Interpolieren

Quadratisches Interpolieren

Weicht der Verlauf der Funktion zwischen den Stützpunkten x_1/y_1 und x_2/y_2 stark von einer Geraden ab, dann ist es zweckmäßig, einen dritten Punkt x_3/y_3 hinzuzunehmen und durch diese 3 Punkte ein Näherungspolynom zweiten Grades zu legen (Abb. 6)

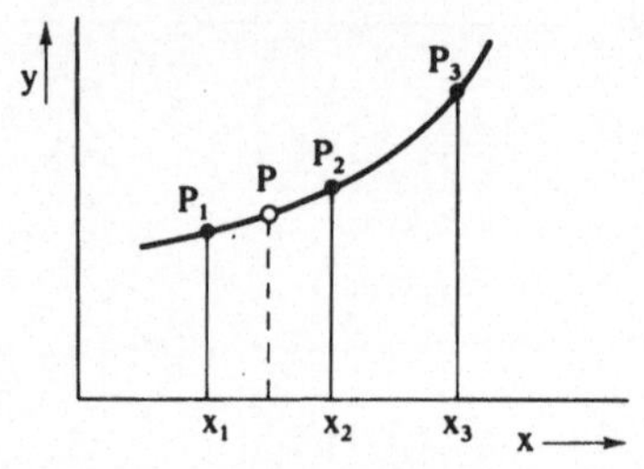

Abb. VII 6
Quadratisches Interpolieren

$$y = a + bx + cx^2 \tag{8}$$

Die Konstanten a, b und c bestimmen wir über die Beziehungen

$$y_1 = a + bx_1 + cx_1^2$$
$$y_2 = a + bx_2 + cx_2^2 \tag{9}$$
$$y_3 = a + bx_3 + cx_3^2$$

Auflösen nach a, b und c ergibt

$$c = \frac{1}{x_3 - x_2} \left(\frac{y_3 - y_1}{x_3 - x_1} - \frac{y_2 - y_1}{x_2 - x_1} \right)$$

$$b = \frac{y_2 - y_1}{x_2 - x_1} - c\,(x_2 + x_1) \tag{10}$$

$$a = y_1 - b\,x_1 - c\,x_1^2$$

Als Beispiel interpolieren wir die Funktion $y = \sin x$ zwischen den Punkten $x_1 = 0/y_1 = 0$, $x_2 = \frac{\pi}{4}/y_2 = \frac{1}{2}\sqrt{2}$, $x_3 = \frac{\pi}{2}/y_3 = 1$. Nach (10) gilt dann

$$c = \frac{1}{\pi/4} \left(\frac{1}{\pi/2} - \frac{\frac{1}{2}\sqrt{2}}{\pi/4} \right) = \frac{8}{\pi^2}\,(1 - \sqrt{2})$$

$$b = \frac{\frac{1}{2}\sqrt{2}}{\pi/4} - \frac{8}{\pi^2}\,(1 - \sqrt{2})\,\frac{\pi}{4} = \frac{2}{\pi}\,(2\sqrt{2} - 1) \qquad\qquad a = 0$$

Also lautet die Näherungsfunktion

$$y = \frac{2}{\pi} \, (2\sqrt{2} - 1) \, x + \frac{8}{\pi^2} \, (1 - \sqrt{2}) \, x^2 \qquad (11)$$

Damit erhalten wir beispielsweise für $x = \dfrac{\pi}{6}$

$$y = \frac{2}{\pi} \, (2\sqrt{2} - 1) \, \frac{\pi}{6} + \frac{8}{\pi^2} \, (1 - \sqrt{2}) \, \frac{\pi^2}{36} = 0{,}517$$

Dieser Wert weicht angesichts der sehr großen Schrittweite von dem exakten Wert $y = 0{,}500$ nur wenig ab. Bei linearer Interpolation zwischen x_1/y_1 und x_2/y_2 erhalten wir den deutlich schlechteren Wert

$$y = \frac{\frac{1}{2}\sqrt{2}}{\pi/4} \left(\frac{\pi}{6}\right) = \frac{1}{3}\sqrt{2} = 0{,}471$$

In entsprechender Weise kann man durch 4, 5 . . . Stützpunkte Näherungspolynome 3, 4 . . . ten Grades hindurchlegen. Da vorgegebene Meßwerte immer unvermeidliche Meßfehler enthalten, ist es jedoch nicht sinnvoll, den Grad des Polynoms zu hoch zu wählen, da bei diesem Verfahren die schlechten Meßpunkte mit gleichem Gewicht eingehen wie die guten; man erhält dann an Stelle einer ausgleichenden Kurve eine wellige Linie, die lediglich alle Meßpunkte miteinander verbindet. Es ist deshalb besser, die auf Seite 163 beschriebene Ausgleichsrechnung durchzuführen. Dabei muß man sich nicht auf Polynome beschränken, wenn man die Bestimmung des Minimums der Fehlerquadratsumme numerisch mit einem Computer vornimmt. So sind die in Abb. 7 gege-

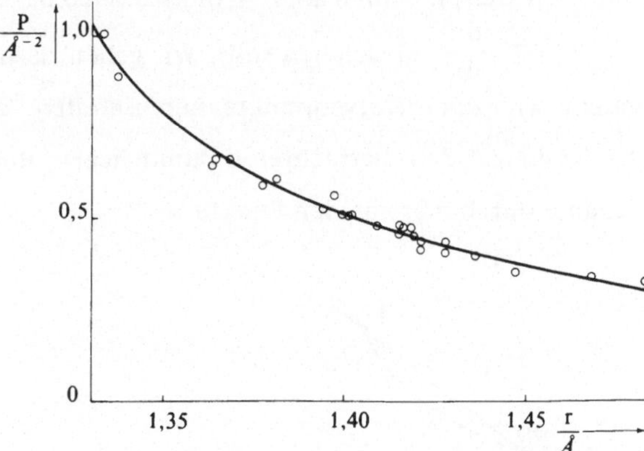

Abb. VII 7
Ausgleichen von Meßpunkten
durch die Funktion

$$P = \frac{a}{r - b} - r + c$$

benen Kurvenpunkte (berechnete Elektronendichte P in der Bindungsmitte in Abhängigkeit vom Bindungs-Abstand r einer größeren Anzahl von Molekülen) durch

$$P = \frac{a}{r - b} - r + c$$

approximiert worden; die Parameter a, b und c wurden numerisch so lange variiert, bis die Fehlerquadratsumme minimal wurde; dies ist der Fall für $a = 0,0368\ \text{Å}^{-1}$, $b = 1,2813\ \text{Å}$, $c = 1,6\ \text{Å}^{-2}$ ($1\ \text{Å} = 10^{-8}\,cm$).

3. Numerisches Differenzieren

Ist eine Funktion graphisch oder durch eine Wertetabelle gegeben, dann kann man den Differentialquotienten nur punktweise bilden. Dazu bildet man entweder den Differenzenquotienten und nähert dadurch den Differentialquotienten an (man muß dann auf jeden Fall nachprüfen, ob die gewählte Schrittweite genügend klein ist) oder man nähert die Funktion stückweise durch eine Potenzfunktion an und differenziert diese Näherungsfunktion analytisch.

1. Annäherung durch den Differenzenquotienten

Im Prinzip könnte man hier so vorgehen wie in Tab. II1; dabei muß jedoch die Schrittweite Δx sehr klein gewählt werden, damit $\frac{\Delta y}{\Delta x} \approx \frac{dy}{dx}$ gesetzt werden kann (im Beispiel von Tab. II 1 muß $\Delta x \leqslant 0,01$ sein, wenn $\frac{\Delta y}{\Delta x}$ nur noch um $0,2\,\%$ von $\frac{dy}{dx}$ abweichen soll). Wir gehen deshalb besser gemäß Abb. 8 vor, indem wir zwei Kurvenpunkte herausgreifen, die um $\frac{1}{2}\Delta x$ vor bzw. um $\frac{1}{2}\Delta x$ hinter dem betrachteten Punkt liegen, und berechnen die Steigung der Sekante durch diese beiden Punkte.

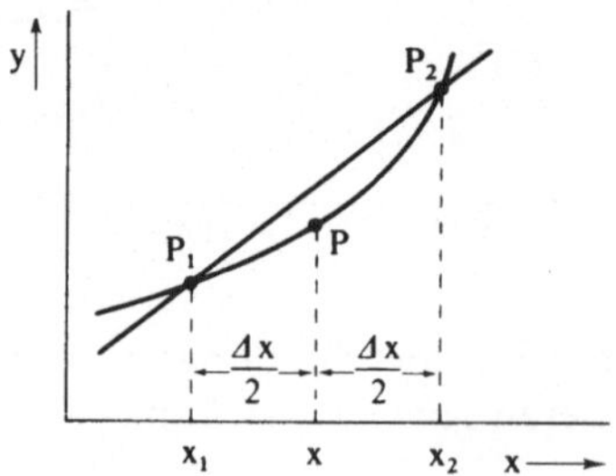

Abb. VII 8
Numerisches Differenzieren

Um das Verfahren prüfen zu können, betrachten wir als Beispiel die analytisch gegebene Funktion

$$y = \sin x$$

und fragen nach der Steigung an der Stelle $x = \dfrac{\pi}{4}$. Wir wählen $\Delta x = \dfrac{\pi}{2}$; dann ist

$$\frac{y_2 - y_1}{x_2 - x_1} = \frac{\sin \dfrac{\pi}{2} - \sin 0}{\dfrac{\pi}{2}} = \frac{2}{\pi} = 0{,}637$$

Eine Verfeinerung von Δx ergibt verbesserte Werte, die in Tab. 5 aufgeführt sind. Ein Vergleich mit den Werten, die nach dem Verfahren in Tab. II 1 erhalten werden, zeigt, daß unser neues Verfahren viel schneller zum exakten Wert des Differentialquotienten $\left(\dfrac{dy}{dx} = \cos \dfrac{\pi}{4} = \dfrac{1}{2} \sqrt{2} = 0{,}707\right)$ hin konvergiert.

Tab. VII 5: Numerische Differentiation von $y = \sin x$ an der Stelle $x = \dfrac{\pi}{4}$ bei verschiedenen Schrittweiten Δx.

Δx	$\dfrac{\Delta y}{\Delta x}$ nach Abb. 8	$\dfrac{\Delta y}{\Delta x}$ nach dem Verfahren in Tab. II 1
$\dfrac{\pi}{2}$	0,637	0,000
$\dfrac{\pi}{4}$	0,689	0,373
$\dfrac{\pi}{8}$	0,703	0,552
$\dfrac{\pi}{16}$	0,706	0,633
$\dfrac{\pi}{32}$	0,707	0,671
$\dfrac{\pi}{64}$	0,707	0,689

Als zweites Beispiel betrachten wir die Differentiation einer experimentell erhaltenen Kurve; die Kurve 1 in Abb. 9 ist die Titrationskurve einer NaCl-Lösung ($y = -\lg(c_{Cl^-}/(mol/l))$ in Abhängigkeit von der zugegebenen Menge v an Ag NO_3-Lösung). In Tab. 6 ist neben der Wertetabelle dieser Kurve der numerisch berechnete Differenzenquotient für $\Delta v = 0,05$ ml angegeben; dieser Differenzenquotient ist ebenfalls in Abb. 9 dargestellt. Diese Kurve ist in der analytischen Chemie von großem praktischen Interesse.

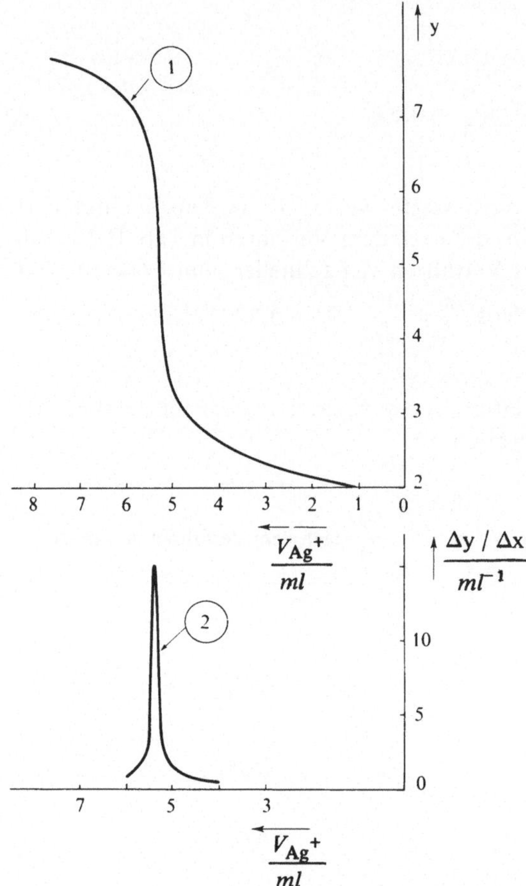

Abb. VII 9
Titration einer Cl^--Lösung mit Ag^+-Ionen; aufgetragen ist
$y = -\lg(c_{Cl^-}/\mathrm{ml} \cdot l^{-1})$ in Abhängigkeit von dem zugegebenen Volumen V_{Ag^+} an $Ag\,NO_3$-Lösung (Kurve 1) sowie $\frac{\Delta y}{\Delta x}$ (Kurve 2 nach Tab. 6).

2. Annäherung durch Differentiation eines Näherungspolynoms zweiten Grades

Wollen wir die Ableitung an der Stelle x bilden, dann greifen wir zusätzlich 2 Kurvenpunkte heraus, die rechts bzw. links von dem betrachteten Punkt liegen, und legen durch diese drei Punkte eine Näherungspotenzfunktion zweiten Grades; diese Funktion differenzieren wir analytisch. Somit erhalten wir aus (8)

$$\frac{dy}{dx} = b + 2\,c\,x \tag{12}$$

Tab. VII 6: Berechnung von $\dfrac{\Delta y}{\Delta x}$ für die Funktion 1 in Abb. 9 gemäß Abb. 8 (Spalte 3) und von $\dfrac{dy}{dx}$ nach (10), (12) (Spalte 6).

$\dfrac{x}{ml}$	y	$\dfrac{\dfrac{\Delta y}{\Delta x}}{ml^{-1}}$ nach Abb. 8	b	c	$\dfrac{\dfrac{dy}{dx}}{ml^{-1}}$
				nach (10), (12)	
3,05	2,58	0,4	0,4	-0,0	0,4
3,10	2,60	0,5	-11,9	2,0	0,5
3,15	2,63	0,5	13,1	-2,0	0,5
3,20	2,65	0,5	-12,3	2,0	0,5
3,25	2,68	0,5	13,5	-2,0	0,5
3,30	2,70	0,3	13,5	-2,0	0,3
3,35	2,71	0,3	-13,1	2,0	0,3
3,40	2,73	0,4	0,4	0,0	0,4
3,45	2,75	0,5	-13,3	2,0	0,5
3,50	2,78	0,6	0,6	-0,0	0,6
3,55	2,81	0,7	-13,5	2,0	0,7
3,60	2,85	0,8	0,8	0,0	0,8
3,65	2,89	0,8	0,8	-0,0	0,8
3,70	2,93	0,7	15,5	-2,0	0,7
3,75	2,96	0,7	-14,3	2,0	0,7
3,80	3,00	0,8	0,8	0,0	0,8
3,85	3,04	0,9	-14,5	2,0	0,9
3,90	3,09	1,1	-14,5	2,0	1,1
3,95	3,15	1,2	1,2	0,0	1,2
4,00	3,21	1,4	-30,6	4,0	1,4
4,05	3,29	1,6	1,6	0,0	1,6
4,10	3,37	1,7	-14,7	2,0	1,7
4,15	3,46	2,2	-64,2	8,0	2,2
4,20	3,59	2,9	-47,5	6,0	2,9
4,25	3,75	4,7	-250,3	30,0	4,7
4,30	4,06	8,7	-421,3	50,0	8,7
4,35	4,62	14,4	-542,4	64,0	14,4
4,40	5,58	15,0	472,6	-52,0	15,0
4,45	6,12	9,0	614,2	-68,0	9,0
4,50	6,40	4,1	274,1	-30,0	4,1
4,55	6,53	2,5	20,7	-2,0	2,5
4,60	6,65	2,2	39,0	-4,0	2,2
4,65	6,75	1,9	20,5	-2,0	1,9
4,70	6,84	1,7	20,5	-2,0	1,7
4,75	6,92	1,6	1,6	0,0	1,6
4,80	7,00	1,4	39,8	-4,0	1,4
4,85	7,06	1,2	1,2	-0,0	1,2
4,90	7,12	0,9	59,7	-6,0	0,9
4,95	7,15	0,6	0,6	-0,0	0,6

In dem Beispiel der Funktion $y = \sin x$ ist somit nach (10), (11) und (12)

$$\frac{dy}{dx} = \frac{2}{\pi}\,(2\sqrt{2} - 1) + \frac{16}{\pi^2}\,(1 - \sqrt{2})\,x$$

An der Stelle $x = \dfrac{\pi}{4}$ ist dann

$$\frac{dy}{dx} = \frac{2}{\pi}\,(2\sqrt{2} - 1) + \frac{4}{\pi}\,(1 - \sqrt{2}) \;=\; \frac{2}{\pi} = 0{,}37$$

Angesichts der großen Schrittweite stimmt dieser Wert bereits gut mit dem richtigen Wert $\frac{1}{2}\sqrt{2}$ überein; durch bessere Wahl der Ausgangspunkte (die Punkte 1, 2 und 3 müssen näher beisammenliegen) läßt sich das Verfahren beliebig verbessern. In Tab. 6 (letzte Spalte) sind die nach (12) berechneten Werte $\dfrac{dy}{dx}$ im Fall der Titrationskurve (Abb. 9) aufgeführt.

In entsprechender Weise kann man vorgehen, wenn man die vorgegebenen Werte entweder ganz oder stückweise durch eine ausgleichende Kurve (Ausgleichsrechnung Seite 163) beschreibt und dann analytisch differenziert.

4. Numerisches Integrieren

Läßt sich ein Integral nicht analytisch lösen oder liegt die zu integrierende Funktion nur als Wertetabelle oder als graphische Darstellung vor, dann müssen wir die ursprüngliche Definition des Integrals als Fläche zwischen Kurve und Abszisse zugrundelegen. Diese Fläche können wir auf verschiedene Weise bestimmen.

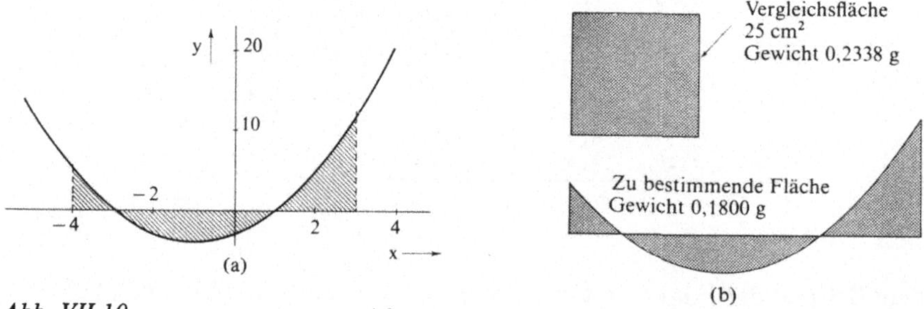

Abb. VII 10

Numerische Integration von $I = \displaystyle\int_{-4}^{+3} (x^2 + 2x - 3)\,dx$ nach der Wägemethode. Zu bestimmende Fläche $= 25\ \text{cm}^2 \cdot \dfrac{0{,}1800}{0{,}2338} = 19{,}2\ \text{cm}^2$. In x-Richtung entspricht 1 cm dem Wert $x = 0{,}5$, in y-Richtung entspricht 1 cm dem Wert 2,5, also 1 cm² dem Wert $0{,}5 \cdot 2{,}5 = 1{,}25$. Somit ist $I = 19{,}2 \cdot 1{,}25 = 24{,}0$. Dies stimmt mit dem in Übungsaufgabe III 4 berechneten Wert überein.

1. Wägemethode

Wir schneiden innerhalb des zu integrierenden Bereiches das Papier entlang dem Kurvenzug aus, wägen es und bestimmen durch Vergleich mit dem Gewicht von 1 cm^2 des gleichen Papiers die Fläche (Abb. 10).

2. Rechnerische Methoden

Wir unterteilen den Integrationsbereich wie in Abb. III 1 in Streifen der Breite Δx und berechnen die Flächen F_1 und F_2. F ist dann näherungsweise gegeben durch das arithmetische Mittel von F_1 und F_2. Nach (III 1) und (III 2) ist mit $y_i = y(x_i)$

$$F = \frac{1}{2} \Delta x \left[(y_0 + y_1 + \ldots + y_{n-1}) + (y_1 + y_2 + \ldots + y_n) \right]$$

$$= \frac{1}{2} \Delta x \left[(y_0 + y_n) + 2(y_1 + y_2 + \ldots + y_{n-1}) \right] \tag{13}$$

Wählt man an Stelle der Rechtecke in Abb. III 1 Trapeze, dann gilt nach Abb. 11 für die Summation der Trapeze ABDC, CDFE

$$F_1 = \Delta x \left[\frac{1}{2} (y_0 + y_1) + \frac{1}{2} (y_1 + y_2) + \ldots + \frac{1}{2} (y_{n-1} + y_n) \right] \tag{14}$$

und für die Summation der Trapeze AB'F'E

$$F_2 = 2 \Delta x \left[y_1 + y_3 + \ldots y_{n-1} \right] . \tag{15}$$

Diese Einteilung ist nur dann möglich, wenn die Streifenzahl n ein Vielfaches von 2 ist. Da die Trapeze ABDC dichter an der Kurve anliegen als die Trapeze AB'F'E, ist es sinnvoll, bei der Mittelung von F_1 und F_2 der Teilsumme F_1 ein größeres Gewicht zu geben; die folgende Mittelung hat sich als zweckmäßig erwiesen:

$$F = \frac{1}{3} (2F_1 + F_2)$$

$$= \frac{1}{3} \Delta x \left[(y_0 + 2y_1 + 2y_2 + \ldots + 2y_{n-1} + y_n) \right.$$

$$\left. + (2y_1 + 2y_3 + \ldots + 2y_{n-1}) \right]$$

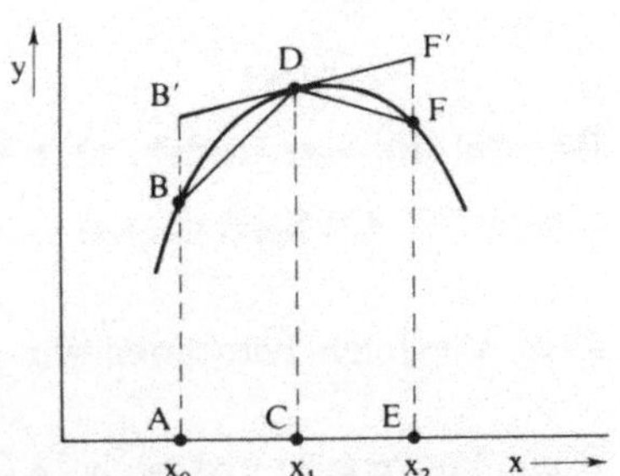

Abb. VII 11
Numerische Integration
nach der Simpsonformel

$$F = \frac{1}{3}\,\Delta x\,[(y_0 + y_n) + 2\,(y_2 + y_4 + \ldots + y_{n-2})$$
$$+ 4(y_1 + y_3 + \ldots + y_{n-1})]$$

(16)

Diese Beziehung nennt man *Simpsonsche Formel.*
Als Beispiel berechnen wir

$$F = \int_0^\infty e^{-x^2}\, dx$$

Der Integrationsbereich ist hier zwar unendlich groß, aber der Integrand ist bei $x = 3$ nur noch in der Größenordnung von 10^{-4}, so daß die Funktionswerte mit $x > 3$ zu F praktisch nichts mehr beitragen. Deshalb nähern wir F an, indem wir den Bereich von 0 bis 3 in 6 Streifen der Breite $\Delta x = 0,5$ einteilen.

Tab. VII 7: Wertetabelle der Funktion $y = e^{-x^2}$

n	x_n	y_n
0	0	1
1	0,5	0,779
2	1,0	0,368
3	1,5	0,105
4	2,0	0,018
5	2,5	0,002
6	3,0	0,000

Mit den Werten in Tab. 7 erhalten wir aus (13)

$$F \approx \frac{1}{2} \cdot 0,5 \cdot [1 + 2 \cdot 1,272] = 0,8860$$

und aus (16)

$$F = \frac{1}{3} \cdot 0,5 \cdot [1,0 + 2 \cdot 0,386 + 4 \cdot 0,886]$$

$$= 0,8860$$

Obwohl die Streifenzahl sehr klein gewählt wurde, stimmen diese Werte mit dem in (VI 42) berechneten Wert $F = \frac{1}{2}\sqrt{\pi} = 0,8862$ sehr gut überein.

Zum Vergleich berechnen wir $\int_0^3 e^{-x^2} \cdot dx$ nach der Potenzreihe (IV 19); diese Reihe konvergiert erst nach 28 Gliedern zu dem Wert 0,886 (Tab. 8).

Tab. VII 8: $\int_0^3 e^{-x^2}\, dx$ nach der Potenzreihe (IV 19); z_n = Summenglied mit

dem Index n, S_n = Summe nach Addition von z_n

n	z_n	S_n
1	3,000	3,000
3	-9,000	-6,000
5	24,300	18,300
7	-52,071	-33,771
9	91,125	57,354
11	-134,202	-76,849
13	170,334	93,485
15	-189,800	-96,315
17	188,405	92,089
19	-168,573	-76,483
21	137,266	60,783
23	-102,543	-41,760
25	70,755	28,995
27	-45,355	-16,361
29	27,146	10,786
31	-15,237	-4,451
33	8,051	3,600
35	-4,019	-0,419
37	1,901	1,482
39	-0,854	0,628
41	0,366	0,993
43	-0,149	0,844
45	0,058	0,902
47	-0,022	0,880
49	0,008	0,888
51	-0,003	0,886
53	0,001	0,886
55	-0,000	0,886
57	0,000	0,886
59	-0,000	0,886

Übungsaufgabe 2

Man berechne durch numerische Integration

$$F = \int_0^1 \sqrt{x}\, dx$$ und vergleiche mit dem analytisch erhaltenen Wert.

5. Numerisches Integrieren von Mehrfachintegralen

In Übungsaufgabe VI 6 (Seite 170) konnte das Integral

$$I = \int_{-\infty}^{+\infty} \int_{-\infty}^{+\infty} \int_{-\infty}^{+\infty} \left(\frac{z}{r_0}\right)^2 e^{-\frac{1}{r_0}\sqrt{x^2+y^2+z^2}}\, dx\ dy\ dz \tag{17}$$

auf analytischem Wege nicht unter Beibehaltung der kartesischen Koordinaten berechnet werden. Numerisch ist dies möglich über die Summendarstellung

$$I \approx \sum_{i=1}^{n} \sum_{j=1}^{n} \sum_{k=1}^{n} \left(\frac{z_k}{r_0}\right)^2 \, e^{-\frac{1}{r_0} \sqrt{x_i^2 + y_j^2 + z_k^2}} \, \Delta x \, \Delta y \, \Delta z \tag{18}$$

Wir substituieren zunächst

$$\frac{x_i}{r_0} = \bar{x}_i \qquad \frac{y_j}{r_0} = \bar{y}_j \qquad \frac{z_k}{r_0} = \bar{z}_k$$

und erhalten

$$I \approx r_0^3 \sum_{i=1}^{n} \sum_{j=1}^{n} \sum_{k=1}^{n} \bar{z}_k^2 \, e^{-\sqrt{\bar{x}_i^2 + \bar{y}_j^2 + \bar{z}_k^2}} \, \Delta \bar{x} \, \Delta \bar{y} \, \Delta \bar{z} \tag{18a}$$

Anschaulich bedeutet dies, daß wir den gesamten Raum in Quader der Kantenlänge $\Delta \bar{x}$, $\Delta \bar{y}$ und $\Delta \bar{z}$ unterteilen, jeweils die Koordinaten $\bar{x}_i$, $\bar{y}_j$ und $\bar{z}_k$ im Mittelpunkt eines Quaders mit den Laufzahlen i, j und k berechnen, zu diesen Koordinaten den Funktionswert bestimmen und alle erhaltenen Funktionswerte aufsummieren (Verallgemeinerung des in Abb. 12 dargestellten zweidimensionalen Falles). In unserem Fall ist der Integrand für $\bar{x}$, $\bar{y}$, $\bar{z} \geqslant 15$ so klein, daß

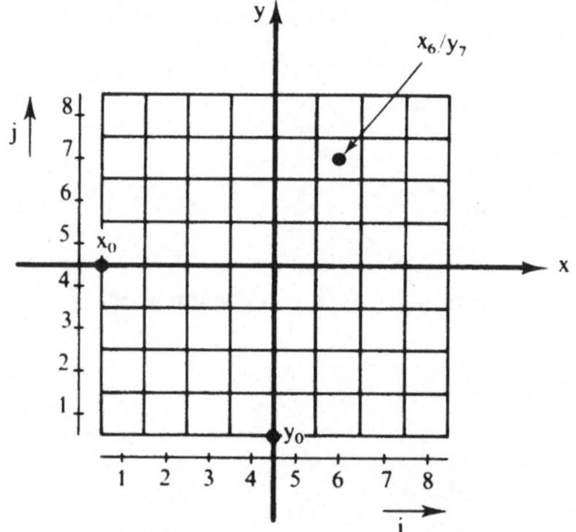

Abb. VII 12
Numerische Berechnung
eines Zweifachintegrals

$$\sum_{i=1}^{n} \sum_{j=1}^{n} f(x_i, y_j) \cdot \Delta x \cdot \Delta y$$

mit
$$x_i = x_0 + \left(i - \frac{1}{2}\right) \cdot \Delta x,$$
$$y_i = y_0 + \left(j - \frac{1}{2}\right) \cdot \Delta y$$

(Koordinaten an den
Mittelpunkten der
Rasterelemente)

Summenglieder, die größeren Werten von $\bar{x}$, $\bar{y}$, $\bar{z}$ entsprechen, praktisch vernachlässigt werden können; damit gelangen wir zu einer endlichen Anzahl von Summengliedern. Nach Abb. 12 setzen wir

$$\bar{x}_i = -15 + \left(i - \frac{1}{2}\right) \Delta \bar{x}$$

$$\bar{y}_j = -15 + \left(j - \frac{1}{2}\right)\Delta\bar{y} \qquad \Delta\bar{x} = \Delta\bar{y} = \Delta\bar{z} = \frac{30}{n}$$

$$\bar{z}_k = -15 + \left(k - \frac{1}{2}\right)\Delta\bar{z}$$

In Tab. 9 ist I für verschiedene Werte von n aufgeführt. Ab n = 32 ändert sich der Wert von I in der ersten Dezimalstelle nicht mehr; er stimmt mit dem in Übungsaufgabe VI 16 berechneten Wert $32 \cdot \pi \cdot r_0^3 = 100,5 \cdot r_0^3$ überein.

Tab. VII 9: Berechnung von (18a) für verschiedene Werte von n ($\bar{x}$, $\bar{y}$, $\bar{z}$ läuft von -15 bis $+15$) mit Angabe des erforderlichen Rechenaufwandes; aus Symmetriegründen würde es in diesem Fall genügen, Funktionswerte nur im positiven Oktanten des Koordinatensystems zu berechnen, so daß der Rechenaufwand auf $\frac{1}{8}$ reduziert würde.

n	$\dfrac{I}{r_0{}^3}$	Anzahl der Summenglieder	Rechenzeit an dem Großrechner TR4
1	0,0	1	—
2	3,5	8	—
4	73,8	64	0,2 s
8	103,5	512	1,5 s
16	100,7	4096	12 s
32	100,5	32768	90 s
64	100,5	262144	12 min

VIII. Lösungen der Übungsaufgaben

Abschnitt I

Übungsaufgabe 1

Bei Verdoppelung von x wird y jeweils viermal so groß, wir vermuten deshalb
eine Abhängigkeit der Form

$$y = \text{const.} \; x^2$$

Für x = 1 ist y = 1, also ccnst. = 1 und somit

$$y = x^2$$

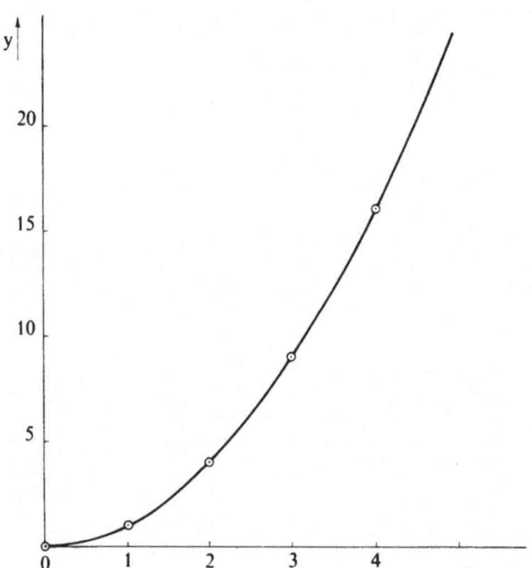

Abb. VIII 1
$$y = x^2$$

Übungsaufgabe 2

Zur Festlegung der Größen a und b in der Geradengleichung benötigen wir
2 Bestimmungsgleichungen; diese Gleichungen erhalten wir, indem wir 2 Punkte

aus der Kurve herausgreifen und deren Koordinaten in (6) einsetzen. Wir wählen die Schnittpunkte mit den Achsen:

$$x_1 = -2{,}5 \qquad y_1 = 0; \qquad x_2 = 0 \qquad y_2 = 1{,}0$$

$$0 = a - b \cdot 2{,}5 \qquad 1{,}0 = a + b \cdot 0$$

Auflösung nach a und b:

$$a = 1{,}0 \qquad b = \frac{1}{2{,}5} = 0{,}4$$

Also

$$y = 1{,}0 + 0{,}4 \ x$$

Übungsaufgabe 3

Zu Abb. I 4

Aus der ausgezogenen Geraden erhält man analog wie in Übungsaufgabe 2 a = 0,5 und b = 0,9. Die gestrichelte Gerade wäre ebenfalls noch mit den Meßwerten vertretbar; für sie wird erhalten a = 0,65, b = 0,85. Diese Werte weichen von den ersten Werten um 30 % bzw. 6 % ab. Diese Abweichungen kann man größenordnungsmäßig mit den Ungenauigkeiten der Ausgleichung identifizieren; eine genauere Betrachtung wird auf Seite 163 gegeben.

Zu Abb. I 5

$$U = 7{,}2 \ V \pm 0{,}5 \ V$$

Übungsaufgabe 4

$$y_3 = 2 + 3x - 2 = 3x$$

$$y_4 = 2 \ (2 + 3x) = 4 + 6x$$

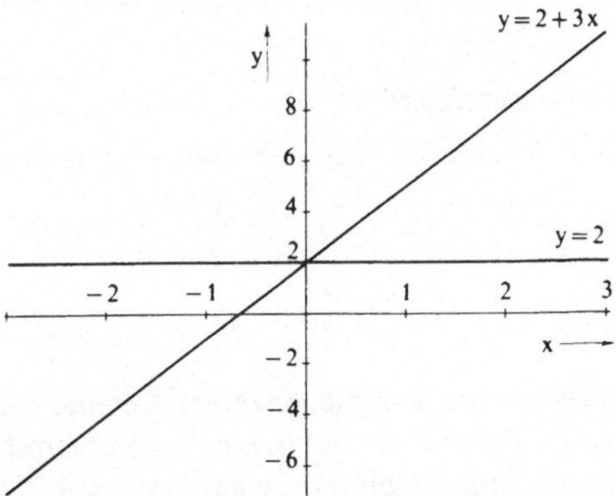

Abb. VIII 2
y = 2 und y = 2 + 3x

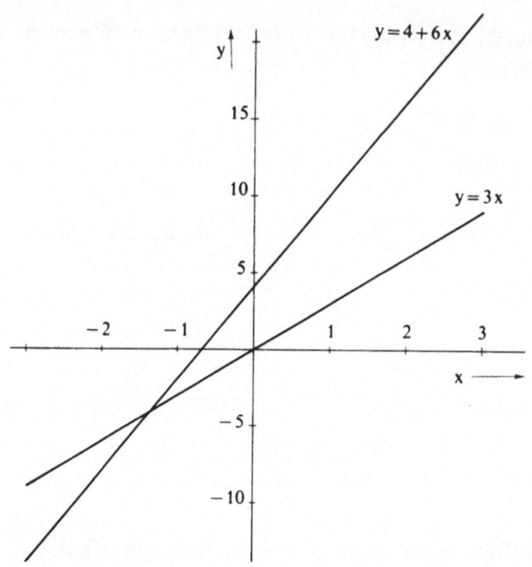

Abb. VIII 3
y = 3x und y = 4 + 6x

Übungsaufgabe 5

An den gesuchten Punkten haben beide Funktionen die gleichen Werte x_1, y_1 bzw. x_2, y_2, also

$$2x_1^2 = x_1 \qquad x_1 = \frac{1}{2} \qquad y_1 = \frac{1}{2}$$

bzw.

$$2x_2^2 = 2x_2 \qquad x_2 = 1 \qquad y_2 = 2$$

Die Schnittpunkte liegen also an den Stellen

$$x_1 = \frac{1}{2}, \qquad y_1 = \frac{1}{2} \text{ bzw. } x_2 = 1 \qquad y_2 = 2$$

Übungsaufgabe 6

Wir formen die Funktionsgleichung so um, daß auf der rechten Seite ein Ausdruck der Form $(a + x)^2$ steht

$$y_3 = \qquad\qquad x^2 + \quad x - 2$$
$$y = (x + a)^2 = x^2 + 2ax + a^2$$

Vergleichen wir die einzelnen Glieder in diesem Ausdruck mit den entsprechenden Gliedern in der vorgegebenen Funktionsgleichung, dann können beide Ausdrücke nur gleich sein, wenn

$$2ax = x, \quad \text{also } a = \frac{1}{2}$$

ist. Das konstante Glied müßte dann gleich $a^2 = \frac{1}{4}$ sein; tatsächlich ist es aber gleich -2. Deshalb addieren wir auf beiden Seiten $\frac{9}{4}$ und erhalten

$$y = y_3 + \frac{9}{4} = x^2 + x + \frac{1}{4} = \left(x + \frac{1}{2}\right)^2$$

$$y_3 = -\frac{9}{4} + \left(x + \frac{1}{2}\right)^2$$

Der tiefste Punkt der Kurve entspricht dem kleinsten Wert der Funktion y_3 bzw. dem kleinsten Wert des Klammerausdruckes. Da es sich um ein Quadrat handelt, ist sein kleinster Wert gleich Null. Also

$$x_1 = -\frac{1}{2} \qquad y_1 = -\frac{9}{4}$$

Übungsaufgabe 7

Im Bereich	$0 \leqslant x \leqslant x_1$	gilt $y = 3 - x$
Im Bereich	$x_1 \leqslant x \leqslant 2x_1$	gilt $y = -3 + (x - x_1)$
Im Bereich	$2x_1 \leqslant x \leqslant 3x_1$	gilt $y = 3 - (x - 2x_1)$

also allgemein

$$y = 3 - (x - n\,x_1) \quad \text{für} \quad n = 0, 2, 4 \ldots$$

$$y = -3 + (x - n\,x_1) \quad \text{für} \quad n = 1, 3, 5 \ldots$$

jeweils im Bereich $n \cdot x_1 \leqslant x \leqslant (n + 1) \cdot x_1$ mit $x_1 = 6$. Man sieht, daß die analytische Darstellung dieser Funktion viel umständlicher ist als bei den vorher behandelten Beispielen, weil sich die Funktion nur stückweise darstellen läßt; eine andere Darstellung wird auf Seite 131 besprochen. Die Funktion, die durch Quadrieren entsteht, ist entsprechend aus Parabelstücken zusammengesetzt (Abb. L 4).

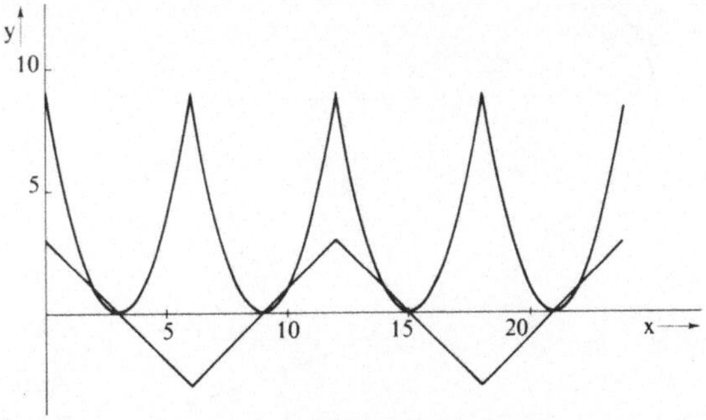

Abb. VIII 4
Dreiecksfunktion aus
Abb. I 9 sowie
das Quadrat
dieser Funktion

Übungsaufgabe 8

Wir benötigen dazu eine Wertetabelle, die für verschiedene Werte von x den Ausdruck $x^{1/2}$ liefert; diese Tabelle können wir im Prinzip nach dem angegebenen Probierverfahren erhalten. Wir können die Wertetabelle aber einfacher aufstellen, wenn wir berücksichtigen, daß $y = x^{1/2}$ identisch ist mit $y^2 = x$. Wir gehen von einer Reihe von y-Werten aus und berechnen gemäß $x = y^2$ die zugehörigen x-Werte; schließlich tragen wir y in Abhängigkeit von x auf (Tab. 1, Abb. 5).

Tab. VIII 1: Berechnung von $y = x^{1/2}$

y	$x = y^2$
0	0
1,0	1,00
1,5	2,25
2,0	4,00
2,5	6,25
3,0	9,00
3,5	12,25
4,0	16,00

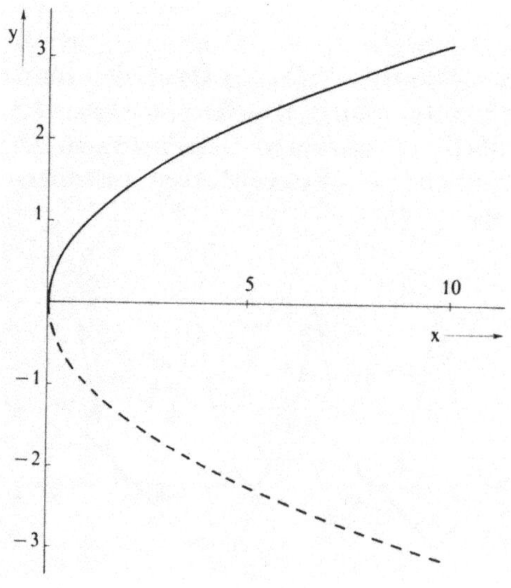

Abb. VIII 5
$y = \pm\sqrt{x}$

Wir sehen, daß die Funktion nur für positive Werte von x definiert ist, da x mit dem Quadrat einer anderen Zahl identisch ist, also nur positiv sein kann. Andererseits ist die Bedingung $y^2 = x$ auch für negative Werte von y erfüllt, so daß zu jedem Kurvenpunkt mit einem positiven y-Wert ein entsprechender Punkt mit negativem y-Wert gehört (gestrichelte Kurve in Abb. 5). Die Funktion $y = x^{1/2}$ ist also nicht eindeutig, sondern zweideutig mit Ausnahme der Stelle $x = 0$.

Übungsaufgabe 9

Nach Seite 21 ist $\sqrt{2} = 2^{1/2} = 1,414\ldots$; $\sqrt{2}$ ist also größer als 1,40 und kleiner als 1,42. Wir rechnen zunächst mit 1,40; wir schreiben diese Zahl als Bruch aus zwei natürlichen Zahlen

$$1,40 = \frac{140}{100} = \frac{7}{5}$$

Somit muß gelten

$$y^5 = 2^7 = 128$$

Nach der beschriebenen Probiermethode finden wir

$$y = 2,64$$

Dies ist eine untere Grenze für den gesuchten Ausdruck. Entsprechend finden wir für die obere Grenze

$$y^{50} = 2^{71} \quad \text{und daraus} \quad y = 2,68$$

$2^{\sqrt{2}}$ liegt also zwischen 2,64 und 2,68.
Eine bequemere Methode wird in Übungsaufgabe 12 angewandt.

Übungsaufgabe 10

Man könnte im Prinzip so vorgehen, daß man sich eine Reihe von Punkten herausgreift und die Beziehung (22) im einzelnen nachprüft. Ein besseres Verfahren besteht darin, daß man durch geschicktes Umformen der Funktionsgleichung zu einer neuen Funktion gelangt, die durch eine Gerade darstellbar ist; ob die gezeichnete Kurve tatsächlich eine Gerade ist, kann leicht durch Anlegen eines Lineals entschieden werden. In unserem Beispiel können wir so verfahren, daß wir V als Funktion von $\frac{1}{p}$ auffassen; tragen wir V in Abhängigkeit von $\frac{1}{p}$ auf, dann erwarten wir eine Gerade, die durch den Nullpunkt geht und die Steigung C besitzt. Dazu entnehmen wir der Abb. I 12 einzelne Wertepaare (p, V), rechnen die Drücke p in 1/p um (Tab. 2) und stellen die damit neu erhaltenen Wertepaare (1/p, V) graphisch dar (Abb. 6).

Tab. VIII 2: Wertetabelle für die Funktion $V = f\left(\dfrac{1}{p}\right)$; die einzelnen Wertepaare sind der Abb. I 12 entnommen (Seite 22).

$\dfrac{p}{atm}$	$\dfrac{1/p}{atm^{-1}}$	$\dfrac{V}{l}$
2,0	0,500	12,0
3,0	0,333	8,15
4,0	0,250	6,10
5,0	0,200	4,90
6,0	0,167	4,10
7,0	0,143	3,50
8,0	0,125	3,10
9,0	0,111	2,75
11,0	0,091	2,25
13,0	0,077	1,90
19,0	0,053	1,30

Der Abb. 6 entnehmen wir, daß die Punkte tatsächlich durch eine Gerade ausgeglichen werden können; aus der Steigung erhalten wir

$$C = \frac{7,25\,l}{0,30\,atm^{-1}} = 24,2\,l\ atm$$

Nach (2) sollte $C = \nu \cdot R \cdot T$ sein, nach den Angaben unter Abb. 12 also $C =$ 1 $mol \cdot 0,08205\,l \cdot atm \cdot mol^{-1} \cdot Grad^{-1} \cdot 298\ Grad = 24,45\,l \cdot atm$; die Abweichung ist 1 %, also innerhalb der Zeichengenauigkeit.

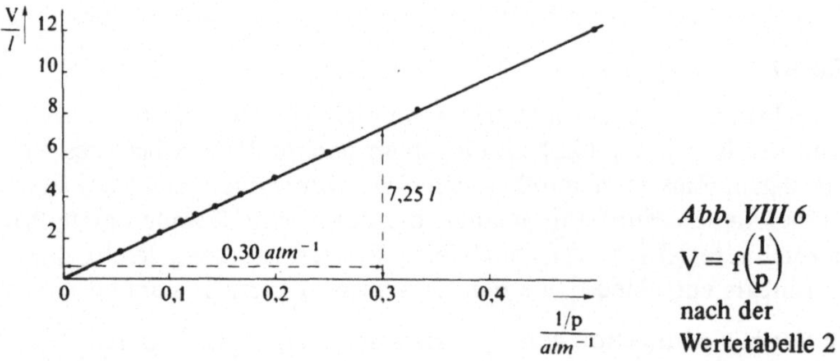

Abb. VIII 6

$V = f\left(\dfrac{1}{p}\right)$

nach der
Wertetabelle 2

Übungsaufgabe 11

Wir zeichnen zunächst die graphische Darstellung der Teilfunktionen x, x^2 und e^{-x} und versuchen, graphisch die Produktfunktion zu erhalten. Für x = 0 ist $e^{-x} = 1$, und die Produktfunktionen sind Null; für x = 1 hat y denselben Wert

wie die Exponentialfunktion; für $x = 6$ ist $e^{-x} \approx 0{,}005$, also sehr viel kleiner als
x bzw. x^2, so daß wir vermuten, daß y für sehr große Werte von x gegen Null
strebt (dies werden wir in Übungsaufgabe II 15 noch beweisen). Da y immer
positiv sein muß, erwarten wir, daß die Kurve an einer bestimmten Stelle einen
Maximalwert aufweist (wir werden in Übungsaufgabe II 16 beweisen, daß nur
ein einziges Maximum auftritt, und wir werden ausrechnen, an welcher Stelle
dieses Maximum liegt). Die graphischen Darstellungen sind in den Abb. 7 und 8
gegeben.

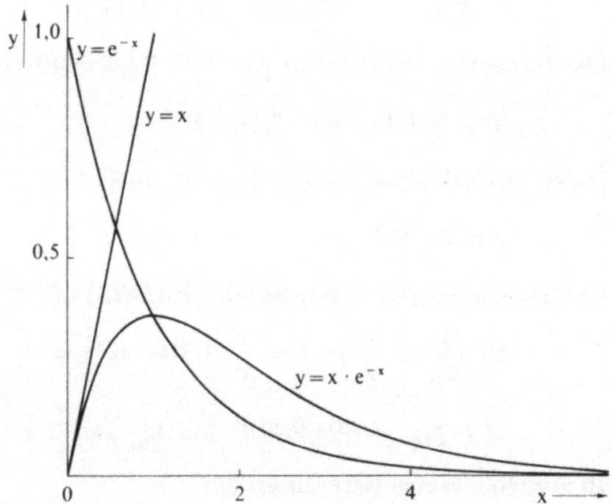

Abb. VIII 7
$y = x, y = e^{-x}$
und $y = x \cdot e^{-x}$

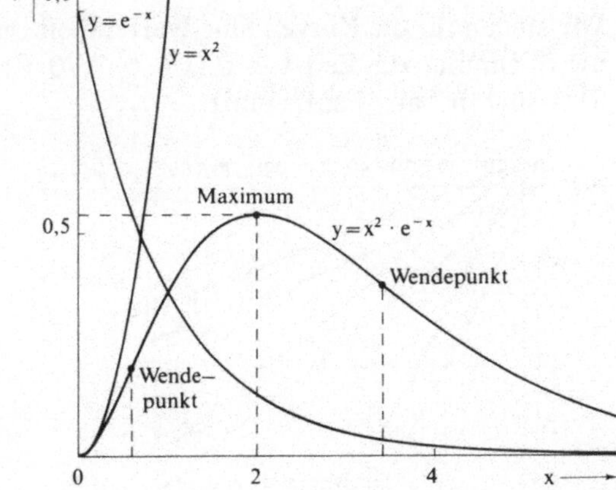

Abb. VIII 8
$y = x^2, y = e^{-x}$
und $y = x^2 \cdot e^{-x}$
Maximum und Wende-
punkte siehe Übungs-
aufgabe II 16

Übungsaufgabe 12

$$\ln e = y \longleftrightarrow e = e^y$$

Diese Beziehung ist nur erfüllt für $y = 1$, also ist $\ln e = 1$. Entsprechend gilt

$$\lg 10 = y \longleftrightarrow 10 = 10^y$$

also $\lg 10 = 1$. Diese Beziehungen können wir verallgemeinern:

$$^a\log a = y \longleftrightarrow a = a^y, \text{ also: } ^a\log a = 1.$$

Die Exponentialfunktion $y = 10^x$ logarithmieren wir:

$$\ln y = x \ln 10 = 2,303\ x$$

Diese Schreibweise ist gleichwertig mit

$$y = e^{2,303x}$$

Entsprechend gehen wir bei der Funktion $N = N_0 \cdot 2^{\frac{t}{\tau}}$ vor:

$$\ln \frac{N}{N_0} = \frac{t}{\tau} \ln 2 = \frac{t}{\tau}\ 2,303\ \lg 2 = \frac{t}{\tau}\ 2,303 \cdot 0,3010$$

$$N = N_0\ e^{2,303 \cdot 0,3010 \cdot \frac{t}{\tau}} = N_0\ e^{0,693\ \frac{t}{\tau}}$$

In gleicher Weise berechnen wir

$$y = 2^{\sqrt{2}} = 2^{1,414\ldots}$$

$$\lg y \approx 1,414\ \lg 2 = 1,414 \cdot 0,3010 = 0,426$$

$$y = 10^{0,426} = 2,67$$

Übungsaufgabe 13

Wir stellen für die Kurven eine Wertetabelle auf und berechnen $\lg(U/U_0)$; U_0 ist die Spannung zur Zeit $t = 0$ ($U_0 = 7,70\ V$). Die Werte für die Kurve mit $R = 5k\Omega$ sind in Tab. 3 aufgeführt.

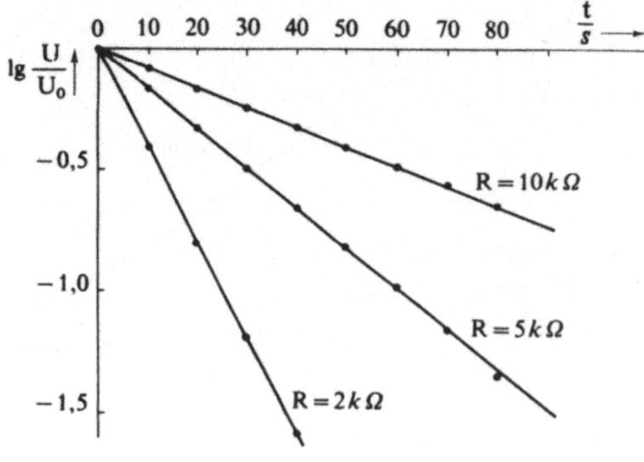

Abb. VIII 9

$$\lg \frac{U}{U_0} = f(t)$$

nach der Wertetabelle 3

Tab. VIII 3

$\dfrac{t}{s}$	$\dfrac{U}{Volt}$	$\dfrac{U}{U_0}$	$\lg \dfrac{U}{U_0}$
0	7,70	1,00	$0,000 = 0,00$
10	5,23	0,679	$0,832-1 = -0,168$
20	3,60	0,467	$0,669-1 = -0,331$
30	2,49	0,323	$0,507-1 = -0,491$
40	1,72	0,223	$0,348-1 = -0,652$
50	1,18	0,153	$0,105-1 = -0,815$
60	0,80	0,104	$0,017-1 = -0,983$
70	0,54	0,070	$0,845-2 = -1,155$
80	0,35	0,045	$0,653-2 = -1,347$

Wir tragen $y = \lg \dfrac{U}{U_0}$ in Abhängigkeit von t auf (Abb. 9); entsprechend gehen gehen wir in den Fällen $R = 2\,k\Omega$ und $R = 10\,k\Omega$ vor.

Wir erhalten tatsächlich Geraden; wir lesen aus dem Diagramm die Steigungen ab und erhalten $R \cdot C$ nach (37) zu

$$R\,C = -\frac{1}{2{,}303\,b}$$

Tab. VIII 4:

Kurve	$\dfrac{b}{s^{-1}}$	$\dfrac{R\,C}{s}$	$\dfrac{C}{\mu F}$	
$R = 10\,k\Omega$	$-0,00725$	59,9	5990	
$R = 5\,k\Omega$	$-0,0147$	29,5	5900	Mittelwert 5700 μF
$R = 2\,k\Omega$	$-0,0410$	10,6	5300	

C ergibt sich, wenn $R \cdot C$ durch die angegebenen Widerstände R geteilt wird; die Einheit $\Omega/s = V/(A \cdot s)$ bezeichnet man als *Farad* (Abkürzung *F*); $1\ \mu F = 10^{-6}\ F$.

Übungsaufgabe 14

Durch Logarithmieren erhalten wir

$$\lg \frac{V}{V_0} = -\frac{1}{2{,}303}\,(p - p_0)$$

Aus der Kurve in Abb. 12 lesen wir ab: $p_0 = 2$ *atm*, $V_0 = 12,0$ *l*.

Wir tragen wie in Übungsaufgabe 13 $\lg \dfrac{V}{V_0}$ in Abhängigkeit von $(p - p_0)$ auf (Tab. 5, Abb. 10).

Tab. VIII 5:

$\dfrac{p}{atm}$	$\dfrac{p - p_0}{atm}$	$\dfrac{V}{l}$	$\dfrac{V}{V_0}$
2,0	5,0	12,0	1,00
3,0	1,0	8,15	0,671
4,0	2,0	6,10	0,508
5,0	3,0	4,90	0,408
6,0	4,0	4,10	0,342
7,0	5,0	3,50	0,292
8,0	6,0	3,10	0,258
9,0	7,0	2,75	0,229
11,0	9,0	2,25	0,187
13,0	11,0	1,90	0,158
19,0	17,0	1,30	0,108

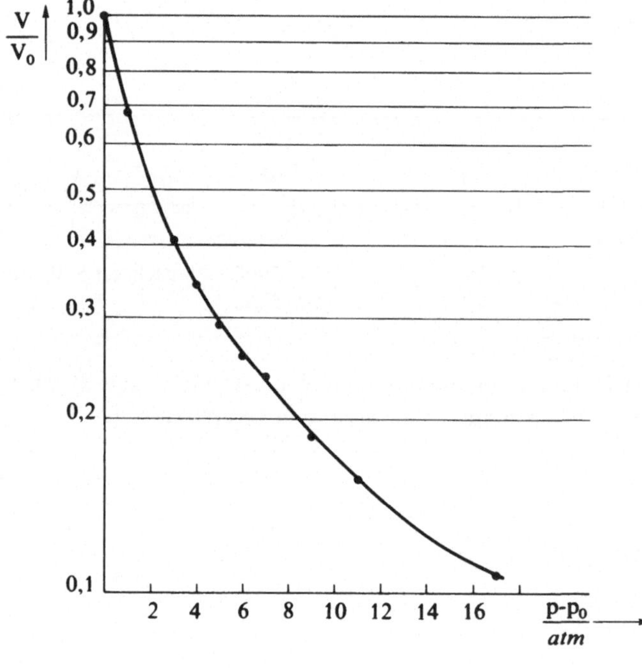

Abb. VIII 10

$$\lg \frac{V}{V_0} = f(p - p_0)$$

nach der Wertetabelle 5 (auf logarithmischem Papier aufgetragen)

Bei der Auftragung wird im Gegensatz zu Abb. 6 keine Gerade, sondern eine stark gekrümmte Kurve erhalten. Dies ist ein Beweis dafür, daß die Kurve in Abb. I 12 nicht durch eine Exponentialfunktion dargestellt werden kann.

Übungsaufgabe 15

Tab. VIII 6:

$\dfrac{c}{mol/l}$	$\lg \dfrac{c}{mol/l}$	pH
2,0	0,3010	− 0,30
1,0	0,0000	0,00
0,1	0,0000 − 1,0	+ 1,00
0,05	0,699 − 2,0	+ 1,30
0,005	0,699 − 3,0	+ 2,30

$$-\lg \frac{c}{mol/l} = 6{,}5$$

$$\frac{c}{mol/l} = 10^{-6{,}5} = 10^{0{,}5} \; 10^{-7} = 3{,}16 \; 10^{-7}$$

$$c = 3{,}16 \; 10^{-7} \; mol/l$$

Übungsaufgabe 16

Der Abstand zweier aufeinanderfolgender Maxima beträgt 4,0 *Skt* = 20 *ms*, also ist T = 20 *ms*; $v = \dfrac{1}{T} = 50$ s^{-1} und $\omega = 2\,\pi \cdot v = 314\,s^{-1}$. Die Höhe der Maxima ist 2,9 *Skt* = 2,9 *V*; somit ist $U_0 = 2{,}9\ V$.

Übungsaufgabe 17

Es ist nach (42), (43) und (44)

$$v = \frac{1}{2\pi} \sqrt{\frac{k}{m}}$$

bzw.

$$k = m\ 4\pi^2\ v^2$$

Die Masse des H-Atoms ist

$$m = 1{,}67 \; 10^{-24}\ g = 1{,}67 \; 10^{-24}\ dyn\ cm^{-1} s^2$$

Also

$$k = 1{,}67 \ 10^{-24} \ dyn \ cm^{-1} \ s^2 \ 4\pi^2 \ (8{,}65)^2 \ 10^{26} \ s^{-2}$$
$$= 4{,}93 \ 10^5 \ dyn \ cm^{-1}$$

Übungsaufgabe 18

Wir betrachten zuerst die Nullstellen der Funktionen; es ist A = 0 für $\dfrac{n \cdot \pi}{L} x = 0$,

$\pi, 2\pi, 3\pi \ldots$, also für $x = 0, \dfrac{L}{n}, \dfrac{2L}{n}, \dfrac{3L}{n} \ldots$

Entsprechend gilt für die Stellen, an denen die Funktionswerte maximal bzw. minimal werden (d.h. $A = A_0$ bzw. $A = -A_0$),

$$\frac{n\,\pi}{L} x = \frac{\pi}{2} , \frac{5}{2} \pi, \frac{9}{2} \pi \ldots \text{bzw.} \ \frac{3}{2} \pi, \frac{7}{2} \pi, \frac{11}{2} \pi \ldots$$

$$x = \frac{L}{2n}, \frac{5L}{2n} , \frac{9L}{2n} \ldots \text{bzw.} \ \frac{3L}{2n} , \frac{7L}{2n} , \frac{11L}{2n}$$

Für die einzelnen Werte von n erhalten wir somit (Tab. 7):

Tab. VIII 7:

n	A = 0	A = A_0	A = − A_0
	an den Stellen x =		
1	$0, L$	$\dfrac{L}{2}$	—
2	$0, \dfrac{L}{2}, L$	$\dfrac{L}{4}$	$\dfrac{3}{4} L$
3	$0, \dfrac{L}{3}, \dfrac{2}{3} L, L$	$\dfrac{L}{6}, \dfrac{5}{6} L$	$\dfrac{L}{2}$
4	$0, \dfrac{L}{4}, \dfrac{L}{2}, \dfrac{3}{4} L, L$	$\dfrac{L}{8}, \dfrac{5}{8} L$	$\dfrac{3}{8} L, \dfrac{7}{8} L$

Damit können wir die Funktionen graphisch darstellen (Abb. 11)

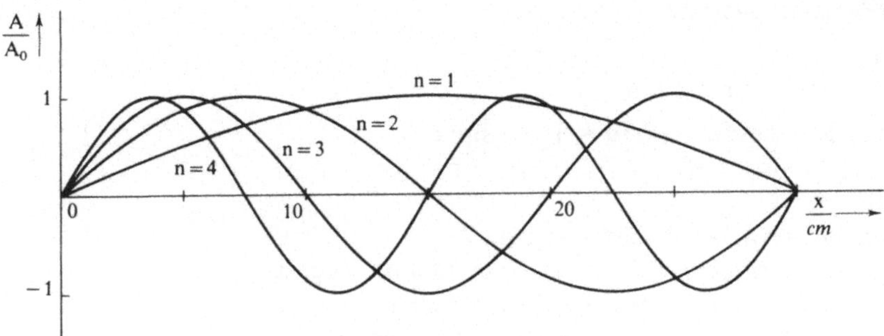

Abb. VIII 11

$$A = A_0 \cdot \sin \frac{n\pi}{L} x \quad n = 1, 2, 3, 4 \quad L = 30\ \text{cm}$$

Übungsaufgabe 19

Die Beziehungen a und b ergeben sich direkt aus Abb. 12.
c, d: Setzen wir in (47) $-$ x an Stelle von x ein, dann gilt

$$\cos(-x) = \sin\left(\frac{\pi}{2} + x\right) = \cos x$$

$$\sin(-x) = \cos\left(\frac{\pi}{2} + x\right) = -\sin x$$

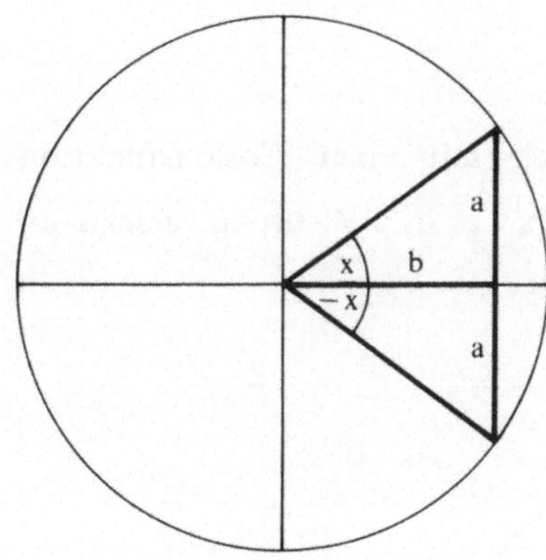

Abb. VIII 12
Hilfskonstruktion zur Beziehung
$\sin x = -\sin(-x)$

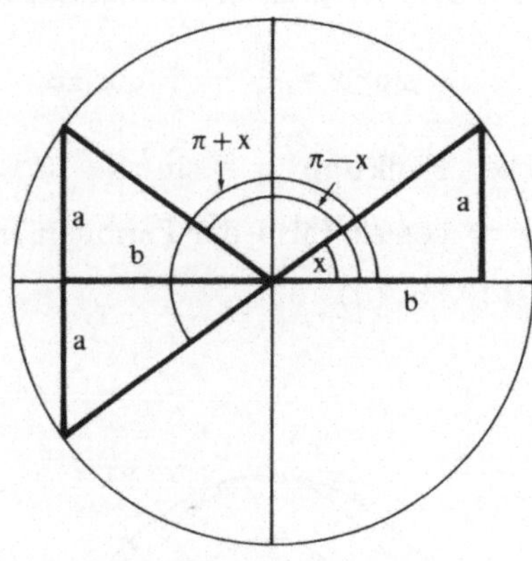

Abb. VIII 13
Hilfskonstruktion zur Beziehung
$\cos x = \cos(-x)$, $\cos(\pi + x) = -\cos x$,
$\cos(\pi - x) = -\cos x$

Die beiden letzten Beziehungen folgen direkt aus Abb. 13

Übungsaufgabe 20

$\alpha = \gamma$

$\sin 2\alpha = 2 \sin \alpha \cos \alpha$

$\cos 2\alpha = \cos^2\alpha - \sin^2\alpha = 1 - 2 \sin^2\alpha$

$2\alpha = \gamma$

$$\begin{aligned}
\sin 3\alpha &= \sin \alpha \cos 2\alpha + \cos \alpha \sin 2\alpha \\
&= \sin \alpha (1 - 2 \sin^2\alpha) + \cos \alpha (2 \sin \alpha \cos \alpha) \\
&= \sin \alpha - 2 \sin^3\alpha + 2 \sin \alpha \cos^2\alpha \\
&= \sin \alpha - 2 \sin^3\alpha + 2 \sin \alpha (1 - \sin^2\alpha) \\
&= \sin \alpha - 2 \sin^3\alpha + 2 \sin \alpha - 2 \sin^3\alpha \\
&= 3 \sin \alpha - 4 \sin^3\alpha
\end{aligned}$$

$$\begin{aligned}
\cos 3\alpha &= \cos \alpha \cos 2\alpha - \sin \alpha \sin 2\alpha \\
&= \cos \alpha (1 - 2 \sin^2\alpha) - \sin \alpha (2 \sin \alpha \cos \alpha) \\
&= \cos \alpha - 2 \cos \alpha \sin^2\alpha - 2 \sin^2\alpha \cos \alpha \\
&= \cos \alpha - 4 \cos \alpha (1 - \cos^2\alpha) \\
&= \cos \alpha - 4 \cos \alpha + 4 \cos^3\alpha \\
&= - 3 \cos \alpha + 4 \cos^3\alpha
\end{aligned}$$

Übungsaufgabe 21

Aus dem Resultat in Übungsaufgabe 20 ($\alpha = \gamma$) folgt

$$\sin^2\alpha = \frac{1}{2} - \frac{1}{2} \cos 2\alpha$$

Die Funktion $y = \sin^2 x$ ist also identisch mit einer Cosinusfunktion $-\frac{1}{2} \cos 2x$ (also der Periodenlänge π), die um $\frac{1}{2}$ in y-Richtung verschoben ist (Abb. 14)

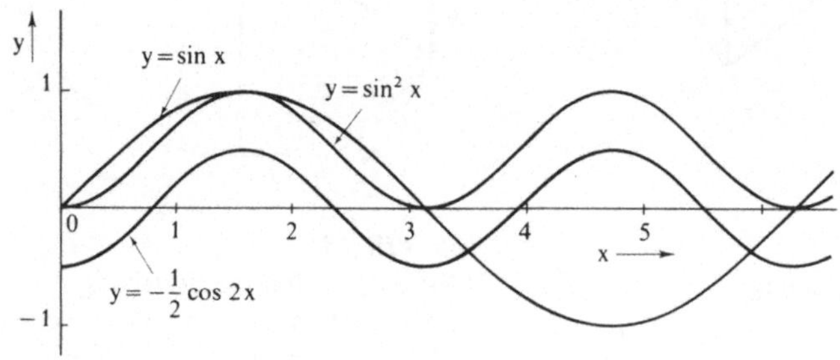

Abb. VIII 14

$y = \sin x$, $y = \sin^2 x$ und $y = -\frac{1}{2} \cos 2x$

Übungsaufgabe 22

Aus (56e) folgt für $\delta = \epsilon = x$

$$\sin x + \cos x = 2 \sin\left(\frac{\pi}{4}\right) \cos\left(-\frac{\pi}{4} + x\right)$$

$$= 2 \frac{1}{2} \sqrt{2} \cos\left(x - \frac{\pi}{4}\right) = \sqrt{2} \cos\left(x - \frac{\pi}{4}\right)$$

Dies ist eine Cosinusfunktion mit der Periodenlänge 2π und der Amplitude $\sqrt{2}$; diese Funktion ist gegenüber der Funktion $y = \sqrt{2} \cdot \cos x$ um $\frac{\pi}{4}$ nach rechts verschoben (Abb. 15)

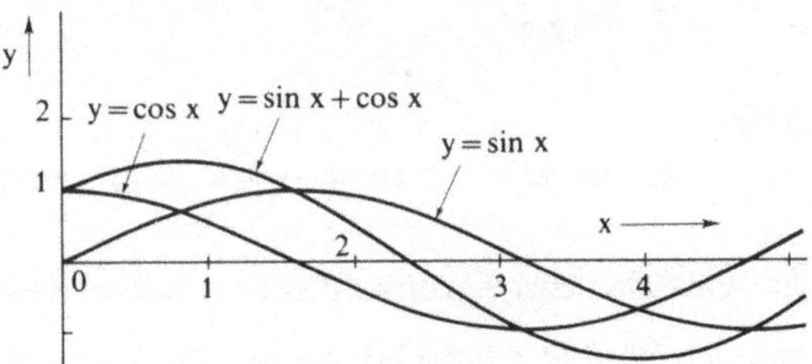

Abb. VIII 15
$y = \sin x$, $\quad y = \cos x \quad$ und $\quad y = \sin x + \cos x = 2 \cdot \cos\left(x - \frac{\pi}{4}\right)$

Nach Übungsaufgabe 20 ist

$$\sin x \cdot \cos x = \frac{1}{2} \sin 2 x$$

Es handelt sich also um eine Sinusfunktion mit der Periodenlänge π und der Amplitude $\frac{1}{2}$ (Abb. 16).

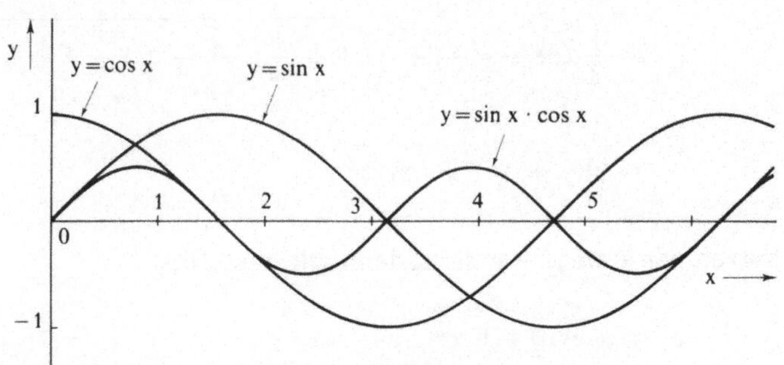

Abb. VIII 16
$y = \sin x$, $\quad y = \cos x \quad$ und $\quad y = \sin x \cdot \cos x = \frac{1}{2} \sin 2 x$

Übungsaufgabe 23

Aus (54c) folgt nach Multiplikation mit einer Konstanten c

$$c \cdot \sin \gamma \cdot \sin \alpha + c \cdot \cos \gamma \cdot \cos \alpha = c \cdot \cos(\alpha - \gamma)$$

Setzen wir

$$c \cdot \sin \gamma = a \qquad c \cdot \cos \gamma = b$$

dann folgt

$$a^2 + b^2 = c^2 (\sin^2 \gamma + \cos^2 \gamma) = c^2$$

$$\frac{a}{b} = \operatorname{tg} \gamma$$

Also

$$a \cdot \sin \alpha + b \cdot \cos \alpha = \sqrt{a^2 + b^2} \cdot \cos(\alpha - \gamma)$$

Es wird also eine Cosinusfunktion mit derselben Periodenlänge erhalten, welche um den Winkel γ verschoben ist; für γ gilt nach (59a) $\gamma = \operatorname{arc} \operatorname{tg} \dfrac{a}{b}$.

Übungsaufgabe 24

Es gilt die Identität

$$e^y = \left(\frac{1}{2} e^y - \frac{1}{2} e^{-y} \right) + \left(\frac{1}{2} e^y + \frac{1}{2} e^{-y} \right)$$

$$= \left(\frac{1}{2} e^y - \frac{1}{2} e^{-y} \right) + \sqrt{ \frac{1}{4} e^{2y} + \frac{1}{2} e^y e^{-y} + \frac{1}{4} e^{-2y} }$$

$$= \frac{1}{2} (e^y - e^{-y}) + \sqrt{ 1 + \frac{1}{4} (e^{2y} - 2 e^y e^{-y} + e^{-2y}) }$$

$$= \operatorname{shy} + \sqrt{1 + (\operatorname{shy})^2}$$

Setzen wir jetzt $y = \operatorname{ar} \operatorname{sh} x$, dann gilt nach (63)

$$e^y = x + \sqrt{1 + x^2}$$

$$y = \ln \left(x + \sqrt{1 + x^2} \right)$$

Kurvenverlauf

Wir diskutieren zunächst den Kurvenverlauf der Funktion $z = x + \sqrt{1 + x^2}$

$$x = 0 : z = 1$$

$$x \to +\infty \ : z \to +\infty$$

$$x \to -\infty \ : z \to 0$$

$$x \ \text{sehr groß}, \ x \ \text{positiv} : z \approx 2x$$

$$x \ \text{sehr groß}, \ x \ \text{negativ}: z \approx 0$$

Aus der graphischen Darstellung (Abb. 17) bilden wir direkt $y = \ln z$.

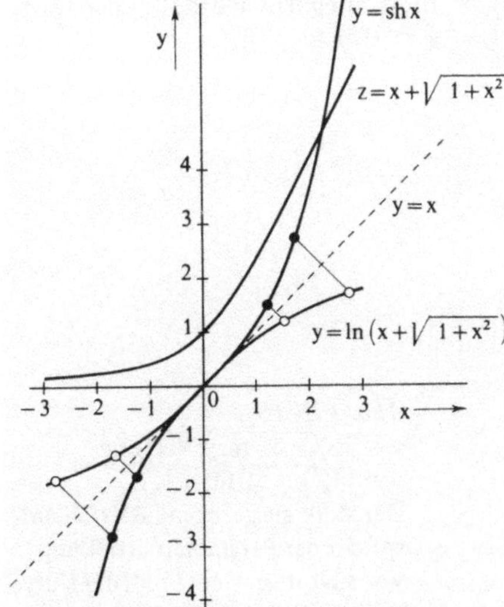

Abb. VIII 17
$y = \text{sh}\,x$, $y = x + \sqrt{1 + x^2}$ und
$y = \ln(x + \sqrt{1 + x^2})$
Kreise und gestrichelte Linie siehe
Übungsaufgabe 25.

Übungsaufgabe 25

Wir errichten in Abb. 17 auf der Winkelhalbierenden ($y = x$) an verschiedenen Stellen eine Senkrechte und prüfen nach, ob die Winkelhalbierende genau in der Mitte der Schnittpunkte mit den beiden Kurven (Kreise in Abb. 17) liegt.

Übungsaufgabe 26

Nach der Definition der Umkehrfunktionen gehören hierzu alle Funktionen, für die die Winkelhalbierende des Koordinatensystems eine Symmetrieebene darstellt, z.B.

$$y = x, \qquad y = \frac{1}{x}, \qquad y = \pm\sqrt{1 - x^2}$$

Übungsaufgabe 27

Wir bilden

$$y^2 + x = \sin^2 \omega t + \cos^2 \omega t = 1$$

$$y = \pm \sqrt{1 - x}$$

Diese Funktion ist nur für $x \leqslant 1$ definiert.

$$x = 0 \qquad y = \pm 1$$

$$x \text{ groß:} \quad y \approx \pm \sqrt{-x}$$

$$x \to -\infty \quad y \to \pm \infty$$

Nach der Parameterdarstellung kann aber x nicht negativ werden, also entspricht dieser Darstellung nur der Bereich $0 \leqslant x \leqslant 1$ (Abb. 18).

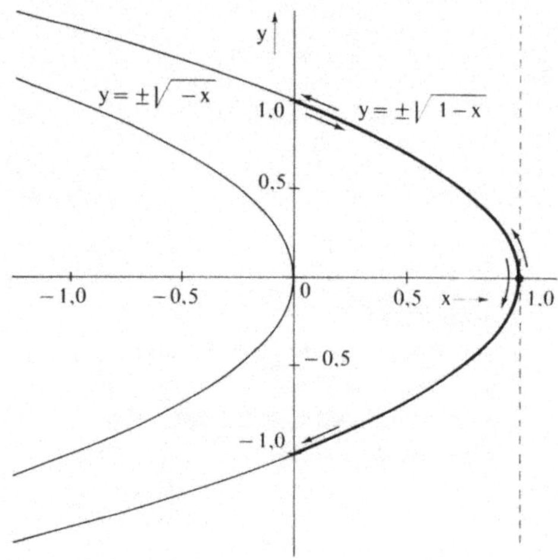

Abb. VIII 18
$y = \pm \sqrt{-x}$ für $x \leqslant 0$ und
$y = \pm \sqrt{1 - x}$ für $x \leqslant 1$
Der stark ausgezogene Bereich entspricht der Parameterdarstellung
$y = \sin \omega t$, $x = \cos^2 \omega t$ (die Kurve wird in Richtung der Pfeile durchlaufen, beginnend am Punkt $x = 1$, $y = 0$)

Übungsaufgabe 28

Wir setzen in (70b) für α die angegebenen Werte ein (Tab. 8).

Tab. VIII 8:

α	$\cos \alpha$	$\sin \alpha$	ξ	η
$30°$	$\frac{1}{2}\sqrt{3}$	$\frac{1}{2}$	$\sqrt{3}+\frac{3}{2}$	$\frac{3}{2}\sqrt{3}-1$
$60°$	$\frac{1}{2}$	$\frac{1}{2}\sqrt{3}$	$1+\frac{3}{2}\sqrt{3}$	$\frac{3}{2}-\sqrt{3}$
$90°$	0	1	3	-2
$120°$	$-\frac{1}{2}$	$\frac{1}{2}\sqrt{3}$	$-1+\frac{3}{2}\sqrt{3}$	$-\frac{3}{2}-\sqrt{3}$
$150°$	$-\frac{1}{2}\sqrt{3}$	$\frac{1}{2}$	$-\sqrt{3}+\frac{3}{2}$	$-\frac{3}{2}\sqrt{3}-1$
$180°$	-1	0	-2	-3

Übungsaufgabe 29

Die Funktionsgleichung einer um $90°$ nach rechts gedrehten Kurve im xy-Koordinatensystem ist identisch mit der Funktionsgleichung der ursprünglichen Kurve in einem um $90°$ nach links gedrehten $\xi\eta$-Koordinatensystem. Nach (70b) gilt

$$\xi = x \cos (+ 90°) + y \sin (+ 90°) = y$$

$$\eta = -x \sin (+ 90°) + y \cos (+ 90°) = -x$$

Einsetzen in die alte Funktionsgleichung

$$\xi = \frac{3}{-\eta} \quad \text{bzw.} \quad \eta = -\frac{3}{\xi}$$

Die neue Kurve hat also im xy-Koordinatensystem die Gleichung

$$y = -\frac{3}{x}$$

Zu dieser Beziehung gelangt man auch ohne Verwendungen der Transformationsgleichungen, wenn man die graphische Darstellung beider Funktionen betrachtet.

Übungsaufgabe 30

a) Mit $kt = \varphi$ ist $\omega t = \omega \dfrac{\varphi}{k}$ und

$$y^2 + x^2 = e^{-2\varphi} \cos^2\left(\frac{\omega}{k}\,\varphi\right) + e^{-2\varphi} \sin^2\left(\frac{\omega}{k}\,\varphi\right)$$

$$= e^{-2\varphi}$$

Nach (71) ist $x^2 + y^2 = r^2$, also

$$r = e^{-\varphi}$$

Durch Verwendung von Polarkoordinaten wird in diesem Fall ein sehr einfacher Ausdruck erhalten.

b) Für diese Darstellung benutzt man zweckmäßigerweise Polarkoordinatenpapier (mit Winkeleinteilung und linearer Teilung in Richtung von r); die Funktion ist in Abb. 19 gezeichnet. Wir vermuten, daß es sich um einen Kreis mit dem Radius $\dfrac{1}{2}$ um den Punkt $x = 0 \,/\, y = \dfrac{1}{2}$ handelt. Nach (71) ist $y = r \cdot \sin\varphi = \sin^2\varphi$ und $x = r \cdot \cos\varphi = \sin\varphi \cdot \cos\varphi = \sin\varphi \cdot \sqrt{1 - \sin^2\varphi} = \sqrt{y} \cdot \sqrt{1 - y}$. Daraus folgt $x^2 + y^2 - y = 0$ bzw. $x^2 + (y - \dfrac{1}{2})^2 = \dfrac{1}{4}$, also tatsächlich die Funktion des vermuteten Kreises.

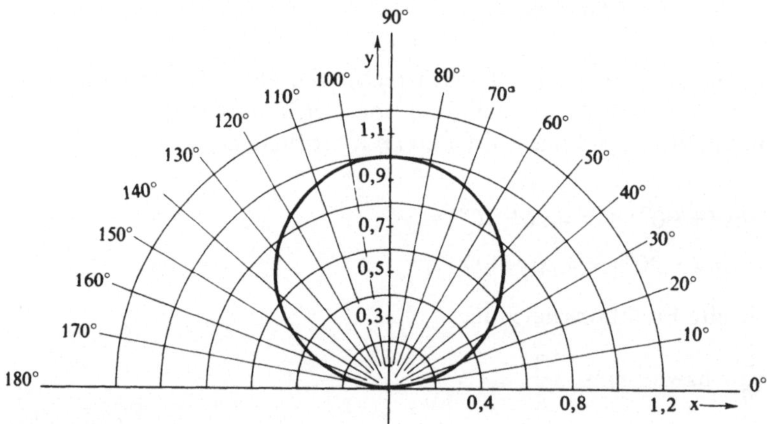

Abb. VIII 19

$r = \sin\varphi$ auf Polarkoordinatenpapier. In kartesischen Koordinaten lautet die Funktionsgleichung $x^2 + \left(y - \dfrac{1}{2}\right)^2 = \dfrac{1}{4}$ $\left(\text{Kreis mit Radius } \dfrac{1}{2} \text{ um den Punkt } x = 0,\, y = \dfrac{1}{2}\right)$

Übungsaufgabe 31

Nach (77) ist

$$Z_1 + Z_2 = (a_1 + a_2) + (b_1 + b_2)\,i$$

Entsprechend gilt

$$Z_1 - Z_2 = (a_1 - a_2) + (b_1 - b_2)\, i$$

Im ersten Ausdruck soll der imaginäre, im zweiten Ausdruck der reelle Anteil Null sein, also

$$b_1 + b_2 = 0 \qquad a_1 - a_2 = 0$$

bzw.

$$b_2 = -b_1 \qquad a_2 = a_1$$

Alle Zahlenpaare, die zueinander konjugiert komplex sind, besitzen also die geforderten Eigenschaften.

Übungsaufgabe 32

1. $V = \{v\} \cdot [v] \cdot \{R\} \cdot [R] \cdot \{T\} \cdot [T] \cdot \dfrac{1}{\{p\} \cdot [p]}$

$$= 2 \cdot 0{,}082 \cdot 300 \cdot \frac{1}{3}\ mol\, l\, atm\, mol^{-1}\, Grad^{-1}\ Grad\, atm^{-1}$$

$$= 16{,}4\ l$$

2. $V = 2 \cdot 8{,}31 \cdot 10^7 \cdot 300 \cdot \dfrac{1}{3}\ mol\, erg\, mol^{-1}\, Grad^{-1}\ Grad\, atm^{-1}$

$$= 16{,}62 \cdot 10^9\ erg\, atm^{-1}$$

Nun ist $1\ erg = 0{,}9869\ 10^{-9}\ l\, atm$, also

$$V = 16{,}62 \cdot 0{,}9869\ l\, atm\, atm^{-1} = 16{,}4\ l$$

Übungsaufgabe 33

$\lg c_{H^+}$ ist wie $\lg U$ in (88) nicht definiert und deshalb kein sinnvoller Ausdruck. Die Definitionsgleichung des pH-Wertes lautet korrekt

$$pH = -\lg \frac{c_{H^+}}{mol/l}$$

(siehe Übungsaufgabe 15)
Die Einheit *mol/l* läßt man aus Bequemlichkeit oft fort, weil man Konzentrationen meist in *mol/l* mißt und dann nur mit dem Zahlenwert rechnet. Wir können deshalb auch schreiben

$$pH = -\lg \{c_H^+\} \qquad \text{für} \qquad [c_{H^+}] = mol/l$$

Diese Gleichung für pH ist keine Größengleichung mehr, sondern eine Zahlenwertgleichung, die nur dann gilt, wenn $[c_{H^+}] = mol/l$ ist. Leider wird in Lehrbüchern oft nicht zwischen Größen und Zahlenwerten unterschieden; die angeführte Gleichung ist jedenfalls als Zahlenwertgleichung gemeint, aber fälschlicherweise als Größengleichung geschrieben.

Übungsaufgabe 34

In der ersten Gleichung ist der Faktor 1000 eingefügt, weil [c] meist *mol/l* ist, man aber *l* weiter in cm^3 umrechnet ($1l = 1000 \ cm^3$); diese Umrechnung kann man sich ersparen, wenn man nur den Zahlenwert von c betrachtet und den Faktor 1000 als Zahlenwert direkt in die Gleichung aufnimmt. Die zweite Gleichung gilt dagegen unabhängig davon, welche Einheit für c eingesetzt wird. Als Beispiel betrachten wir c = 0,1 *mol/l* und $\lambda = 0,01 \ \Omega^{-1} \cdot cm^{-1}$. Aus der *zweiten* Gleichung erhalten wir

$$\Lambda = \frac{0,01 \ \Omega^{-1} \ cm^{-1}}{0,1 \ mol/l} = 0,1 \ \Omega^{-1} \ cm^{-1} \ mol^{-1} \ 1000 \ cm^3$$

$$= 100 \ \Omega^{-1} \ cm^2 \ mol^{-1}$$

Dagegen folgt aus der *ersten* Gleichung, wenn wir sie gemäß Übungsaufgabe 33 als Zahlenwertgleichung

$$\Lambda = \frac{1000 \ \lambda}{\{c\}} \quad \text{für} \ \ [c] = mol/l$$

auffassen,

$$\Lambda = \frac{1000 \cdot 0,01 \ \Omega^{-1} \ cm^{-1}}{0,1} = 100 \ \Omega^{-1} \ cm^{-1}$$

Für den Zahlenwert von Λ erhalten wir denselben Wert wie nach der ersten Gleichung, nicht aber für die Einheit von Λ. Die erste Gleichung ist also offenbar noch etwas anders gemeint, nämlich

$$\Lambda = \frac{1000 \ \lambda}{\{c\}} \ \frac{cm^3}{mol} = 100 \ \Omega^{-1} \ cm^{-1} \ \frac{cm^3}{mol} = 100 \ \Omega^{-1} \ cm^2 \ mol^{-1}$$

Diese Schreibweise ist natürlich umständlich, so daß man aus Bequemlichkeit c statt $\{c\}$ schreibt und den Faktor $\frac{cm^3}{mol}$ wegläßt; dadurch ist die erste Gleichung aber weder eine Größengleichung noch eine Zahlenwertgleichung.

Im allgemeinen ist es ratsam, physikalische Gleichungen als Größengleichungen zu schreiben. In manchen Lehrbüchern werden leider oft Gleichungen nicht als Größengleichungen geschrieben, ohne daß besonders darauf hingewiesen wird; insbesondere ist dann besondere Vorsicht geboten, wenn in einer Gleichung der Zahlenfaktor 1000 erscheint.

Abschnitt II

Übungsaufgabe 1

$$\frac{dy}{dx} = \lim_{\Delta x \to 0} \frac{\dfrac{1}{x + \Delta x} - \dfrac{1}{x}}{\Delta x}$$

$$= \lim_{\Delta x \to 0} \frac{\dfrac{x - x - \Delta x}{(x + \Delta x)\, x}}{\Delta x} = \lim_{\Delta x \to 0} \frac{-1}{(x + \Delta x)\, x} = - \frac{1}{x^2}$$

Übungsaufgabe 2

1. $$\frac{d}{dx}\,(y + \text{const.}) = \lim_{\Delta x \to 0} \frac{[y(x + \Delta x) + \text{const.}] - [y(x) + \text{const.}]}{\Delta x}$$

$$= \lim_{\Delta x \to 0} \frac{y(x + \Delta x) - y(x)}{\Delta x} = \frac{dy}{dx}$$

2. $$\frac{d}{dx}\,(\text{const.}\ y) = \lim_{\Delta x \to 0} \frac{\text{const.}\ y(x + \Delta x) - \text{const.}\ y(x)}{\Delta x}$$

$$= \lim_{\Delta x \to 0} \text{const.}\,\frac{y(x + \Delta x) - y(x)}{\Delta x} = \text{const.}\,\frac{dy}{dx}$$

3. $$\frac{d}{dx}\,[f(x) + g(x)] = \lim_{\Delta x \to 0} \frac{f(x + \Delta x) + g(x + \Delta x) - f(x) - g(x)}{\Delta x}$$

$$= \lim_{\Delta x \to 0}\left[\frac{f(x + \Delta x) - f(x)}{\Delta x} + \frac{g(x + \Delta x) - g(x)}{\Delta x}\right]$$

$$= \frac{df}{dx} + \frac{dg}{dx}$$

Übungsaufgabe 3

Wir spalten auf in $y = x \cdot x^2$, also $u = x$ und $v = x^2$

$$\frac{du}{dx} = 1 \qquad\qquad\qquad \frac{dv}{dx} = 2\,x$$

$$\frac{dy}{dx} = x\,2x + x^2 = 3x^2$$

Übungsaufgabe 4

$$y = a^3 + 3a^2bx + 3ab^2x^2 + b^3x^3$$

$$\frac{dy}{dx} = 3a^2b + 6ab^2x + 3b^3x^2$$

$$= 3b\,(a^2 + 2abx + b^2x^2)$$

$$= 3b\,(a + bx)^2$$

Hier ist direktes Differenzieren im Prinzip möglich; wir werden im folgenden aber Beispiele kennenlernen, in denen nur die Anwendung der Kettenregel weiterführt.

Übungsaufgabe 5

$$y = \frac{u}{v} = u\,v^{-1} \qquad\qquad \frac{dy}{dx} = \frac{du}{dx}\,v^{-1} + u\,\frac{d}{dx}\,(v^{-1})$$

Da v eine Funktion von x ist, gilt nach der Kettenregel

$$\frac{d}{dx}\,(v^{-1}) = \frac{d}{dv}\,(v^{-1})\,\frac{dv}{dx}$$

$$\frac{d}{dv}\,(v^{-1}) = -\frac{1}{v^2} \qquad \text{(Übungsaufgabe 1)}$$

Also

$$\frac{dy}{dx} = \frac{du}{dx}\,v^{-1} + u\left(-\frac{1}{v^2}\right)\frac{dv}{dx} = \frac{\dfrac{du}{dx}\,v - \dfrac{dv}{dx}\,u}{v^2}$$

Anwendung auf $y = \dfrac{a + bx}{a - bx^2}$

$$u = a + bx \qquad v = a - bx^2$$

$$\frac{du}{dx} = b \qquad\qquad \frac{dv}{dx} = -2bx$$

$$\frac{dy}{dx} = \frac{b\,(a - bx^2) + 2bx\,(a + bx)}{(a - bx^2)^2} = \frac{a\,b + 2abx + b^2\,x^2}{(a - bx^2)^2}$$

Übungsaufgabe 6

$$\ln y = x \ln x \qquad \frac{1}{y}\,\frac{dy}{dx} = \ln x + x\,\frac{1}{x}$$

$$\frac{dy}{dx} = y\,(\ln x + 1) = x^x\,(\ln x + 1)$$

Übungsaufgabe 7

1. $\quad \dfrac{dy}{dx} = \dfrac{1}{2} \left[\dfrac{1+x^2}{1-x^2} \right]^{-\frac{1}{2}} \dfrac{2x(1-x^2)-(1+x^2)(-2x)}{(1-x^2)^2}$

$$= \sqrt{\dfrac{1-x^2}{1+x^2}} \; \dfrac{4x}{(1-x^2)^2}$$

2. $\quad \dfrac{dy}{dx} = 1\, e^{-x^2} + x\, e^{-x^2}\,(-2x) = e^{-x^2}\,(1-2x^2)$

3. $\quad \dfrac{dy}{dx} = 2x\, e^{-x^2} + x^2\, e^{-x^2}\,(-2x) = 2x\, e^{-x^2}\,(1-x^2)$

4. $\quad \dfrac{dy}{dx} = \dfrac{1}{2{,}303}\, x^2\,(-2\,x^{-3}) = -\dfrac{2}{2{,}303}\,\dfrac{1}{x}$

5. $\quad \dfrac{dy}{dE} = e^{-\frac{E}{kT}}\left(-\dfrac{1}{kT}\right) = -\dfrac{1}{kT}\; e^{-\frac{E}{kT}}$

6. $\quad \dfrac{dy}{dx} = -(e^x-1)^{-2}\, e^x = -\dfrac{e^x}{(e^x-1)^2}$

7. $\quad \dfrac{dy}{dx} = \dfrac{1\,(e^x-1)-x(e^x)}{(e^x-1)^2} = \dfrac{e^x\,(1-x)-1}{(e^x-1)^2}$

8. $\quad \dfrac{dy}{dx} = \dfrac{2x\,(e^x-1)-x^2\,(e^x)}{(e^x-1)^2} = \dfrac{x\,e^x\,(2-x)-2x}{(e^x-1)^2}$

9. $\quad \dfrac{dp}{dT} = p_0\, e^{\frac{\Lambda}{R}\left(\frac{1}{T_0}-\frac{1}{T}\right)}\dfrac{\Lambda}{R}\,\dfrac{1}{T^2} = p\,\dfrac{\Lambda}{RT^2}$

Übungsaufgabe 8

$$\lim_{t \to 0} \dfrac{\sin z}{z^2} = \lim_{z \to 0} \dfrac{\left(\dfrac{\sin z}{z}\right)}{z}$$

Der Zähler strebt gegen 1, der Nenner gegen 0, also strebt der gesamte Ausdruck gegen Unendlich (Abb. 20).

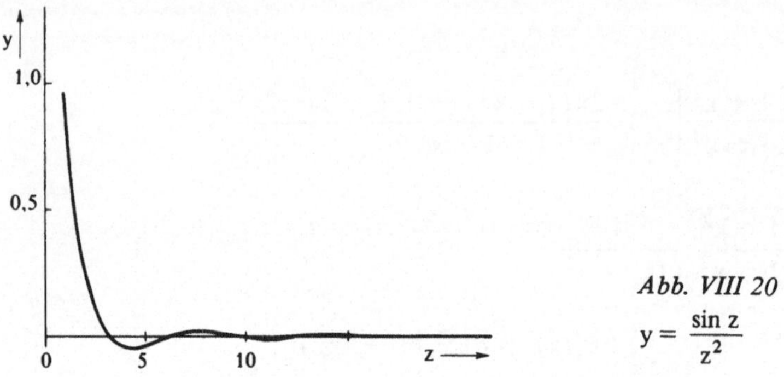

Abb. VIII 20

$$y = \frac{\sin z}{z^2}$$

Die Funktionen $y = \dfrac{\sin z}{z}$ und $y = \dfrac{\sin z}{z^2}$ haben dieselben Nullstellen wie die Funktion $y = \sin z$ (für $z \neq 0$); sie sind aber nicht periodisch, weil die Amplitude mit wachsendem x kleiner wird.

Übungsaufgabe 9

$$\frac{d}{dx}\,(tg\,x) = \frac{d}{dx}\left(\frac{\sin x}{\cos x}\right) = \frac{\cos x \cos x - \sin x\,(-\sin x)}{\cos^2 x} = \frac{1}{\cos^2 x}$$

$$\frac{d}{dx}\,(ctg\,x) = \frac{d}{dx}\left(\frac{\cos x}{\sin x}\right) = \frac{(-\sin x)\sin x - \cos x \cos x}{\sin^2 x} = -\frac{1}{\sin^2 x}$$

Übungsaufgabe 10

$$y = arc\,\cos x \longleftrightarrow x = \cos y$$

$$1 = -\sin y\,\frac{dy}{dx}$$

$$\frac{dy}{dx} = -\frac{1}{\sin y} = -\frac{1}{\sqrt{1 - \cos^2 y}} = -\frac{1}{\sqrt{1 - x^2}}$$

$$y = arc\,tg\,x \longleftrightarrow x = tg\,y$$

$$1 = \frac{1}{\cos^2 y}\,\frac{dy}{dx} \qquad \frac{dy}{dx} = \cos^2 y$$

Wir müssen jetzt noch $\cos^2 y$ durch x ausdrücken.

$$x = tg\,y = \frac{\sin y}{\cos y} = \frac{\sqrt{1 - \cos^2 y}}{\cos y} \qquad\qquad x^2 = \frac{1 - \cos^2 y}{\cos^2 y}$$

$$\cos^2 y = \frac{1}{1 + x^2}$$

Also

$$\frac{dy}{dx} = \frac{1}{1 + x^2}$$

$$y = \text{arc ctg } x \longleftrightarrow x = \text{ctg } y$$

$$1 = -\frac{1}{\sin^2 y} \cdot \frac{dy}{dx} \qquad \frac{dy}{dx} = -\sin^2 y$$

$$x^2 = \frac{1 - \sin^2 y}{\sin^2 y} \qquad \sin^2 y = \frac{1}{1 + x^2}$$

$$\frac{dy}{dx} = -\frac{1}{1 + x^2}$$

Übungsaufgabe 11

$$\frac{d}{dx}(\text{th } x) = \frac{d}{dx}\left(\frac{\text{sh } x}{\text{ch } x}\right) = \frac{\text{ch } x \, \text{ch } x - \text{sh } x \, \text{sh } x}{(\text{ch } x)^2} = \frac{1}{(\text{ch } x)^2}$$

$$\frac{d}{dx}(\text{cth } x) = \frac{d}{dx}\left(\frac{\text{ch } x}{\text{sh } x}\right) = \frac{\text{sh } x \, \text{sh } x - \text{ch } x \, \text{ch } x}{(\text{sh } x)^2} = -\frac{1}{(\text{sh } x)^2}$$

Übungsaufgabe 12

$$\frac{dy}{dx} = \frac{1}{x + \sqrt{1 + x^2}}\left[1 + \frac{1}{2\sqrt{1 + x^2}}\, 2x\right]$$

$$= \frac{1}{x + \sqrt{1 + x^2}} \, \frac{\sqrt{1 + x^2} + x}{\sqrt{1 + x^2}} = \frac{1}{\sqrt{1 + x^2}}$$

Übungsaufgabe 13

1. $\quad \dfrac{dy}{dx} = 1 \cos 2x + x(-\sin 2x)\, 2 = \cos 2x - 2x \sin 2x$

2. $\quad \dfrac{dy}{dx} = 2x \cos 2x - 2x^2 \sin 2x$

3. $\quad \dfrac{dy}{dx} = \dfrac{\sin x - x}{(1 - \cos x)}$

4. $\quad \dfrac{dx}{dt} = -a\,e^{-at}\sin\omega t + e^{-at}\,\omega\cos\omega t$

$\qquad\quad = e^{-at}\,(-a\sin\omega t + \omega\cos\omega t)$

Übungsaufgabe 14

1. $\quad y = \lim\limits_{x\to 0}\dfrac{1-\cos x}{3x^2} = \lim\limits_{x\to 0}\dfrac{\sin x}{6x} = \lim\limits_{x\to 0}\dfrac{\cos x}{6} = \dfrac{1}{6}$

2. $\quad y = \lim\limits_{x\to 1}\dfrac{\frac{1}{x}}{1} = 1$

3. $\quad y = \lim\limits_{x\to 0}\dfrac{2\,e^{2x} - 2\,e^x}{-3\sin 3x + 4\sin 2x - \sin x}$

$\qquad\quad = \lim\limits_{x\to 0}\dfrac{4\,e^{2x} - 2\,e^x}{-9\cos 3x + 8\cos 2x - \cos x}$

$\qquad\quad = \dfrac{4-2}{-9+8-1} = -1$

Übungsaufgabe 15

1. $\quad y = \lim\limits_{x\to\infty}\dfrac{x}{e^x} = \lim\limits_{x\to\infty}\dfrac{1}{e^x} = 0$

2. $\quad y = \lim\limits_{x\to\infty}\dfrac{x^2}{e^x} = \lim\limits_{x\to\infty}\dfrac{2x}{e^x} = \lim\limits_{x\to\infty}\dfrac{2}{e^x} = 0$

3. $\quad y = \lim\limits_{x\to 0}\dfrac{\ln x}{x^{-3}} = \lim\limits_{x\to 0}\dfrac{\frac{1}{x}}{-3\,x^{-4}}$

$\qquad\quad = \lim\limits_{x\to 0}\left(-\dfrac{1}{3}\,x^3\right) = 0$

4. Wir betrachten zunächst die Funktion $z = \ln y = x \cdot \ln x$

$$\lim\limits_{x\to 0} z = \lim\limits_{x\to 0}\dfrac{\ln x}{x^{-1}} = \lim\limits_{x\to 0}\dfrac{\frac{1}{x}}{-x^{-2}}$$

$$= \lim\limits_{x\to 0}(-x) = 0$$

Wegen $z = \ln y$ ist $y = e^z$ und somit

$$\lim_{x \to 0} y = e^0 = 1$$

5. $\quad y = \lim_{x \to 0} \dfrac{\dfrac{1}{\sqrt{1 - x^2}}}{1} = 1$

6. $\quad z = \ln y = x \ln \left(1 + \dfrac{1}{x}\right)$

$$\lim_{x \to \infty} z = \lim_{x \to \infty} \frac{\ln\left(1 + \dfrac{1}{x}\right)}{x^{-1}} = \lim_{x \to \infty} \frac{1}{1 + \dfrac{1}{x}} = 1$$

Also

$$\lim_{x \to \infty} y = e^1 = e$$

7. $\quad y = \lim_{x \to 0} \left[\dfrac{e^x + e^{-x}}{e^x - e^{-x}} - \dfrac{1}{x}\right]$

$$= \lim_{x \to 0} \frac{e^x(x-1) + e^{-x}(x+1)}{x(e^x - e^{-x})} = \lim_{x \to 0} \frac{e^x(x-1) + e^x - e^{-x}(x+1) + e^{-x}}{e^x - e^{-x} + x(e^x + e^{-x})}$$

$$= \lim_{x \to 0} \frac{x(e^x - e^{-x})}{e^x(x+1) + e^{-x}(x-1)} = \lim_{x \to 0} \frac{e^x(x+1) + e^{-x}(x-1)}{e^x(x+2) + e^{-x}(-x+2)}$$

$$= 0$$

8. $\quad y = \lim_{x \to 0} \left(\dfrac{1}{x^2} - \dfrac{4}{(e^x - e^{-x})^2}\right)$

$$= \lim_{x \to 0} \frac{(e^x - e^{-x})^2 - 4x^2}{x^2(e^x - e^{-x})^2}$$

$$= \lim_{x \to 0} \frac{2(e^{2x} - e^{-2x}) - 8x}{2x(e^x - e^{-x})^2 + 2x^2(e^{2x} - e^{-2x})}$$

$$= \lim_{x \to 0} \frac{4(e^{2x} - e^{-2x}) - 8}{2(e^x - e^{-x})^2 + 8x(e^{2x} - e^{-2x}) + 4x^2(e^{2x} + e^{-2x})}$$

$$= \lim_{x \to 0} \frac{8\,(e^{2x} - e^{-2x})}{12\,(e^{2x} - e^{-2x}) + 24x\,(e^{2x} + e^{-2x}) + 8x^2(e^{2x} - e^{-2x})}$$

$$= \lim_{x \to 0} \frac{16\,(e^{2x} + e^{-2x})}{48(e^{2x} + e^{-2x}) + 48x(e^{2x} + e^{-2x}) + 16x(e^{2x} - e^{-2x}) + 16x^2\,(e^{2x} + e^{-2x})}$$

$$= \frac{1}{3}$$

Übungsaufgabe 16

1. Um die Funktionsgleichung besser diskutieren zu können, substituieren wir $\dfrac{2r}{r_0} = x$:

$$\rho = A\,4\pi \left(\frac{r_0}{2}\right)^2 x^2\,e^{-x}$$

Es handelt sich also um eine Funktion vom Typ

$$y = x^2\,e^{-x}$$

Diese Funktion wurde bereits in Übungsaufgabe I 11 betrachtet, und in Übungsaufgabe 15 wurde gezeigt, daß y für $x \to \infty$ gegen Null strebt. Wir müssen nur noch die Lage der Extremstellen und der Wendepunkte berechnen.

$$y' = (2x\,e^{-x} - x^2 e^{-x}) = x\,e^{-x}\,(2 - x)$$

$$y'' = (2\,e^{-x} - 2x\,e^{-x}) - x\,e^{-x}\,(2 - x)$$

$$\quad\ = e^{-x}\,[2 - 4x + x^2]$$

Extremwerte:

$$x_1 = 0 \qquad y_1 = 0 \qquad\qquad\qquad \text{(Minimum)}$$
$$x_2 = 2 \qquad y_2 = 4\,e^{-2} = 0{,}54 \qquad \text{(Maximum)}$$

Wendepunkte:

$$x^2 - 4x + 2 = 0$$

$$x_{3,4} = 2 \pm \sqrt{-2 + 4} = 2 \pm \sqrt{2}$$

$$x_3 = 3{,}414 \qquad x_4 = 0{,}586$$

Diese Werte sind in Abb. 8 (Seite 199) eingezeichnet. Die Wahrscheinlichkeitsdichte ist also maximal an der Stelle $x = 2$ bzw. $r = x \cdot \dfrac{r_0}{2} = r_0$.

2. Hier substituieren wir $k(r - r_0) = x$:

$$V = E_D (1 - e^{-x})^2$$

Dies ist eine Funktion vom Typ

$$y = (1 - e^{-x})^2$$

Sie ist definiert für $r \geqslant 0$, also $x \geqslant - k \cdot r_0$; mit den angegebenen Werten ist demnach $x \geqslant -5$.

$x = 0$	$y = 0$
$x \to \infty$	$y = 1$
$x \to -\infty$	$y \to \infty$
$x < 0, \; |x| \gg 1$	$y \approx e^{-2x}$

Die Funktion ist im gesamten Bereich positiv; sie fällt, von negativen x kommend, bei $x = 0$ auf Null und steigt dann auf den konstanten Wert 1 an. Ein solcher Verlauf ist am einfachsten realisierbar als Linkskurve von $x = -5$ bis zu kleinen positiven Werten von x, dann Abbiegen als Rechtskurve. Wir erwarten dann 1 Wendepunkt und 1 Minimum. Nachprüfen über Differentialrechnung:

$$y' = 2 (1 - e^{-x}) \, e^{-x}$$

$$y'' = 2 \, [e^{-x} \, e^{-x} - (1 - e^{-x}) \, e^{-x}] = 2 \, (2e^{-2x} - 1)$$

Extremwerte:

$x_1 = 0$	$y_1 = 0$	(Minimum)
$x_2 = \infty$	$y_2 = 1$	(nur horizontale Tangente, aber kein Extremwert)

Wendepunkte:

$$e^{-2x_3} = \frac{1}{2}$$

$$-2x_3 = \ln \frac{1}{2} = -\ln 2$$

$$x_3 = \frac{1}{2} \ln 2 = \frac{1}{2} \, 2,303 \; \lg 2 = 0,35$$

$$y_3 = 0,087$$

Der Funktionsverlauf ist in Abb. 21 dargestellt. Das Minimum entspricht $r = r_0$ (Gleichgewichtslage); für $r \to \infty$ wird $V = E_D$ (Dissoziation des Moleküls); für $r < r_0$ steigt V viel steiler an als für $r > r_0$.

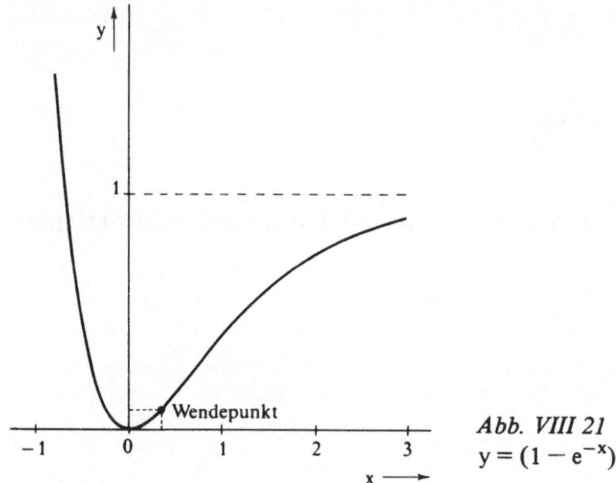

Abb. VIII 21
$y = (1 - e^{-x})^2$

3. Wir setzen

$$\frac{h\nu}{kT} = x$$

$$\rho = A \left(\frac{kT}{h}\right)^3 \frac{x^3}{e^x - 1}$$

Dies ist eine Funktion vom Typ

$$y = \frac{x^3}{e^x - 1}$$

$$x = 0 \qquad y = \lim_{x \to 0} \frac{x^3}{e^x - 1} = \lim_{x \to 0} \frac{3x^2}{e^x} = 0$$

$$x \to \infty \qquad y = 0$$

$$x \gg 1 \qquad y \approx x^3 \, e^{-x}$$

Für große x verläuft die Funktion wie $x^3 \cdot e^{-x}$, für $x \to 0$ strebt sie gegen Null. Für Werte von x in der Größenordnung von 1 ist y immer größer als $x^3 \cdot e^{-x}$ (Nenner ist kleiner als e^x). Wir erwarten also eine Kurve, die oberhalb der Kurve für $x^3 \cdot e^{-x}$ verläuft und für $x = 0$ und $x \to \infty$ mit dieser Kurve zusammenfällt. Die Kurve für $x^3 \cdot e^{-x}$ zeigt im Prinzip den gleichen Verlauf wie $x^2 \cdot e^{-x}$ (1. Beispiel), so daß wir die Funktion im Prinzip skizzieren können (Abb. 22). Nachprüfen über Differentialrechnung:

$$y' = \frac{3x^2(e^x - 1) - x^3 e^x}{(e^x - 1)^2} = \frac{x^2 e^x (3 - x) - 3x^2}{(e^x - 1)^2}$$

$$y'' = \frac{e^{2x}(x^3 - 6x^2 + 6x) + e^x(x^3 + 6x^2 - 12x) + 6x}{(e^x - 1)^3}$$

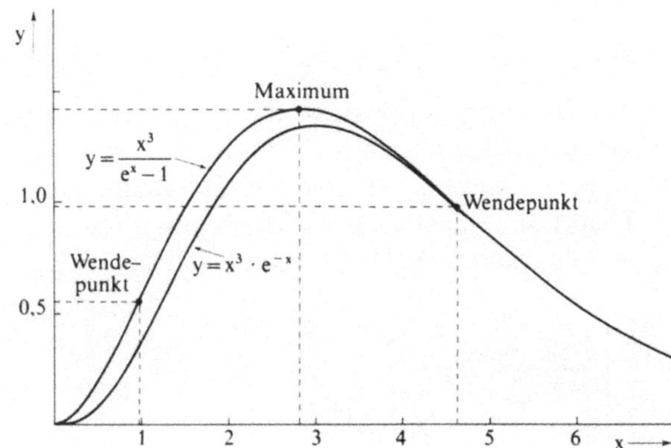

Abb. VIII 22
$y = x^3 \cdot e^{-x}$ und
$y = \dfrac{x^3}{e^x - 1}$ für $x \geqslant 0$

Extremwerte:

$$x_1^2\, e^{x_1}\,(3 - x_1) - 3x_1^2 = 0 \quad \text{(und gleichzeitig } e^x - 1 \neq 0)$$

Diese Gleichung läßt sich nur numerisch lösen. Nach Abschnitt VII wird als Lösung $x_1 = 2{,}82$ erhalten. Entsprechend finden wir die erwarteten Wendepunkte bei $x_2 = 0{,}97$ und $x_3 = 4{,}62$ ($y_2 = 0{,}557$, $y_3 = 0{,}98$)

Das Maximum von ρ liegt also bei $\nu = \dfrac{kT}{h} \cdot x_1 = 2{,}82 \cdot \dfrac{k}{h} \cdot T$. Für $T = 3000°K$ (Glühfaden einer Wolframlampe) erhalten wir daraus $\nu = 1{,}8 \cdot 10^{14}\, s^{-1}$ bzw. $\lambda = 1700\ nm$.

4. Mit $\dfrac{kT}{h\nu} = x$ gilt

$$\rho = A\, \nu^3\, \frac{1}{e^{\frac{1}{x}} - 1}$$

Die Funktion ist also vom Typ

$$y = \frac{1}{e^{\frac{1}{x}} - 1}$$

$x = 0 \qquad\qquad y = 0$

$x \to \infty \qquad\quad y \to \infty$

$0 \leqslant x \ll 1 \qquad y \approx z = e^{-\frac{1}{x}}$

Wir betrachten diese Näherungsfunktion genauer.

$$x = 1 \qquad\qquad z = \frac{1}{e}$$

Aus $z' = \dfrac{1}{x^2} \cdot e^{-\frac{1}{x}}$ folgt für $x \to 0$ nach der Regel von de l'Hospital $z' = 0$. Da die Funktion nur positive Werte annehmen kann, beginnt die Kurve bei $x = 0$ als Linkskurve. Für $x \to \infty$ folgt $z = 1$; dieser Wert kann nur erhalten werden, wenn die Kurve in eine Rechtskurve übergeht (Wendepunkt). Die Funktion y liegt stets oberhalb von z (Nenner kleiner als $e^{1/x}$) und strebt für $x \to \infty$ gegen $+\infty$. Damit ergibt sich der in Abb. 23 skizzierte Verlauf.

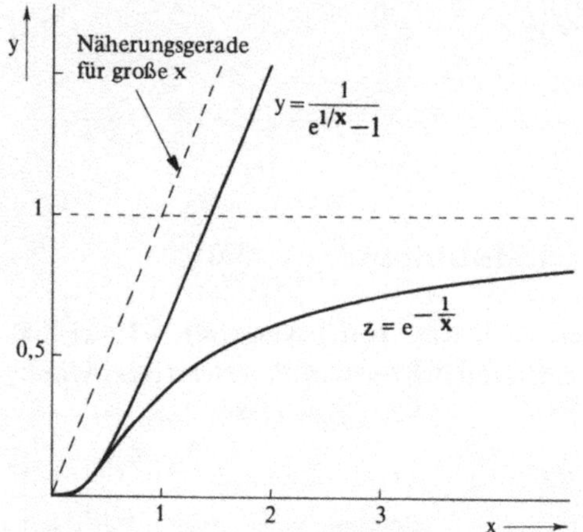

Abb. VIII 23

$$y = e^{-1/x} \text{ und } y = \frac{1}{e^{1/x} - 1}$$

(der Wendepunkt bei
$x = 5,0$, $y = 4,52$ liegt
außerhalb des Bereiches
der Abbildung)

Auf Seite 250 wird noch gezeigt, daß für große Werte von x die Kurve linear ansteigt (y = x).

Nach Abb. 23 kann die Kurve nur dann in diese Näherungsgerade übergehen, wenn sie in eine Rechtskurve übergeht; wir erwarten also einen Wendepunkt. Nachprüfung über Differentialrechnung:

$$y' = \frac{e^{1/x}}{x^2(e^{1/x} - 1)^2}$$

$$y'' = \frac{e^{1/x}\,[e^{1/x}(1-2x) + 1 + 2x]}{x^4\,(e^{1/x} - 1)^3}$$

y' wird Null bei $x_1 = 0$ (Minimum), y'' wird Null bei $x_2 = 5,0$ ($y_2 = 4,52$); dieser Punkt liegt außerhalb des Bereiches von Abb. 23.

5. $\qquad x = 0 \qquad\qquad y = 1$

$\qquad\quad x \to \pm\infty \qquad\quad y = 0$

Die Funktion verläuft wegen der Abhängigkeit x^2 symmetrisch zur Ordinate, so daß es genügt, den Bereich $x > 0$ näher zu betrachten. Für $x = 1$ wird derselbe Funktionswert wie bei der Funktion $z = e^{-x}$ erhalten; für $x < 1$ verläuft y oberhalb, für $x > 1$ unterhalb von z. Für große x muß y deshalb wie z eine Linkskurve sein, bei kleinem x muß sie in eine Rechtskurve übergehen, da sonst nicht der Wert 1 bei $x = 0$ erhalten werden kann; dies bedingt einen Wendepunkt. Wegen der Symmetrie zur Ordinate muß außerdem die Steigung an der Stelle $x = 0$ Null sein (Maximum). Wir prüfen diese Voraussagen mit der Differentialrechnung nach.

$$y' = -2ax\, e^{-ax^2}$$

$$y'' = -2a\,(e^{-ax^2} - x\, 2ax\, e^{-ax^2}) = -2a\, e^{-ax^2}\,(1 - 2ax^2)$$

Extremwerte:

$$x_1 = 0 \qquad y_1 = 1$$

Wendepunkte:

$$x_2 = \sqrt{\frac{1}{2a}} \qquad x_3 = -\sqrt{\frac{1}{2a}}$$

$$y_2 = y_3 = e^{-\frac{1}{2}} \approx 0{,}61$$

y ist für $a = 0{,}1\,;\,1\,;\,10$ in Abb. 24 dargestellt.

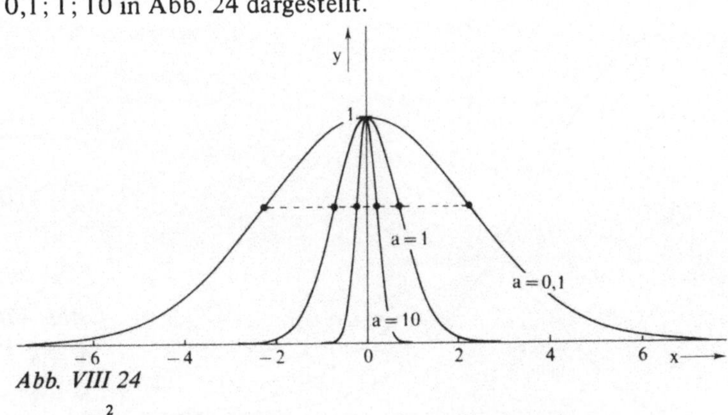

Abb. VIII 24

$$y = e^{-ax^2} \quad \text{mit } a = 0{,}1 \quad a = 1 \quad a = 10 \quad \bullet\,\text{Wendepunkte}$$

6. Wir setzen $\dfrac{m \cdot u^2}{2kT} = x^2$ und erhalten $g = A\, 4\pi\, \dfrac{2kT}{m}\, x^2 \cdot e^{-x^2}$ für $x \geqslant 0$

Dies ist eine Funktion vom Typ

$$y = x^2\, e^{-x^2}$$

Wir erwarten für $x \geqslant 0$ einen ähnlichen Verlauf wie bei der bereits diskutierten Funktion $z = x^2 \cdot e^{-x}$; lediglich die Lage des Maximums und des Wendepunktes dürfte anders sein.

$$y' = 2x\, e^{-x^2}\, (1 - x^2)$$

$$y'' = 2\, e^{-x^2}\, (1 - 5x^2 + 2x^4)$$

Extremwerte:

$$x_1 = 1 \qquad y_1 = \frac{1}{e} \approx 0{,}37$$

$$x_2 = 0 \qquad y_2 = 0$$

Wendepunkte:

$$x_1 = \sqrt{\frac{5}{4} - \frac{1}{4}\sqrt{17}} = 0{,}47 \qquad y_1 = 0{,}18$$

$$x_2 = \sqrt{\frac{5}{4} + \frac{1}{4}\sqrt{17}} = 1{,}51 \qquad y_2 = 0{,}23$$

Die Funktion ist in Abb. 25 dargestellt. Das Maximum $x_1 = 1$ entspricht der Geschwindigkeit $u = \sqrt{\dfrac{2kT}{m}}$ (wahrscheinlichste Geschwindigkeit).

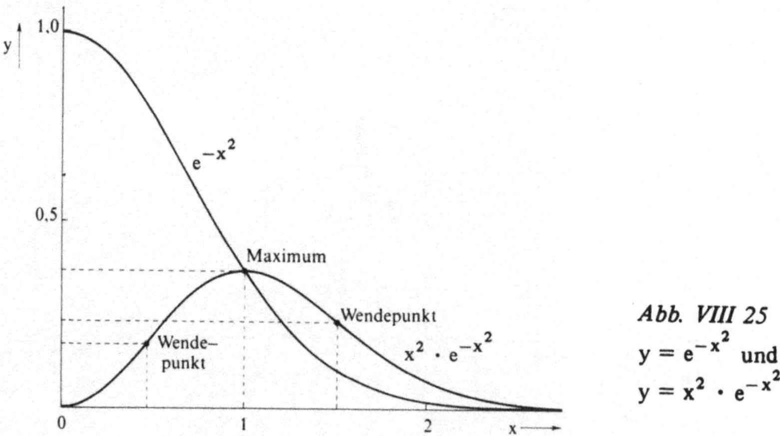

Abb. VIII 25
$y = e^{-x^2}$ und
$y = x^2 \cdot e^{-x^2}$

7. $x = 0 \qquad y = 1 \qquad$ (siehe Übungsaufgabe 15 auf Seite 220)

$x = 1 \qquad y = 1$

$x \to \infty \qquad y \to \infty$

Die Funktion ist nur für positive x definiert, da die Basis nicht negativ sein kann. Für $x \geq 1$ ist $y \geq 1$, für $x \leq 1$ muß $y \leq 1$ sein. Daraus folgt ein Minimum zwischen $x = 0$ und $x = 1$. Ein Wendepunkt ist nicht zu erwarten. Nachprüfung über Differentialrechnung:

$$y' = x^x (\ln x + 1) \qquad \text{(siehe Übungsaufgabe 6 auf Seite 216)}$$

$$y'' = x^x \left(\ln x + 1 + \frac{1}{x}\right)$$

Extremwerte: $x_1 = e^{-1} \approx 0{,}37 \qquad y_1 = 0{,}69$

Der kleinste Wert, den der Klammerausdruck in y'' annehmen kann, ist 2 (Nachprüfen durch Bildung der ersten Ableitung), also kann y'' nicht Null werden: kein Wendepunkt. Für $x \to 0$ folgt $y' \to \infty$, die Kurve mündet also tangential in die Ordinate ein. Die Kurve ist in Abb. 26 dargestellt.

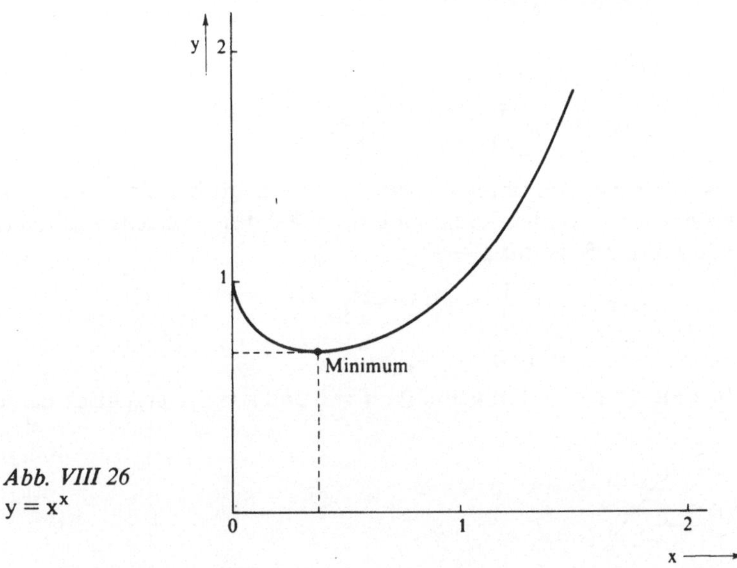

Abb. VIII 26
$y = x^x$

8. Wir bezeichnen $\dfrac{\mu E}{kT}$ mit a und ϑ mit x.

$$y = e^{a \cdot \cos x} \qquad 0 \leq x \leq \pi$$

$$x = 0 \qquad y = e^a$$

$$x = \frac{\pi}{2} \qquad y = 1$$

$$x = \pi \qquad y = e^{-a}$$

Wegen cos x = cos (−x) muß die Kurve symmetrisch zur Ordinate verlaufen, also bei x = 0 eine horizontale Tangente besitzen. Sie kann dann nur als Rechtskurve weiterlaufen. Entsprechend muß bei x = π ein Minimum liegen, denn kleiner als e^{-a} kann y nicht werden. Daraus folgt ein Wendepunkt zwischen x = 0 und x = π. Nachprüfung über Differentialrechnung:

$$y' = - a \sin x \, e^{a \cos x}$$

$$y'' = - a \, e^{a \cdot \cos x} (\cos x - a \sin^2 x)$$

Extremwerte:

$$\sin x = 0 \text{ für } x_1 = 0 \text{ und } x_2 = \pi \qquad (y_1 = e, \; y_2 = 0,37)$$

Wendepunkte:

$$\cos x_3 - a \sin^2 x_3 = 0$$

$$\cos x_3 - a(1 - \cos^2 x_3) = 0$$

$$\cos^2 x_3 + \frac{1}{a} \cos x_3 - 1 = 0$$

$$\cos x_3 = - \frac{1}{2a} \pm \sqrt{1 + \frac{1}{4a^2}}$$

Da der Ausdruck unter der Wurzel immer größer als 1 ist, cos x_3 aber nicht größer als 1 werden kann, muß für a $>$ 0 das + -Zeichen gelten (a kann nicht $<$ 0 sein); z.B. ist für a = 1

$$\cos x_3 = - \frac{1}{2} + 1,118 = 0,618$$

$$x_3 = 0,90 \qquad y_3 = 1,86$$

In Abb. 27 ist die Funktion für a = 1 und a = 0,1 graphisch dargestellt.

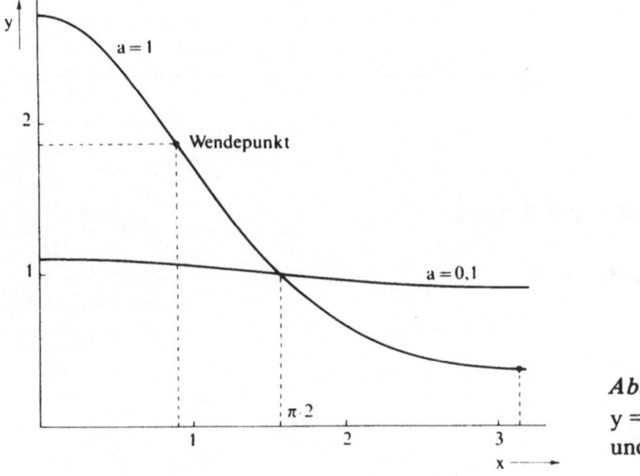

Abb. VIII 27
y = $e^{a \cdot \cos x}$ für a = 0,1
und a = 1

9. Wir setzen $\dfrac{\mu E}{kT} = x$.

$$\bar{\mu} = \mu \left[\operatorname{cth} x - \frac{1}{x} \right]$$

Dies ist eine Funktion vom Typ

$$y = \frac{e^x + e^{-x}}{e^x - e^{-x}} - \frac{1}{x}$$

$$x = 0 \qquad y = \lim_{x \to 0} \left[\frac{e^x + e^{-x}}{e^x - e^{-x}} - \frac{1}{x} \right] = 0 \quad \text{(Übungsaufgabe 15}$$
$$\text{auf Seite 221)}$$

$$x \to \infty \qquad y \to 1$$

Die Funktion steigt, von $x = 0/y = 0$ beginnend, an und erreicht bei großen Werten von x den konstanten Wert 1. Ein solcher Verlauf ist möglich als Rechtskurve im gesamten Bereich oder als Linkskurve, die irgendwann in eine Rechtskurve übergeht. Eine Entscheidung darüber ist durch die Differentialrechnung möglich.

$$y' = -\frac{1}{(\operatorname{sh} x)^2} + \frac{1}{x^2} = -\frac{4}{(e^x - e^{-x})^2} + \frac{1}{x^2}$$

$$y'' = 8 \frac{e^x + e^{-x}}{(e^x - e^{-x})^3} - 2 \frac{1}{x^3}$$

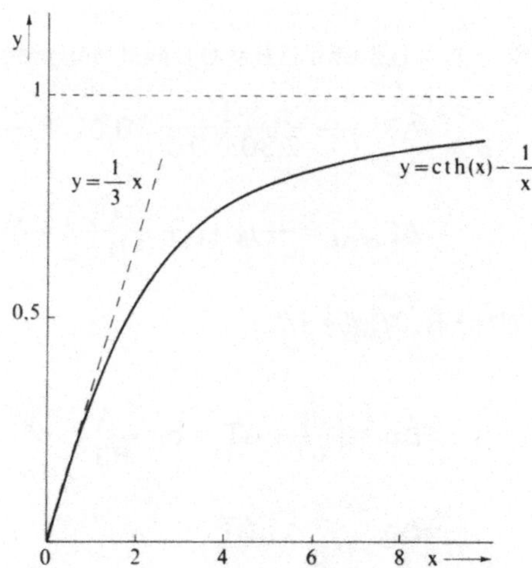

Abb. VIII 28

$$y = \operatorname{cth}(x) - \frac{1}{x}$$

Extremwerte:
Die Nullstellen von y' können nur auf numerischem Weg erhalten werden.
Für $x = 0$ ist $y' = \frac{1}{3}$ (Übungsaufgabe 15), für $x \to \infty$ wird $y' = 0$; dazwischen ist y' immer positiv (Einsetzen von Zahlenwerten): also keine Extremstellen.

Wendepunkte:
Die Nullstellen von y' können ebenfalls nur auf numerischem Weg erhalten werden. Das Einsetzen von Zahlenwerten zeigt, daß y'' immer negativ ist, also im ganzen Bereich eine Rechtskurve vorliegt.

Die Kurve steigt also von $x = 0$ mit der Steigung $\frac{1}{3}$ an (siehe auch Übungsaufgabe IV 3 auf Seite 250) und strebt als Rechtskurve gegen $y = 1$ (Abb. 28).

Übungsaufgabe 17

$$\frac{dE}{dT} = -\frac{1}{2,303}\ \frac{1}{T}$$

$$\Delta E \approx -\frac{1}{2,303\ T}\ \Delta T$$

Die exakte Betrachtung ergibt

$$\Delta E = -\lg(T + \Delta T) + \lg T = -\lg\left(1 + \frac{\Delta T}{T}\right)$$

Für $T = 0,5$ und $\Delta T = 0,01$ ist beispielsweise

$$\Delta E \approx -\frac{1}{2,303 \cdot 0,5}\ 0,01 = -0,00868$$

$$\Delta E_{exakt} = -\lg\left(1 + \frac{0,01}{0,5}\right) = -0,00860$$

Übungsaufgabe 18

$$\Delta p \approx \left(\frac{dp}{dT}\right)\Delta T = p_0\ \frac{\Lambda}{RT^2}\ e^{\frac{\Lambda}{R}\left(\frac{1}{T_0} - \frac{1}{T}\right)}\Delta T = p\ \frac{\Lambda}{RT^2}\ \Delta T$$

$$\frac{\Delta p}{p} = \frac{\Lambda}{R\,T}\ \frac{\Delta T}{T}$$

Für Wasser bei Zimmertemperatur ist (T $=$ 300° K, Λ $=$ 10,5 $kcal/mol$, R $=$ 1,987 $cal\,Grad^{-1}\,mol^{-1}$)

$$\frac{\Delta p}{p} = \frac{10,5 \; 10^3 \; cal/mol}{1,987 \; cal\,Grad^{-1}\,/mol \; 300 \; Grad} \; \frac{\Delta T}{T}$$

$$=. \; 17,6 \; \frac{\Delta T}{T}$$

$\dfrac{\Delta T}{T}$ war mit 1 % angegeben, also ist der relative Fehler des Dampfdruckes 18 %. Um brauchbare Werte für den Dampfdruck zu erhalten, muß man also die Temperatur viel genauer als auf 1 % messen.

Abschnitt III

Übungsaufgabe 1

1. Die Fläche $F(x)$ ist gleich der Fläche eines Trapezes mit der Länge $(x - x_A)$ und den Höhen $y(x_A)$ und $y(x)$; somit ist

$$F(x) = (x - x_A) \frac{1}{2} [y(x_A) + y(x)]$$

$$= (x - x_A) \frac{1}{2} [a + b x_A + a + b x]$$

$$= \frac{1}{2} [x 2a + x bx_A + x^2 b - x_A 2a - x_A^2 b - x_A bx]$$

$$= a(x - x_A) + \frac{1}{2} b (x^2 - x_A^2)$$

Dieses Resultat stimmt mit (15) überein.

2. Wir versuchen zunächst, das Integral von $\sin \frac{\pi}{L} x$ zu erraten. Wir wissen, daß $\frac{d}{dx} (\cos ax) = -a \cdot \sin ax$ ist; setzen wir $a = \frac{\pi}{L}$, dann ist

$$F(x) = -y_0 \frac{L}{\pi} \cos\left(\frac{\pi}{L} x\right) + \text{const.}$$

Für $x = 0$ muß $F(x)$ Null sein, also

$$\text{const.} = y_0 \frac{L}{\pi} \cos\left(\frac{\pi}{L} \cdot 0\right) = y_0 \frac{L}{\pi}$$

Somit ist

$$F(x) = y_0 \frac{L}{\pi} \left(-\cos \frac{\pi}{L} x + 1 \right)$$

Für $x = L$ erhalten wir

$$F(L) = y_0 \frac{L}{\pi} (-\cos \pi + 1) = 2 y_0 \frac{L}{\pi}$$

$$= 2 \cdot 2 \, cm \, \frac{10 \, cm}{\pi} = 12{,}7 \, cm^2$$

Übungsaufgabe 2

Zunächst differenzieren wir nach der Produktregel.

$$\frac{dU}{dT} = 9R \left[4\left(\frac{T}{\Theta}\right)^3 \left(\int_0^{\Theta/T} \frac{x^3}{e^x - 1} \, dx \right) + T\left(\frac{T}{\Theta}\right)^3 \frac{d}{dT}\left(\int_0^{\Theta/T} \frac{x^3}{e^x - 1} \, dx \right) \right]$$

Wir formen sodann nach der Kettenregel um.

$$\frac{d}{dT} \int_0^{\Theta/T} \frac{x^3}{e^x - 1}\, dx = \frac{d}{d(\Theta/T)} \left[\int_0^{\Theta/T} \frac{x^3}{e^x - 1}\, dx \right] \frac{d}{dT}\left(\frac{\Theta}{T}\right)$$

Es verbleibt somit die Aufgabe, das Integral nach der oberen Grenze abzuleiten; nach (8), (10) wird bei dieser Operation der Funktionswert an der Stelle der oberen Grenze (also $\frac{\Theta}{T}$) erhalten.

$$\frac{d}{dT} \int_0^{\Theta/T} \frac{x^3}{e^x - 1}\, dx = \frac{(\Theta/T)^3}{e^{\Theta/T} - 1}\left(-\frac{\Theta}{T^2}\right)$$

Damit wird

$$C_v = 9R \left[4\left(\frac{T}{\Theta}\right)^3 \int_0^{\Theta/T} \frac{x^3}{e^x - 1}\, dx - \frac{\Theta}{T}\, \frac{1}{e^{\Theta/T} - 1} \right]$$

Übungsaufgabe 3

$$\int_{x_1}^{x_2} y\, dx = J(x_2) - J(x_1) = -\left[J(x_1) - J(x_2)\right]$$

$$= -\int_{x_2}^{x_1} y\, dx$$

$$\int_{x_1}^{x_2} y\, dx + \int_{x_2}^{x_3} y\, dx = J(x_2) - J(x_1) + J(x_3) - J(x_2)$$

$$= J(x_3) - J(x_1) = \int_{x_1}^{x_3} y\, dx$$

Nach (3), (4) und (10) ist

$$\int_{x_1}^{x_2} a\, y\, dx = \lim_{n \to \infty} \sum_{i=0}^{i=n} \Delta x\, a\, y(x_i)$$

Bei einer Summe können wir einen konstanten Faktor vorziehen, also

$$\int_{x_1}^{x_2} a\, y\, dx = \lim_{n \to \infty} a \sum_{i=0}^{i=n} \Delta x\, y(x_i)$$

$$= a \lim_{n \to \infty} \sum_{i=0}^{i=n} \Delta x\, y(x_i)$$

$$= a \int_{x_1}^{x_2} y\, dx$$

Entsprechend finden wir

$$\int_{x_1}^{x_2} (y_1 + y_2)\, dx = \lim_{n \to \infty} \sum_{i=0}^{i=n} \Delta x\, [y_1(x_i) + y_2(x_i)]$$

$$= \lim_{n \to \infty} \sum_{i=0}^{i=n} \Delta x\, y_1(x_i) + \lim_{n \to \infty} \sum_{i=0}^{i=n} \Delta x\, y_2(x_i)$$

$$= \int_{x_1}^{x_2} y_1\, dx + \int_{x_1}^{x_2} y_2\, dx$$

Übungsaufgabe 4

Die Funktion besitzt Nullstellen bei $x_1 = -3$ und $x_2 = +1$; sie verläuft von -4 bis -3 sowie von $+1$ bis $+3$ oberhalb der Abszisse und von -3 bis $+1$ unterhalb. Also gilt für die schraffierte Fläche (Abb. VII 10 auf Seite 186)

$$\text{Fläche} = \int_{-4}^{-3} y\, dx - \int_{-3}^{+1} y\, dx + \int_{+1}^{+3} y\, dx$$

$$= \left| \frac{1}{3} x^3 + x^2 - 3x \right|_{-4}^{-3} - \left| \frac{1}{3} x^3 + x^2 - 3x \right|_{-3}^{+1}$$

$$+ \left| \frac{1}{3} x^3 + x^2 - 3x \right|_{+1}^{+3} = 24$$

Übungsaufgabe 5

a) $\quad z = a - x \qquad dz = -dx$

$$\int \frac{1}{a-x}\, dx = -\int \frac{1}{z}\, dz = -\ln z + \text{const.} = -\ln(a-x) + \text{const.}$$

b) $\quad z = 1 - x \qquad dz = -dx$

$$\int \sqrt{1-x}\, dx = -\int \sqrt{z}\, dz = -\int z^{1/2}\, dz$$

$$= -\frac{2}{3}\, z^{3/2} + \text{const.} = -\frac{2}{3}\sqrt{(1-x)^3} + \text{const.}$$

c) $\quad z = a - x \qquad dz = -dx$

$$\int \frac{1}{\sqrt{a-x}}\, dx = -\int z^{-1/2}\, dz = -2\, z^{1/2} + \text{const.}$$

$$= -2\sqrt{a-x} + \text{const.}$$

d) $\quad z = \omega t \qquad dz = \omega\, dt$

$$\int \sin \omega t\, dt = \frac{1}{\omega} \int \sin z\, dz = -\frac{1}{\omega} \cos z + \text{const.}$$

$$= -\frac{1}{\omega} \cos \omega t + \text{const.}$$

e) $\quad z = x + 2 \qquad dz = dx$

$$\int \frac{1}{x+2}\, dx = \int \frac{1}{z}\, dz = \ln z + \text{const.} = \ln(x+2) + \text{const.}$$

f) $\quad z = 3x + 1 \qquad dz = 3\, dx$

$$\int \frac{1}{3x+1}\, dx = \frac{1}{3} \int \frac{1}{z}\, dz = \frac{1}{3} \ln z + \text{const.} = \frac{1}{3} \ln(3x+1) + \text{const.}$$

g) Wir wenden zunächst das Additionstheorem (I 56d) an. Mit $n \cdot x = \dfrac{\delta + \epsilon}{2}$ und $k \cdot x = \dfrac{\delta - \epsilon}{2}$ folgt $\delta = (n+k)x$ und $\epsilon = (n-k)x$.

$$\int \sin nx \sin kx\, dx = -\frac{1}{2}\left[\int \cos(n+k)\, x\, dx - \int \cos(n-k)\, x\, dx \right]$$

$$= \frac{1}{2}\left[-\frac{1}{n+k} \sin(n+k)\, x + \frac{1}{n-k} \sin(n-k)\, x \right]$$

Da bei der Substitution durch $(n - k)$ dividiert wurde, gilt die abgeleitete Beziehung nur für $n \neq k$; zu $n = k$ siehe $\int \sin^2 x \, dx$ (III 73).

h) Wir formen wie in g) um, benutzen jedoch das Additionstheorem (I 56a).

$$\int \sin nx \cos kx \, dx = \frac{1}{2}\left[\int \sin(n+k)x \, dx + \sin(n-k)x \, dx\right]$$

$$= \frac{1}{2}\left[\frac{-\cos(n+k)x}{n+k} - \frac{\cos(n-k)x}{n-k}\right]$$

Dies gilt für $n \neq k$; zu $n = k$ siehe $\int \sin x \cdot \cos x \, dx$ (Übungsaufgabe 9)

Übungsaufgabe 6

a) $z = \sin x \qquad dz = \cos x \, dx$

$$\int \sin^2 x \cos x \, dx = \int z^2 \cos x \, \frac{1}{\cos x} \, dz$$

$$= \int z^2 \, dz = \frac{1}{3} z^3 + \text{const.} = \frac{1}{3} \sin^3 x + \text{const.}$$

b) $z = x^2 + 2ax + b \qquad dz = (2x + 2a) \, dx$

$$\int (x+a) \sin z \, \frac{1}{2x+2a} \, dz = \frac{1}{2} \int \sin z \, dz = -\frac{1}{2} \cos z + \text{const.}$$

$$= -\frac{1}{2} \cos(x^2 + 2ax + b) + \text{const.}$$

c) $z = x^2 \qquad dz = 2x \, dx$

$$\int x \, e^{-x^2} \, dx = \int x \, e^{-z} \, \frac{1}{2x} \, dz = \frac{1}{2} \int e^{-z} \, dz = -\frac{1}{2} e^{-z} + \text{const.}$$

$$= -\frac{1}{2} e^{-x^2} + \text{const.}$$

d) $z = 1 - x^2 \qquad dz = -2x \, dx$

$$\int \frac{x}{\sqrt{1-x^2}} \, dx = -\int \frac{x}{\sqrt{z}} \, \frac{1}{2x} \, dz = -\frac{1}{2} \int z^{-1/2} \, dz$$

$$= -\frac{1}{2} \, 2 \, z^{1/2} + \text{const.} = -\sqrt{1-x^2} + \text{const.}$$

Übungsaufgabe 7

$$z = \frac{2\pi}{T} \, t \qquad dz = \frac{2\pi}{T} \, dt$$

$$F = \frac{T}{2\pi} \int\limits_{t=0}^{t=\frac{T}{2}} \sin z \, dz = \frac{T}{2\pi} \left. -\cos z \right|_{t=0}^{t=\frac{T}{2}}$$

$$= \frac{T}{2\pi} \left. -\cos \frac{2\pi}{T} t \right|_{0}^{T/2} = \frac{T}{2\pi} (-\cos \pi + \cos 0)$$

$$= \frac{T}{\pi}$$

Anderer Weg: $t = 0$ entspricht $z = 0$ und $t = T/2$ entspricht $z = \pi$; also

$$F = \frac{T}{2\pi} \int\limits_{0}^{\pi} \sin z \, dz = \frac{T}{2\pi} \left. -\cos z \right|_{0}^{\pi}$$

$$= \frac{T}{2\pi} (-\cos \pi + \cos 0) = \frac{T}{\pi}$$

Übungsaufgabe 8

a)

$$u = x \qquad\qquad dv = \cos x \, dx$$

$$du = dx \qquad\qquad v = \sin x$$

$$\int x \cos x \, dx = x \sin x - \int \sin x \, dx$$

$$= x \sin x + \cos x + \text{const.}$$

b)

$$u = \ln x \qquad\qquad dv = dx$$

$$du = \frac{1}{x} \, dx \qquad\qquad v = x$$

$$\int \ln x \, dx = (\ln x) \, x - \int x \, \frac{1}{x} \, dx$$

$$= x \ln x - x + \text{const.} = x(\ln x - 1) + \text{const.}$$

c)

$$u = \arcsin x \qquad\qquad dv = dx$$

$$du = \frac{1}{\sqrt{1-x^2}} \, dx \qquad\qquad v = x$$

$$\int \arcsin x \, dx = (\arcsin x) \, x - \int \frac{x}{\sqrt{1-x^2}} \, dx$$

Das zweite Integral wurde in Übungsaufgabe 6 durch Substitution gelöst.

$$\int \arcsin x \, dx = x \arcsin x + \sqrt{1 - x^2} + \text{const.}$$

d) $u = \ln x$ $dv = x \, dx$

$$du = \frac{1}{x} \, dx \qquad v = \frac{1}{2} x^2$$

$$\int x \ln x \, dx = (\ln x) \, \frac{1}{2} x^2 - \int \frac{1}{2} x^2 \, \frac{1}{x} \, dx = \frac{1}{2} x^2 \ln x - \frac{1}{2} \int x \, dx$$

$$= \frac{1}{2} x^2 \ln x - \frac{1}{4} x^2 + \text{const.} = \frac{1}{2} x^2 \left(\ln x - \frac{1}{2} \right) + \text{const.}$$

e) $u = x^n$ $dv = \cos x \, dx$

$$du = n \, x^{n-1} \qquad v = \sin x$$

$$\int x^n \cos x \, dx = x^n \sin x - n \int x^{n-1} \sin x \, dx$$

f) $$\int\limits_{0}^{\infty} A \, 4\pi \, r^2 \, e^{-\frac{2r}{r_0}} \, dr = 1$$

$$A = \frac{1}{4\pi \int\limits_{0}^{\infty} r^2 \, e^{-\frac{2r}{r_0}} \, dr}$$

Substitution: $z = \dfrac{2r}{r_0} \qquad dz = \dfrac{2}{r_0} dr$

$$\int\limits_{0}^{\infty} r^2 \, e^{-\frac{2r}{r_0}} \, dr = \left(\frac{r_0}{2} \right)^2 \frac{r_0}{2} \int\limits_{0}^{\infty} z^2 \, e^{-z} \, dz$$

Partielle Integration : $u = z^2$ $dv = e^{-z} \, dz$

$$du = 2z \, dz \qquad v = -e^{-z}$$

$$\int\limits_{0}^{\infty} z^2 \, e^{-z} \, dz = \left. -z^2 \, e^{-z} \right|_{0}^{\infty} + 2 \int\limits_{0}^{\infty} z \, e^{-z} \, dz$$

$$= \left. -2 \, e^{-z}(z + 1) \right|_{0}^{\infty} = 2$$

Somit ist

$$A = \frac{1}{4\,\pi\,\frac{1}{8}\,r_0^3\,2} = \frac{1}{\pi\,r_0^3}$$

Übungsaufgabe 9

a) Wir setzen $u = \sin x$, $dv = \sin 2x \cdot dx$ $\;(du = \cos x \cdot dx, v = -\frac{1}{2}\cos 2x)$.

$$F = -\sin x\,\frac{1}{2}\cos 2x + \frac{1}{2}\int\cos 2x \cos x\,dx$$

Nochmalige partielle Integration mit $u = \cos x$, $dv = \cos 2x \cdot dx$ $\;(du = -\sin x,$

$v = \frac{1}{2}\sin 2x)$.

$$F = -\frac{1}{2}\sin x \cos 2x + \frac{1}{2}\left[\cos x\,\frac{1}{2}\sin 2x + \frac{1}{2}\int\sin 2x \sin x\,dx\right]$$

Das verbleibende Integral ist mit F identisch; also

$$\frac{3}{4}\,F = -\frac{1}{2}\sin x \cos 2x + \frac{1}{4}\cos x \sin 2x + \text{const.}$$

$$F = -\frac{2}{3}\sin x \cos 2x + \frac{1}{3}\cos x \sin 2x + \text{const.}$$

b)

$$u = \sin x \qquad\qquad dv = \cos x\,dx$$

$$du = \cos x\,dx \qquad\qquad v = \sin x$$

$$F = \int\sin x \cos x\,dx = \sin^2 x - \int\sin x \cos x\,dx$$

Also

$$F = \frac{1}{2}\sin^2 x$$

c)

$$u = \ln x \qquad dv = \frac{1}{x}\,dx$$

$$du = \frac{1}{x}\,dx \qquad v = \ln x$$

$$F = \int\frac{\ln x}{x}\,dx = (\ln x)^2 - \int\ln x\,\frac{1}{x}\,dx$$

Also

$$F = \frac{1}{2}(\ln x)^2$$

Übungsaufgabe 10

$$\frac{1}{(a-x)(b-x)} = \frac{A}{a-x} + \frac{B}{b-x} = \frac{(b-x)A + (a-x)B}{(a-x)(b-x)}$$

$$1 = (b-x)A + (a-x)B$$

$$x(A+B) = bA + aB - 1$$

$$A + B = 0$$

$$bA + aB - 1 = 0$$

Daraus folgt

$$A = \frac{1}{b-a} \qquad B = -\frac{1}{b-a}$$

$$\int \frac{1}{(a-x)(b-x)}\,dx = \frac{1}{b-a}\int \frac{1}{a-x}\,dx - \frac{1}{b-a}\int \frac{1}{b-x}\,dx$$

$$= \frac{1}{b-a}\left[-\ln(a-x) + \ln(b-x)\right] + \text{const.}$$

$$= \frac{1}{b-a}\ln\frac{b-x}{a-x} + \text{const.}$$

Der vorletzte Schritt (Integration der Partialbrüche) erfolgt nach der Substitutionsmethode (Übungsaufgabe 5).

Übungsaufgabe 11

a)
$$\int_{-1}^{+1} \frac{1}{x^{2/3}}\,dx = \int_{-1}^{0} \frac{1}{x^{2/3}}\,dx + \int_{0}^{1} \frac{1}{x^{2/3}}\,dx$$

$$= \lim_{z\to 0}\left\{ \int_{-1}^{-z} \frac{1}{x^{2/3}}\,dx + \int_{z}^{1} \frac{1}{x^{2/3}}\,dx \right\}$$

$$= \lim_{z\to 0}\left\{ \left.3\,x^{1/3}\right|_{-1}^{-z} + \left.3\,x^{1/3}\right|_{z}^{1} \right\}$$

$$= \lim_{z\to 0}\ 3\left[-\sqrt[3]{z} + 1 + 1 - \sqrt[3]{z}\right] = 6$$

b)
$$\int_{1}^{\infty} \frac{1}{x^{2/3}}\, dx = \lim_{z \to \infty} \int_{1}^{z} \frac{1}{x^{2/3}}\, dx = \lim_{z \to \infty} \left. 3x^{1/3} \right|_{1}^{z}$$

$$= \lim_{z \to \infty} 3\,(\sqrt[3]{z} - 1) = \infty$$

Übungsaufgabe 12

Nach I 66a gilt für den Kreis

$$y = \pm \sqrt{r^2 - x^2}$$

Diese Funktion ist zur Abszisse symmetrisch; es genügt also, wenn wir nur die Fläche des oberen Halbkreises (Abb. 29) berechnen und das Resultat mit 2 multiplizieren. Nach Abb. 29 ist die Integration über den oberen Halbkreis von $x = -r$ bis $x = +r$ auszuführen, also

$$F = 2 \int_{-r}^{+r} R\, dx = 2 \int_{-r}^{+r} \sqrt{r^2 - x^2}\, dx$$

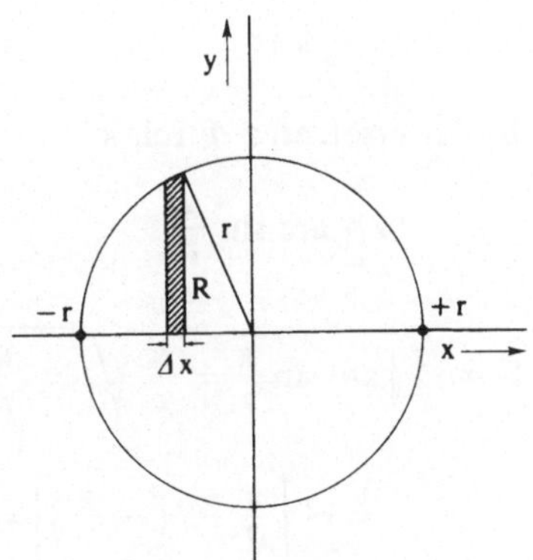

Abb. VIII 29
Flächenelement zur
Berechnung der
Kreisoberfläche

Dieses Integral läßt sich durch Substitution

$$x = r \sin z \qquad dx = r \cos z\, dz$$

lösen (daß gerade ein solcher Ansatz zum Ziel führt, läßt sich nicht sofort erkennen; das Auffinden der richtigen Substitution ist oft nur durch wiederholtes Probieren möglich).

$$F = 2 \int\limits_{x=-r}^{x=+r} \sqrt{r^2 - r^2 \sin^2 z}\; r \cos z \; dz$$

$$= 2\,r^2 \int\limits_{x=-r}^{x=+r} \sqrt{1 - \sin^2 z}\; \cos z \; dz$$

$$= 2\,r^2 \int\limits_{x=-r}^{x=+r} \cos^2 z \; dz = r^2 \left. \Big| z + \cos z \sin z \right|_{x=-r}^{x=+r}$$

(letzter Schritt siehe III 39)

Die Grenzen können wir nicht direkt einsetzen, weil sie für x gelten, wir aber eine Funktion von z vor uns haben. Wir können auf zweierlei Weise vorgehen:

a) Dem Wert $x = r$ entspricht nach unserem Substitutionsansatz $\sin z = 1$, also $z = \dfrac{\pi}{2}$; entsprechend erhalten wir für $x = -r$ den Wert $z = -\dfrac{\pi}{2}$. Einsetzen dieser Werte für die Grenzen ergibt

$$F = r^2 \left[\frac{\pi}{2} + \cos\frac{\pi}{2} \sin\frac{\pi}{2} + \frac{\pi}{2} - \cos\left(-\frac{\pi}{2}\right) \sin\left(-\frac{\pi}{2}\right) \right]$$

$$= \pi\,r^2$$

b) Wir ersetzen z durch x

$$z = \arcsin\frac{x}{r} \qquad\qquad \sin z = \frac{x}{r} \qquad\qquad \cos z = \sqrt{1 - \frac{x^2}{r^2}}$$

$$F = r^2 \left. \left| \arcsin\frac{x}{r} + \frac{x}{r}\sqrt{1 - \frac{x^2}{r^2}} \right|_{-r}^{+r} = r^2 \left[\arcsin 1 + 0 - \arcsin(-1) - 0\right] \right.$$

$$= r^2 \left[\frac{\pi}{2} - \left(-\frac{\pi}{2}\right) \right] = \pi\,r^2$$

Übungsaufgabe 13

Nach Abb. III 6 gilt analog wie im Fall der Kugel

$$V = \int\limits_{-a}^{+a} \pi\,R^2 \; dx$$

Nach der Ellipsengleichung $\dfrac{y^2}{b^2} + \dfrac{x^2}{a^2} = 1$ ist mit $R = y$

$$R = \pm \frac{b}{a} \sqrt{a^2 - x^2} \quad \text{und somit}$$

$$V = \pi \, \frac{b^2}{a^2} \int\limits_{-a}^{+a} (a^2 - x^2)\, dx = \pi \, \frac{b^2}{a^2} \left| a^2 x - \frac{1}{3} x^3 \right|_{-a}^{+a}$$

$$= \frac{4}{3} \pi \, b^2 \, a$$

Übungsaufgabe 14

$$dA = K \, dx = D \, x \, dx$$

$$A = \int\limits_{0}^{d} D \, x \, dx = \left| \frac{1}{2} D \, x^2 \right|_{0}^{d} = \frac{1}{2} D \, d^2$$

Übungsaufgabe 15

Wir formen (65) um, indem wir V_1 und V_2 durch p_1 und p_2 ausdrücken.

$$V_1 = \frac{\nu \, RT}{p_1} \qquad V_2 = \frac{\nu \, RT}{p_2}$$

$$A = -\nu \, R \, T \ln \frac{V_2}{V_1} = \nu \, RT \ln \frac{p_2}{p_1}$$

Zur Berechnung von ν wenden wir das ideale Gasgesetz an

$$\nu = \frac{p\,V}{RT} = \frac{3 \, atm \, 10 \, l}{0{,}08 \, l \, atm \, Grad^{-1} \, mol^{-1} \, 298 \, Grad}$$

$$= 1{,}26 \, mol$$

Also

$$A = 1{,}26 \, mol \, 0{,}08 \, l \, atm \, Grad^{-1} \, mol^{-1} \, 298 \, Grad \, \ln 3$$

$$= 30{,}0 \ 1{,}1 \, l \, atm = 33 \, l \, atm \approx 10^{-6} \, kWh$$

Übungsaufgabe 16

Wir lösen die van der Waals-Gleichung zunächst nach p auf.

$$p = \frac{\nu\,RT}{V - b} - \frac{a}{V^2}$$

Analog wie im Beispiel des idealen Gases ist

$$A = -\nu RT \int_{V_1}^{V_2} \frac{dV}{V - b} + a \int_{V_1}^{V_2} \frac{dV}{V^2}$$

$$= \left| -\nu\,R\,T\,\ln(V - b) - a\,\frac{1}{V} \right|_{V_1}^{V_2}$$

$$= -\nu\,R\,T\,\ln\frac{V_2 - b}{V_1 - b} - a\left[\frac{1}{V_2} - \frac{1}{V_1}\right]$$

Ein Vergleich mit dem Resultat für ein ideales Gas (Gl. 65) zeigt, daß sich der
erste Term durch das Glied b unterscheidet und der zweite Term zusätzlich
auftritt. Im Fall der Kompression ($V_2 < V_1$) führt das Glied b dazu, daß der
erste Term größer wird (Eigenvolumen der Moleküle), also mehr Arbeit zuzuführen ist; der zweite Term wird abgezogen, also ist weniger Arbeit zuzuführen
(Anziehungskräfte der Moleküle).

Übungsaufgabe 17

$$u = \frac{\displaystyle\int_{t_1}^{t_2} u\,dt}{\displaystyle\int_{t_1}^{t_2} dt} = \frac{\displaystyle\int_{t_1}^{t_2} g\,t\,dt}{t_2 - t_1}$$

$$= \frac{1}{2}\,\frac{g(t_2^2 - t_1^2)}{t_2 - t_1} = \frac{1}{2}\,g(t_2 + t_1)$$

$$= \frac{1}{2}\,981\,\frac{cm}{s^2}\,2s = 981\,\frac{cm}{s}$$

Dieses Resultat können wir auch leichter erhalten: da u linear mit der Zeit t
ansteigt, ist die mittlere Geschwindigkeit einfach das arithmetische Mittel aus
den Momentangeschwindigkeiten zur Zeit t_1 und t_2, also $\frac{1}{2}\,g\,(t_1 + t_2)$ (siehe
auch Abb. II 2).

Übungsaufgabe 18

$$\bar{r} = \frac{\int\limits_0^\infty r\, A\, 4\pi\, r^2\, e^{-\frac{2r}{r_0}}\, dr}{\int\limits_0^\infty A\, 4\pi\, r^2\, e^{-\frac{2r}{r_0}}\, dr} = \frac{\int\limits_0^\infty r^3\, e^{-\frac{2r}{r_0}}\, dr}{\int\limits_0^\infty r^2\, e^{-\frac{2r}{r_0}}\, dr}$$

Substitution $\quad z = \dfrac{2r}{r_0} \qquad\qquad dz = \dfrac{2}{r_0}\, dr$

$$\bar{r} = \frac{\left(\dfrac{r_0}{2}\right)^3 \dfrac{r_0}{2} \int\limits_0^\infty z^3\, e^{-z}\, dz}{\left(\dfrac{r_0}{2}\right)^2 \dfrac{r_0}{2} \int\limits_0^\infty z^2\, e^{-z}\, dz}$$

$$= \frac{r_0}{2}\, \frac{\int\limits_0^\infty z^3\, e^{-z}\, dz}{\int\limits_0^\infty z^2\, e^{-z}\, dz} = \frac{r_0}{2}\, \frac{3!}{2!} = \frac{3}{2}\, r_0 \quad \text{(nach 88)}$$

Der mittlere Abstand ist größer als der in Übungsaufgabe II 16 berechnete wahrscheinlichste Abstand ($r_w = r_0$).

Übungsaufgabe 19

In Abb. 30 sind diese Werte dargestellt; die Funktion n^n (siehe auch Übungsaufgabe II 16) steigt am steilsten an. Zwischen ln n! und der Stirlingschen Formel besteht nur eine kleine Differenz. Diese Differenz nimmt mit steigendem n langsam zu. Praktisch völlige Übereinstimmung besteht zwischen ln n! und der verbesserten Näherungsfunktion

$$y = (n \ln n - n) + \frac{1}{2} \ln 2\pi + \frac{1}{2} \ln n$$

die nach anderen Methoden erhalten wird.

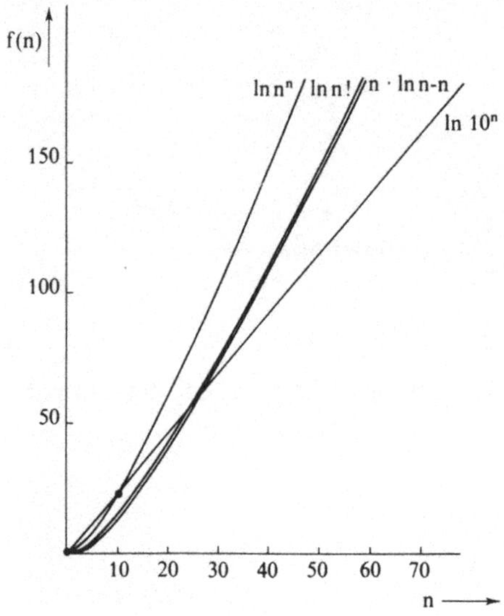

Abb. VIII 30
$y = \ln n^n$, $y = \ln n!$, $y = n \cdot \ln n - n$ und $y = \ln 10^n$ nach Tab. 9

Tab. VIII 9

n	n!	lnn!	n · lnn − n	ln n^n	ln 10^n
0	1	0	0	0	0
1	1	0	−1	0	2,30
5	120	4,79	3,05	8,05	11,51
10	$3,63 \cdot 10^6$	15,10	13,03	23,03	23,03
15	$1,31 \cdot 10^{12}$	27,90	25,62	40,62	34,54
20	$2,43 \cdot 10^{18}$	42,34	39,92	59,92	46,05
40	$8,16 \cdot 10^{47}$	110,32	107,56	147,56	92,10
60	$8,32 \cdot 10^{81}$	188,63	185,66	245,66	138,16
80	$7,16 \cdot 10^{118}$	273,67	270,56	350,56	184,21

Abschnitt IV

Übungsaufgabe 1

a) Nach (13) ist

$$\sin(-x) = (-x) - \frac{1}{3!}(-x)^3 + \frac{1}{5!}(-x)^5 - \frac{1}{7!}(-x)^7 \dots$$

$$= -\left[x - \frac{1}{3!}x^3 + \frac{1}{5!}x^5 - \frac{1}{7!}x^7 \dots \right]$$

$$= -\sin x$$

b) $\sin 1 = 1 - \frac{1}{3!} + \frac{1}{5!} - \frac{1}{7!} + \frac{1}{9!} - \frac{1}{11!} + \dots$

$$= 1 - \frac{1}{6} + \frac{1}{120} - \frac{1}{5040} + \frac{1}{362880} - \frac{1}{3,99\ 10^7} + \dots$$

$$= 1 - 0,1667 + 0,0084 - 0,0002 + 0,000003 - \dots$$

$$\approx 0,8415$$

Übungsaufgabe 2

a) $e = 1 + \frac{1}{1!} + \frac{1}{2!} + \frac{1}{3!} + \frac{1}{4!} + \frac{1}{5!} + \frac{1}{6!} + \frac{1}{7!} + \frac{1}{8!} + \dots$

$$= 1 + 1 + 0,500 + 0,16667 + 0,04167 + 0,00833 + 0,00139 + 0,00020$$
$$+ 0,00002 + \dots$$

$$\approx 2,71828$$

b) $\sqrt{1+x} = (1+x)^{1/-} = 1 + \frac{1}{2}x - \frac{1}{8}x^2 + \frac{1}{16}x^3 - \frac{5}{128}x^4 + \frac{7}{256}x^5 \dots$

$$= 1 + \frac{1}{2^1}x^1 - \frac{1 \cdot 1}{2^2 \cdot 2!}x^2 + \frac{1 \cdot 3}{2^3 \cdot 3!}x^3 - \frac{1 \cdot 3 \cdot 5}{2^4 \cdot 4!}x^4 + \dots$$

$$\sqrt{2} = \sqrt{1+1} = 1 + \frac{1}{2} - \frac{1}{8} + \frac{1}{16} - \frac{5}{128} + \frac{7}{256} \dots$$

$$= 1 + 0,5 - 0,125 + 0,0625 - 0,0391 + 0,0273 \dots$$

Wie Tab. 10 zeigt, konvergiert diese Reihe sehr langsam zu dem Wert $\sqrt{2} = 1,414 \dots$

Tab. VIII 10: Berechnung von $\sqrt{2}$ über die Reihe für $\sqrt{1+x}$

n	n-tes Glied	$\sum\limits_{0}^{n}$
1	1,0000	1,000
2	0,5000	1,500
3	− 0,1250	1,375
11	− 0,0093	1,410
21	− 0,0032	1,413
31	− 0,0017	1,413
41	− 0,0011	1,414

Übungsaufgabe 3

1. Wir setzen $\dfrac{\mu E}{kT} = x$

$$\operatorname{cth} x = \frac{e^x + e^{-x}}{e^x - e^{-x}} = \frac{1 + x + \dfrac{x^2}{2} + \dfrac{x^3}{6} + \ldots + 1 - x + \dfrac{x^2}{2} - \dfrac{x^3}{6} + \ldots}{1 + x + \dfrac{x^2}{2} + \dfrac{x^3}{6} + \ldots - 1 + x - \dfrac{x^2}{2} + \dfrac{x^3}{6} - \ldots}$$

$$\approx \frac{2 + x^2}{2x + \dfrac{1}{3} x^3} = \frac{1}{x} + \frac{1}{3} x + \ldots$$

Das letzte Resultat ergibt sich beim Ausdividieren des Bruches; somit erhalten wir

$$\bar{\mu} \approx \mu \left[\frac{1}{x} + \frac{1}{3} x - \frac{1}{x} \right] = \mu \, \frac{1}{3} x = \frac{\mu^2}{3kT} \, E$$

2. Wir setzen $k(r - r_0) = x$

$$V = E_D \left(1 - 1 + x - \frac{1}{2} x^2 + \ldots \right)^2 \approx E_D \, x^2 = E_D \, k^2 \, (r - r_0)^2$$

3. $\quad e^{\frac{1}{x}} - 1 = 1 + \frac{1}{x} + \frac{1}{2} \frac{1}{x^2} + \ldots - 1 \approx \frac{1}{x}$

Also $\quad y \approx x$

4. $\quad y = a + b \operatorname{ch}\left(\dfrac{x}{b}\right) = a + \dfrac{1}{2}\, b \cdot \left[1 + \dfrac{x}{b} + \dfrac{1}{2}\left(\dfrac{x}{b}\right)^2 + \ldots\right.$

$$\left.+\, 1 - \dfrac{x}{b} + \dfrac{1}{2}\left(\dfrac{x}{b}\right)^2 \ldots\right] \approx a + b + \dfrac{1}{2b}\, x^2$$

Übungsaufgabe 4

1. $\quad \displaystyle\int \sin x \, dx = \int \left(x - \dfrac{1}{3!}\, x^3 + \dfrac{1}{5!}\, x^5 \ldots\right) dx$

$$= \dfrac{1}{2}\, x^2 - \dfrac{1}{4!}\, x^4 + \dfrac{1}{6!}\, x^6 \ldots + \text{const.}$$

Die Integrationskonstante können wir in 2 Konstanten aufspalten:
const. $= -1 + C$

$$\int \sin x \, dx = -1 + \dfrac{1}{2!}\, x^2 - \dfrac{1}{4!}\, x^4 + \dfrac{1}{6!}\, x^6 \ldots + C$$

$$= -\left(1 - \dfrac{1}{2!}\, x^2 + \dfrac{1}{4!}\, x^4 - \dfrac{1}{6!}\, x^6 \ldots\right) + C$$

$$= -\cos x + C$$

2. Es ist $\dfrac{1}{1 - e^{-x}} = 1 + e^{-x} + e^{-2x} + e^{-3x} + \ldots$

(unendliche geometrische Reihe, die für $x > 0$ konvergiert). Damit wird

$$\int\limits_0^\infty \dfrac{x^3}{e^x - 1}\, dx = \int\limits_0^\infty x^3\, e^{-x}\, dx + \int\limits_0^\infty x^3\, e^{-2x} + \int\limits_0^\infty x^3\, e^{-3x} + \ldots$$

Allgemein gilt (Substitution $z = n\, x$)

$$\int\limits_0^\infty x^3\, e^{-nx}\, dx = \dfrac{1}{n^4} \int\limits_0^\infty z^3\, e^{-z}\, dz = \dfrac{1}{n^4} \cdot 3! = \dfrac{6}{n^4} \quad \text{(nach III 88)}$$

Damit ist

$$\int\limits_0^\infty \dfrac{x^3}{e^x - 1}\, dx = 6\left(1 + \dfrac{1}{2^4} + \dfrac{1}{3^4} + \dfrac{1}{4^4} + \ldots\right)$$

$$\approx 6 \cdot 1{,}08 = 6{,}48$$

Dieses Integral ist somit etwa 8 % größer als $\displaystyle\int\limits_0^\infty x^3\, e^{-x}\, dx$ (siehe Abb. 22 auf Seite 225).

Man kann zeigen, daß $\displaystyle\sum_{n=1}^{\infty} \frac{1}{n^4} = \frac{\pi^4}{90}$ ist.

Übungsaufgabe 5

1. Wir ersetzen in (21) x durch $-x$

$$e^{-ix} = \cos(-x) + i\sin(-x) = \cos x - i\sin x$$

2. $\displaystyle\sum_{n=1}^{6} c_{nk}\, c_{nk}^{*} = \sum_{n=1}^{6} A\, e^{\pm ik\alpha_n}\, A\, e^{\mp ik\alpha_n} = \sum_{n=1}^{6} A^2 = 6\,A^2 = 1$

$$A = \frac{1}{\sqrt{6}}$$

3. $\displaystyle\sum_{n=1}^{6} B\,(e^{ik\alpha_n} + e^{-ik\alpha_n})\, B\,(e^{-ik\alpha_n} + e^{+ik\alpha_n})$

$$= B^2 \sum_{n=1}^{6} (1 + e^{2ik\alpha_n} + e^{-2ik\alpha_n} + 1)$$

$$= B^2 \sum_{n=1}^{6} (2 + \cos 2k\alpha_n + i\sin 2k\alpha_n + \cos 2k\alpha_n - i\sin 2k\alpha_n)]$$

$$= 2\,B^2 \sum_{n=1}^{6} (1 + \cos 2k\alpha_n) = 2\,B^2 \left[6 + \sum_{n=1}^{6} \cos 2k\alpha_n \right]$$

$$= 2\,B^2 (6 + 1 - 0{,}5 - 0{,}5 + 1 - 0{,}5 - 0{,}5) = 12\,B^2$$

$$B = \frac{1}{\sqrt{12}}$$

$$c'_{nk} = \frac{1}{\sqrt{12}}\, [(\cos k\alpha_n + i\sin k\alpha_n) + (\cos k\alpha_n - i\sin k\alpha_n)]$$

$$= \frac{1}{\sqrt{12}}\, 2\cos k\alpha_n = \frac{1}{\sqrt{3}} \cos k\alpha_n$$

Übungsaufgabe 6

$$y = \sin x + \cos x\, \Delta x - \frac{1}{2!} \sin x\, (\Delta x)^2$$

$$- \frac{1}{3!} \cos x\, (\Delta x)^3 + \frac{1}{4!} \sin x\, (\Delta x)^4 + \ldots$$

$$- \sin x$$

$$y\left(\frac{\pi}{2} + \Delta x\right) = \left(\cos \frac{\pi}{2}\right)\Delta x - \frac{1}{2!}\left(\sin \frac{\pi}{2}\right)(\Delta x)^2 - \frac{1}{3!}\left(\cos \frac{\pi}{2}\right)(\Delta x)^3$$

$$+ \frac{1}{4!}\left(\sin \frac{\pi}{2}\right)(\Delta x)^4 + \ldots$$

$$= -\frac{1}{2!}(\Delta x)^2 + \frac{1}{4!}(\Delta x)^4 \ldots$$

Übungsaufgabe 7

Wir kombinieren die Reihen

$$\ln(1 + x) = x - \frac{1}{2}x^2 + \frac{1}{3}x^3 - \frac{1}{4}x^4 + \frac{1}{5}x^5 \ldots$$

$$\ln(1 - x) = -x - \frac{1}{2}x^2 - \frac{1}{3}x^3 - \frac{1}{4}x^4 - \frac{1}{5}x^5 \ldots$$

zu

$$y = \ln \frac{1 + x}{1 - x} = \ln(1 + x) - \ln(1 - x)$$

$$= 2\left(x + \frac{1}{3}x^3 + \frac{1}{5}x^5 \ldots\right)$$

Wir setzen $\dfrac{1 + x}{1 - x} = 10$ und lösen nach x auf: $x = \dfrac{9}{11}$

$$\ln 10 = \ln \frac{1 + \frac{9}{11}}{1 - \frac{9}{11}} = 2\left[\frac{9}{11} + \frac{1}{3}\left(\frac{9}{11}\right)^3 + \frac{1}{5}\left(\frac{9}{11}\right)^5 + \ldots\right]$$

Diese Reihe konvergiert, wie Tab. 11 zeigt, zu dem Wert $\ln 10 = 2,3026 \ldots$

Tab. VIII 11: Berechnung von $\ln 10$ über die Reihe für $\ln \dfrac{1 + x}{1 - x}$

n	n-tes Glied	$\sum\limits_{0}^{n}$
1	1,6364	1,6364
2	0,3651	2,0015
5	0,0365	2,2548
10	0,0023	2,2990
20	0,00001	2,3026

Daraus ergibt sich $\lg e = \dfrac{1}{\ln 10} = \dfrac{1}{2{,}3026} = 0{,}43429$

Übungsaufgabe 8

Die Funktion läßt sich in der ersten Periode analytisch ausdrücken durch

$$U = -U_0 \text{ von } t = 0 \text{ bis } t = \frac{T}{2}$$

$$U = U_0 \quad \text{von } t = \frac{T}{2} \text{ bis } t = T$$

(T = Periodendauer)

Für T entnehmen wir der Abbildung $T = 1{,}72$ *Skt* $= 0{,}86$ *msec*, für U_0 den Wert 2,15 *Volt*. Wir berechnen die Koeffizienten der Fourierreihe (43), indem wir anstelle von L bzw. z die Größen T und t einsetzen.

$$a_0 = \frac{1}{T} \left[\int\limits_0^{T/2} -U_0\, dt + \int\limits_{T/2}^{T} U_0\, dt \right] = \frac{1}{T}\left[-U_0\, \frac{T}{2} + U_0\, T - U_0\, \frac{T}{2} \right] = 0$$

$$a_n = \frac{2}{T}\left[\int\limits_0^{T/2} -U_0 \sin \frac{n\,2\pi}{T}\, t\, dt + \int\limits_{T/2}^{T} U_0 \sin \frac{n\,2\pi}{T}\, t\, dt \right]$$

$$= \frac{2}{T}\,\frac{T}{n\,2\pi}\, U_0\, [\cos n\pi - 1 - \cos n2\pi + \cos n\pi]$$

$$= \frac{2\,U_0}{n\,\pi}\,(\cos n\pi - 1) = \begin{cases} -\dfrac{4U_0}{n\pi} & \text{für n ungeradzahlig} \\[2em] 0 & \text{für n geradzahlig} \end{cases}$$

$$b_n = \frac{2}{T}\left[\int\limits_0^{T/2} -U_0 \cos \frac{n2\pi}{T}\, t\, dt + \int\limits_{T/2}^{T} U_0 \cos \frac{n2\pi}{T}\, t\, dt \right] = 0.$$

Somit erhalten wir

$$U = \frac{-4U_0}{\pi}\left(\sin \frac{2\pi}{T}\, t + \frac{1}{3} \sin \frac{6\pi}{T}\, t + \frac{1}{5} \sin \frac{10\,\pi}{T}\, t + \ldots \right)$$

$$= \frac{-4\,U_0}{\pi}\left(\sin \omega t + \frac{1}{3}\sin 3\,\omega t + \frac{1}{5}\sin 5\omega t + \ldots\right)$$

mit $\omega = 2\pi \cdot \nu = \dfrac{2\pi}{T}$. In Abb. 31 ist dargestellt, wie die Rechteckfunktion durch Überlagerung von Sinusfunktionen erhalten wird. Diese Fourieranalyse zeigt, daß beispielsweise ein Lautsprecher, der an einen Tonfrequenzgenerator mit einer Rechteckspannung angeschlossen wird, außer einem Sinuston mit der Grundfrequenz der Rechteckspannung noch Obertöne mit ungeradzahligen Vielfachen der Grundfrequenz ausstrahlt.

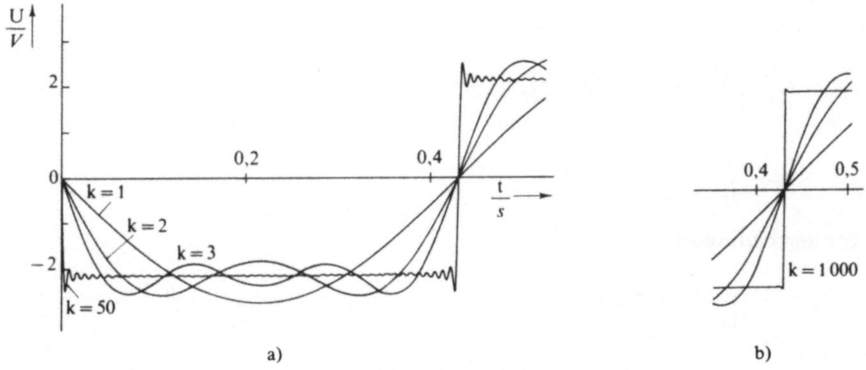

Abb. VIII 31
Rechteckfunktion als Überlagerung von Sinusfunktionen

$$U = -\frac{4U_0}{\pi}\sum_{n=1}^{k}\frac{1}{n}\sin\frac{n\cdot 2\pi}{T}\cdot t \qquad \begin{aligned} U_0 &= 2{,}15\;V \\ T\ &= 0{,}86\;ms \end{aligned}$$

a) k = 1, 2, 3 und 50
b) Bereich zwischen 0,4 und 0,5 *ms* mit k = 1, 2, 3 und 1000

Bei einem genaueren Vergleich der Abb. IV 5 und 31 fällt auf, daß sich die Fourierfunktion auch bei Mitnahme von 1000 Summengliedern nicht sprunghaft ändert, wie es eigentlich zu erwarten wäre. Das liegt daran, daß die Funktion in Abb. IV 5 an den Sprungstellen unstetig ist, eine Summe von Winkelfunktionen aber naturgemäß an allen Stellen stetig sein muß. Die Fourierreihenentwicklung gilt somit überall außer an den Sprungstellen.

Abschnitt V

Übungsaufgabe 1

Trennung der Variablen:

$$\frac{dN_J}{N_J^2} = -2k\,dt$$

Integration:

$$\int \frac{1}{N_J^2}\,dN_J = -2k\int dt$$

$$-\frac{1}{N_J} = -2\,k\,t + C$$

Anfangsbedingung:

$$-\frac{1}{N_0} = -2\,k\,t_0 + C$$

$$-\frac{1}{N_J} = -\frac{1}{N_0} - 2k\,(t - t_0)$$

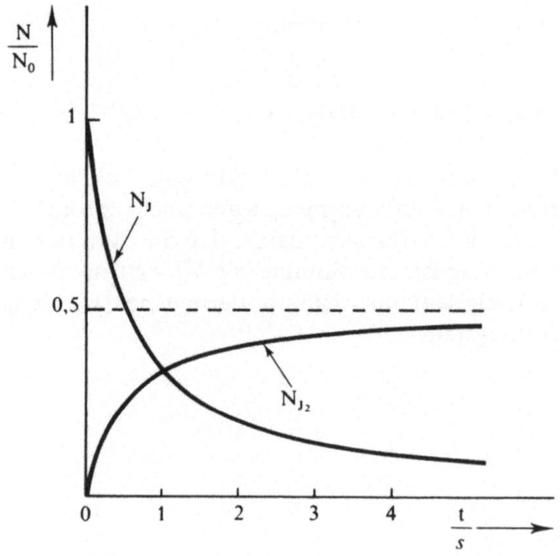

Abb. VIII 32
Zeitlicher Verlauf von N_J und N_{J_2} für die Reaktion $2J \rightarrow J_2$ mit $k = 10^{-3}\ s^{-1}$, $N_0 = 1000$, $t_0 = 0$.

$$N_J = \cfrac{1}{\cfrac{1}{N_0} + 2\,k(t - t_0)} = N_0 \ \frac{1}{1 + 2\,N_0\,k\,(t - t_0)}$$

$$N_{J_2} = \frac{1}{2}\,(N_0 - N_J) = \frac{1}{2}\,N_0 \left[1 - \frac{1}{1 + 2\,N_0\,k\,(t - t_0)}\right]$$

Diese Funktionen sind in Abb. 32 dargestellt.

Übungsaufgabe 2

Einmalige Integration ergibt mit $A = \dfrac{q \cdot U}{m \cdot d}$

$$\frac{dx}{dt} + \frac{a}{m}\,x = A\,t + C_1$$

Diese inhomogene Differentialgleichung lösen wir durch Variation der Konstanten. Analog zu (17c) erhalten wir

$$\frac{df}{dt} = \frac{A\,t + C_1}{z} = \frac{1}{C_3}\,e^{\frac{a}{m}\,t}\,(A\,t + C_1)$$

$$f = \frac{A}{C_3} \int t\,e^{\frac{a}{m}\,t}\,dt + \frac{C_1}{C_3} \int e^{\frac{a}{m}\,t}\,dt$$

Das erste Integral lösen wir nach (III 36) durch partielle Integration.

$$f = \frac{A}{C_3}\,\frac{m^2}{a^2}\,e^{\frac{a}{m}\,t}\left(\frac{a}{m}\,t - 1\right) + \frac{C_1}{C_3}\,\frac{m}{a}\,e^{\frac{a}{m}\,t} + C_4$$

Also erhalten wir für x

$$x = z\,f = A\,\frac{m^2}{a^2}\left(\frac{a}{m}\,t - 1\right) + C_1\,\frac{m}{a} + C_3\,C_4\,e^{-\frac{a}{m}\,t}$$

$$= A\,\frac{m}{a}\,t + C_3\,C_4\,e^{-\frac{a}{m}\,t} + C_1\,\frac{m}{a} - A\,\frac{m^2}{a^2}$$

Festlegung der Anfangsbedingungen

Wir gehen davon aus, daß zur Zeit $t = 0$ $x = 0$ ist und die Geschwindigkeit $\dfrac{dx}{dt} = 0$ (wir betrachten ein Na'-Ion an der linken Kondensatorplatte und schalten zur Zeit $t = 0$ die Spannung U ein).

1. $\quad 0 = C_3\,C_4 + C_1\,\dfrac{m}{a} - A\,\dfrac{m^2}{a^2}$

2. $\quad \dfrac{dx}{dt} = A\,\dfrac{m}{a} - \dfrac{a}{m}\,C_3\,C_4\,e^{-\frac{a}{m}\,t}$

$$0 = A\,\frac{m}{a} - \frac{a}{m}\,C_3\,C_4$$

Daraus folgt $C_3 \cdot C_4 = A \cdot \left(\dfrac{m}{a}\right)^2$ und $C_1 = 0$; Einsetzen in die Beziehungen für x und $\dfrac{dx}{dt}$:

$$x = A\,\frac{m}{a}\,t + A\left(\frac{m}{a}\right)^2 e^{-\frac{a}{m}\,t} - A\,\frac{m^2}{a^2}$$

$$= \frac{q\,U}{d\,a}\left[t + \frac{m}{a}\left(e^{-\frac{a}{m}\,t} - 1\right)\right]$$

$$\frac{dx}{dt} = \frac{q\,U}{d\,a}\left[1 - e^{-\frac{a}{m}\,t}\right]$$

Diese Funktionen sind in Abb. 33 dargestellt. Für $t \to \infty$ folgt $\dfrac{dx}{dt} = \dfrac{q}{d} \cdot \dfrac{U}{a}$,

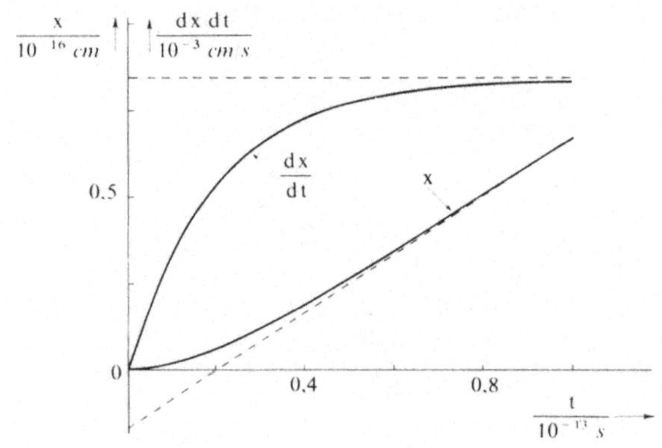

Abb. VIII 33
Bewegung eines Na^+-Ions im elektrischen Feld in einem viskosen Medium (Wasser). Der Darstellung sind folgende Zahlenwerte zugrundegelegt: $q = 1,6 \cdot 10^{-19}\,A \cdot s$ (elektrische Elementarladung), $m = 3,84 \cdot 10^{-23}\,g$, $U = 1\,V$, $d = 1\,cm$. Die Konstante a ergibt sich nach dem Stokeschen Gesetz: Reibungskraft $= a \cdot v = 6\pi\eta\,r\,v$; für Wasser ist $\eta = 0,01\,g \cdot s^{-1}\,cm^{-1}$, für den Ionenradius r setzen wir $10^{-8}\,cm$; damit ergibt sich $a = 1,9 \cdot 10^{-9}\,g\,s^{-1}$.

das Ion bewegt sich also mit konstanter Geschwindigkeit.
Der Spezialfall $a = 0$ ist über eine Grenzwertbetrachtung zugänglich:

$$\lim_{a \to 0} x = \frac{q\,U}{d} \lim_{a \to 0} \left[\frac{at + m\left(e^{-\frac{a}{m}t} - 1\right)}{a^2} \right]$$

$$= \frac{q\,U}{d} \lim_{a \to 0} \frac{\frac{t^2}{m} e^{-\frac{a}{m}t}}{2} = \frac{1}{2} \frac{q\,U}{d\,m} t^2$$

x nimmt also analog wie beim freien Fall mit t^2 zu.

$$\lim_{a \to 0} \frac{dx}{dt} = \frac{q\,U}{d} \lim_{a \to 0} \left[\frac{1 - e^{-\frac{a}{m}t}}{a} \right]$$

$$= \frac{q\,U}{d} \lim_{a \to 0} \left[\frac{\frac{t}{m} e^{-\frac{a}{m}t}}{1} \right] = \frac{q\,U}{d\,m} t$$

Übungsaufgabe 3

1. $\quad x_0 = C + C^*$

2. $\quad \dfrac{dx}{dt} = C\,i\,\omega_0\,e^{i\omega_0 t} - C^*\,i\,\omega_0\,e^{-i\omega_0 t}$

$\quad\quad 0 = C\,i\,\omega_0 - C^*\,i\,\omega_0$

Also

$$C = C^* = \frac{1}{2} x_0$$

$$x = \frac{1}{2} x_0 \left(e^{i\omega_0 t} - e^{-i\omega_0 t}\right) = x_0 \, \mathrm{sh}(i\omega_0 t).$$

Übungsaufgabe 4

Wir setzen den Lösungsansatz in die Differentialgleichung ein.

$$A\,(a + b)^2\,e^{(a+b)t} + B(a - b)^2\,e^{(a-b)t}$$

$$+ \frac{c}{m}\,A\,(a + b)\,e^{(a+b)t} + \frac{c}{m}\,B(a - b)\,e^{(a-b)t}$$

$$+ \frac{k}{m}\,A\,e^{(a+b)t} \qquad\quad + \frac{k}{m}\,B\,e^{(a-b)t} = 0$$

Zusammenfassen von Gliedern, die $e^{(a+b)t}$ bzw. $e^{(a-b)t}$ als Faktor enthalten:

$$A \left[(a + b)^2 + \frac{c}{m} (a + b) + \frac{k}{m} \right] e^{(a+b)t}$$

$$= - B \left[(a - b)^2 + \frac{c}{m} (a - b) + \frac{k}{m} \right] e^{(a-b)t}$$

Diese Gleichung kann nur dann für beliebige Werte von t gelten, wenn beide Klammerausdrücke Null sind.

$$(a + b)^2 + \frac{c}{m} (a + b) + \frac{k}{m} = 0$$

$$(a - b)^2 + \frac{c}{m} (a - b) + \frac{k}{m} = 0$$

$$a + b = - \frac{1}{2} \frac{c}{m} \pm \sqrt{- \frac{k}{m} + \frac{1}{4} \left(\frac{c}{m} \right)^2}$$

$$a - b = - \frac{1}{2} \frac{c}{m} \pm \sqrt{- \frac{k}{m} + \frac{1}{4} \left(\frac{c}{m} \right)^2}$$

Wir betrachten den Fall:

$$a + b = - \frac{c}{2m} + \sqrt{- \frac{k}{m} + \left(\frac{c}{2m} \right)^2}$$

$$a - b = - \frac{c}{2m} - \sqrt{- \frac{k}{m} + \left(\frac{c}{2m} \right)^2}$$

Damit erhalten wir mit der Abkürzung $w = \sqrt{- \frac{k}{m} + \left(\frac{c}{2m} \right)^2}$

$$\boxed{x = e^{- \frac{c}{2m} t} (A\, e^{w\, t} + B\, e^{-wt})}$$

(die weiteren Fälle $a + b = - \frac{c}{2m} - w$, $a - b = - \frac{c}{2m} + w$ und $a + b = a - b = - \frac{c}{2m} \pm w$ ergeben, wie man selbst überlegen kann, keine neuen Lösungen).

Anfangsbedingungen

Zur Zeit $t = 0$ sei $x = x_0$ und $\frac{dx}{dt} = 0$.

$$x_0 = A + B$$

$$\frac{dx}{dt} = - \frac{c}{2m} e^{- \frac{c}{2m} t} (A\, e^{wt} + B\, e^{-wt}) + e^{- \frac{c}{2m} t} (A\, w\, e^{wt} - B\, w\, e^{-wt})$$

$$0 = - \frac{c}{2m}(A + B) + w(A - B)$$

$$A = \frac{1}{2}x_0\left(1 + \frac{c}{2mw}\right) \qquad B = \frac{1}{2}x_0\left(1 - \frac{c}{2mw}\right)$$

Also

$$x = x_0\, e^{-\frac{c}{2m}t}\left[\frac{1}{2}(e^{wt} + e^{-wt}) + \frac{1}{2}\frac{c}{2mw}(e^{wt} - e^{-wt})\right]$$

Jetzt sind 3 Möglichkeiten zu unterscheiden:

1. $\left(\dfrac{c}{2m}\right)^2 > \dfrac{k}{m}$, also w reell

$$x = x_0\, e^{-\frac{c}{2m}t}\left[\operatorname{ch}(wt) + \frac{c}{2mw}\operatorname{sh}(wt)\right]$$

2. $\left(\dfrac{c}{2m}\right)^2 < \dfrac{k}{m}$, also w imaginär

Mit der Abkürzung $\Omega_0 = \sqrt{\dfrac{k}{m} - \left(\dfrac{c}{2m}\right)^2}$ ist $w = i\,\Omega_0$ und somit

$$x = x_0\, e^{-\frac{c}{2m}t}\left[\cos\Omega_0 t + \frac{c}{2m\,\Omega_0}\sin\Omega_0 t\right]$$

3. $\left(\dfrac{c}{2m}\right)^2 = \dfrac{k}{m}$, also w = 0

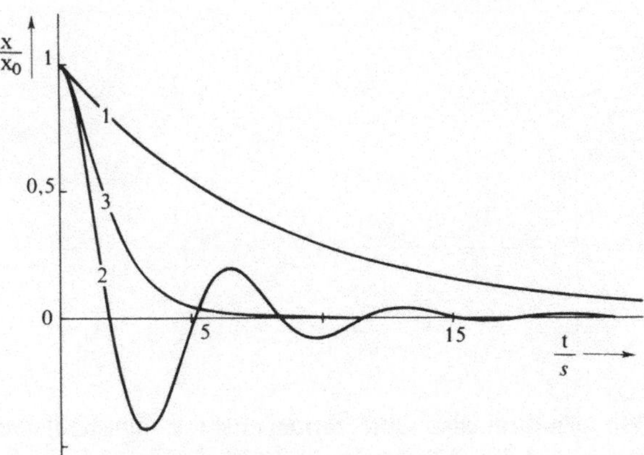

Abb. VIII 34
Auslenkung x in Abhängigkeit
von der Zeit t bei der gedämpften Schwingung
1: starke Dämpfung $\frac{k}{m} = 1\,s^{-2}$,
   $\frac{c}{2m} = 4\,s^{-1}$: Kriechfall)
2: schwache Dämpfung
   ($\frac{k}{m} = 1\,s^{-2}$, $\frac{c}{2m} = 0{,}25\,s^{-1}$:
   Schwingfall)
3: aperiodischer Grenzfall
   ($\frac{k}{m} = \left(\frac{c}{2m}\right)^2 = 1\,s^{-2}$)

In diesem Fall erhalten wir für x einen unbestimmten Ausdruck; wir versuchen deshalb eine Grenzwertbetrachtung.

$$\lim_{w \to 0} x = x_0\, e^{-\frac{c}{2m} t} \left[1 + \frac{1}{2} \frac{c}{2m} \lim_{w \to 0} \frac{e^{wt} - e^{-wt}}{w} \right]$$

$$= x_0\, e^{-\frac{c}{2m} t} \left[1 + \frac{1}{2} \frac{c}{2m} \lim_{w \to 0} \frac{t \cdot e^{wt} + t \cdot e^{-wt}}{1} \right]$$

$$= x_0\, e^{-\frac{c}{2m} t} \left[1 + \frac{c}{2m} t \right].$$

Diese 3 Möglichkeiten sind in Abb. 34 dargestellt (Kriechfall, Schwingfall, aperiodischer Grenzfall).

Übungsaufgabe 5

In diesem Fall müssen wir einen Grenzübergang vornehmen, da sonst ein unbestimmter Ausdruck erhalten wird; mit

$$\omega_0 - \omega = \Delta\omega \quad \text{folgt}$$

$$x = \lim_{\Delta\omega \to 0} \frac{2qE_0}{m} \sin\left(\frac{2\omega_0 - \Delta\omega}{2} t \right) \frac{\left(\sin \frac{\Delta\omega}{2} t \right)}{(\omega_0 + \omega)(\omega_0 - \omega)}$$

$$= \frac{2qE_0}{m} \sin \omega_0 t \, \frac{1}{2\,\omega_0} \lim_{\Delta\omega \to 0} \frac{\sin \frac{\Delta\omega}{2} t}{\Delta\omega}$$

$$= \left(\frac{q E_0}{2 m \omega_0} t \right) \sin \omega_0 t$$

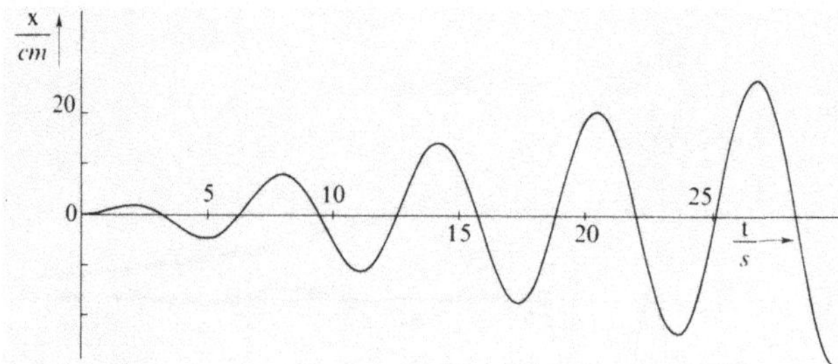

Abb. VIII 35
Auslenkung x bei einer ungedämpften, erzwungenen Schwingung in Abhängigkeit von der Zeit mit $\omega_0 = 1\ s^{-1}$ und $\frac{q \cdot E_0}{2 m \omega_0} = 1\ cm/s$.
(Resonanzfall)

Wir erhalten also eine Sinusfunktion der Kreisfrequenz ω_0, deren Amplitude linear mit der Zeit t ansteigt (Abb. 35).

Übungsaufgabe 6

Wir setzen den Lösungsansatz in die Dgl. ein und erhalten nach Sortieren nach Gliedern mit $\cos \omega t$ und $\sin \omega t$

$$\left[A\left(\frac{k}{m} - \omega^2\right) + \frac{c}{m}\,\omega B - \frac{q}{m}\,E_0 \right] \cos \omega t =$$

$$- \left[B\left(\frac{k}{m} - \omega^2\right) - \frac{c}{m}\,\omega A \right] \sin \omega t$$

Diese Gleichung kann nur dann für beliebiges t gelten, wenn beide Klammerausdrücke Null sind. Damit folgt, wenn wir noch die Abkürzung $\omega_0^2 = \dfrac{k}{m}$ benutzen,

$$B = \frac{c\,\omega\,A}{m(\omega_0^2 - \omega^2)}$$

$$A(\omega_0^2 - \omega^2) = \frac{q\,E_0}{m} - \frac{c\omega B}{m} = \frac{q\,E_0}{m} - \frac{c^2\,\omega^2\,A}{m^2(\omega_0^2 - \omega^2)}$$

Daraus erhalten wir

$$A = \frac{q}{m}\,E_0\; \frac{\omega_0^2 - \omega^2}{(\omega_0^2 - \omega^2)^2 + \dfrac{c^2\,\omega^2}{m^2}}$$

$$B = \frac{q}{m}\,E_0\; \frac{\dfrac{c\omega}{m}}{(\omega_0^2 - \omega^2)^2 + \dfrac{c^2\,\omega^2}{m^2}}$$

Damit haben wir eine partikuläre Lösung der Diff.-Gleichung gefunden; wir formen sie zweckmäßigerweise noch nach den Additionstheoremen der Winkelfunktionen um:

$$\cos \alpha \cos \beta - \sin \alpha \sin \beta = \cos(\alpha + \beta)$$

Setzen wir

$$\cos \alpha = \frac{A}{x_0} \qquad \sin \alpha = -\frac{B}{x_0} \qquad \beta = \omega t$$

dann folgt für x

$$x = A \cos \omega t + B \sin \omega t = x_0 \cos(\omega t + \alpha)$$

An Stelle der Summe von zwei Winkelfunktionen haben wir damit eine cos-Funktion erhalten, die gegenüber der Funktion der anregenden Kraft um α phasenverschoben ist.

Wegen $\cos^2\alpha + \sin^2\alpha = 1$ gilt $\dfrac{A^2}{x_0^2} + \dfrac{B^2}{x_0^2} = 1$ und somit

$$x_0 = \sqrt{A^2 + B^2} = \frac{q}{m}\, E_0 \; \frac{1}{\sqrt{(\omega_0^2 - \omega^2)^2 + \dfrac{c^2\,\omega^2}{m^2}}}.$$

Die Phasenverschiebung α ergibt sich aus

$$\frac{B}{A} = -\frac{x_0\,\sin\alpha}{x_0\,\cos\alpha} = -\operatorname{tg}\alpha = \frac{\dfrac{c\,\omega}{m}}{\omega_0^2 - \omega^2}$$

zu

$$\alpha = \operatorname{arctg}\left(-\frac{c\,\omega}{m(\omega_0^2 - \omega^2)}\right)$$

Zu dieser partikulären Lösung addieren wir die Lösung der entsprechenden homogenen Diff.-Gl. hinzu; beschränken wir uns auf den Fall der schwachen Dämpfung, dann gilt nach Seite 261

$$x = \frac{q}{m}\, E_0 \; \frac{1}{\sqrt{(\omega_0^2 - \omega^2)^2 + \dfrac{c^2\,\omega^2}{m^2}}} \; \cos(\omega t + \alpha)$$

$$+ \, e^{-\frac{c}{2m}t}\left[C_1 \cos(\Omega_0 t) + C_2 \sin(\Omega_0 t)\right]$$

mit

$$\Omega_0^2 = \omega_0^2 - \left(\frac{c}{2m}\right)^2$$

Anfangsbedingungen

Zur Zeit $t = 0$ sei $x = 0$ und $\dfrac{dx}{dt} = 0$. Also

$$\frac{q}{m}\, E_0 \; \frac{1}{\sqrt{(\omega_0^2 - \omega^2)^2 + \dfrac{c^2\,\omega^2}{m^2}}} \; \cos\alpha + C_1 = 0$$

und

$$-\frac{q}{m}\, E_0 \; \frac{\omega}{\sqrt{(\omega_0^2 - \omega^2)^2 + \dfrac{c^2\,\omega^2}{m^2}}} \; \sin\alpha - \frac{c}{2m}\, C_1 + \Omega_0\, C_2 = 0$$

Damit erhalten wir die vollständige Lösung

$$x = \frac{q}{m} E_0 \; \frac{1}{\sqrt{(\omega_0^2 - \omega^2)^2 + \dfrac{c^2\omega^2}{m^2}}} \Bigg[\cos(\omega t + \alpha)$$

$$+ \, e^{-\frac{c}{2m}t} \left\{ -\cos\alpha \cos\Omega_0 t + \left(\frac{\omega}{\Omega_0} \sin\alpha - \frac{c}{2m\,\Omega_0} \cos\alpha \right) \sin\Omega_0 t \right\} \Bigg]$$

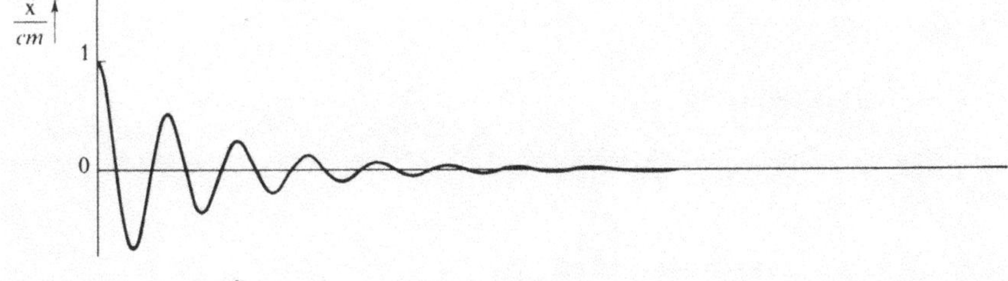

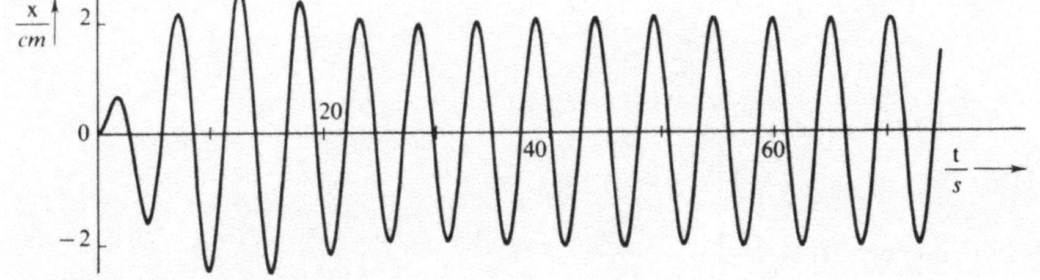

Abb. VIII 36
Auslenkung x bei einer gedämpften
erzwungenen Schwingung (unten).
Zum Vergleich: Abklingen einer
gedämpften Schwingung mit derselben
Dämpfungskonstanten (oben). Der Darstellung liegen folgende Zahlenwerte
zugrunde: $\frac{q}{m} E_0 = 1\,s^2$, $\omega = 1{,}2\,s^{-1}$,
$\omega_0 = 1{,}0\,s^{-1}$, $c = 0{,}2\,g \cdot s^{-1}$, $m = 1\,g$

Abb. VIII 37
Gedämpfte, erzwungene Schwingung
im stationären Zustand: Amplitude
x_0 und Phasenwinkel α in Abhängigkeit von der Kreisfrequenz ω
(Zahlenwerte wie in Abb. 36; zusätzlich wird der Fall $c = 0{,}5\,g \cdot s^{-1}$
betrachtet).

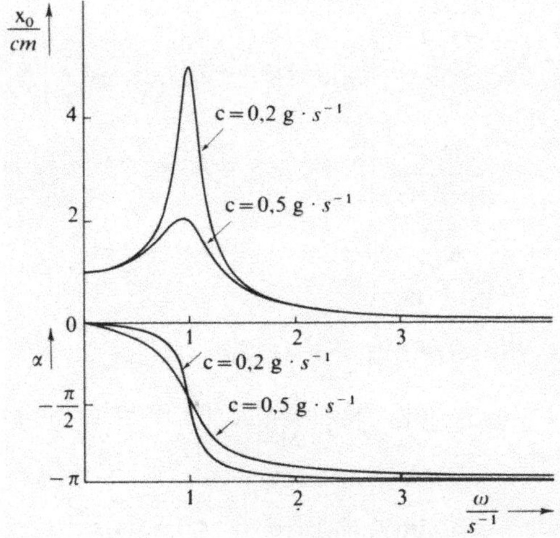

Während des Einschwingvorganges (t klein) werden wie beim ungedämpften Fall Schwebungen auftreten. Mit wachsendem t fällt der Faktor $e^{-\frac{c}{2m}t}$ rasch auf Null ab, und die Lösung wird mit der zuerst gefundenen partikulären Lösung identisch (stationärer Zustand); in Abb. 36 ist x in Abhängigkeit von t, in Abb. 37 sind x_0 und α in Abhängigkeit von ω nach Einstellung des stationären Zustandes dargestellt.

Übungsaufgabe 7

1. $N_B = y\,z$ mit $y = C'\,e^{-k_2 t}$

$$-C'\,k_2\,e^{-k_2 t}\,z + C'\,e^{-k_2 t}\,\frac{dz}{dt} + k_2\,C'\,e^{-k_2 t}\,z \;= k_1\,C_1\,e^{-k_1 t}$$

$$\frac{dz}{dt} = \frac{k_1\,C_1}{C'}\,e^{k_2 t}\,e^{-k_1 t} = \frac{k_1 C_1}{C'}\,e^{(k_2 - k_1)t}$$

$$z = \frac{k_1}{k_2 - k_1}\,\frac{C_1}{C'}\,e^{(k_2 - k_1)\,t} + C''$$

Also:

$$N_B = C'\,e^{-k_2 t}\left[\frac{k_1}{k_2 - k_1}\,\frac{C_1}{C'}\,e^{(k_2 - k_1)\,t} + C''\right]$$

$$= \frac{k_1}{k_2 - k_1}\,C_1\,e^{-k_1 t} + C'\,C''\,e^{-k_2 t}$$

Mit $C'\,C'' = C_2$ folgt (59)

2. $N_C = N_0 - N_0\,e^{-k_1 t} - N_0\,\dfrac{k_1}{k_1 - k_2}\left[e^{-k_2 t} - e^{-k_1 t}\right]$

$$= \frac{N_0}{k_1 - k_2}\left[k_1 - k_2 - k_1\,e^{-k_1 t} + k_2\,e^{-k_1 t} - k_1 e^{-k_2 t} + k_1\,e^{-k_1 t}\right]$$

$$= \frac{N_0}{k_1 - k_2}\left[k_2\,(e^{-k_1 t} - 1) - k_1\,(e^{-k_2 t} - 1)\right]$$

3. Wir setzen $k_1 - k_2 = \Delta k$.

$$N_B = \lim_{\Delta k \to 0} N_0\,\frac{k_1}{\Delta k}\left[e^{-(k_1 - \Delta k)t} - e^{-k_1 t}\right]$$

$$= \lim_{\Delta k \to 0} N_0 k_1\,e^{-k_1 t}\,\frac{e^{\Delta k\,t} - 1}{\Delta k}$$

$$= \lim_{\Delta k \to 0} \; N_0 \; k_1 \; e^{-k_1 t} \; t \; \frac{e^{\Delta k t}}{1}$$

$$= N_0 \; k_1 \; t \; e^{-k_1 t}$$

Entsprechend erhalten wir

$$N_C = N_0 \, [1 - e^{-k_1 t} \, (k_1 t + 1)]$$

Übungsaufgabe 8

Ein Vergleich der beiden Dgl. ergibt

$$\frac{dN_B}{dt} = k_1 N_A - k_2 N_B = -(-k_1 N_A + k_2 N_B) = -\frac{dN_A}{dt}$$

Somit gilt

$$N_B = -N_A + C_1$$

$$(C_1 = \text{Integrationskonstante})$$

Einsetzen von N_B in die erste Dgl.:

$$\frac{dN_A}{dt} = -k_1 N_A + k_2 \, (-N_A + C_1)$$

$$\frac{dN_A}{dt} + (k_1 + k_2) \, N_A = k_2 C_1$$

Nach der Methode der Variation der Konstanten erhalten wir wie in (17) bis (22)

$$N_A = C_1 \, \frac{k_2}{k_1 + k_2} + C_2 \, e^{-(k_1 + k_2)t}$$

$$N_B = C_1 - N_A = C_1 \, \frac{k_1}{k_1 + k_2} - C_2 \, e^{-(k_1 + k_2)t}$$

Anfangsbedingungen

Zur Zeit $t = 0$ sei $N_A = N_0$ und $N_B = 0$.

$$N_0 = C_1 \, \frac{k_2}{k_1 + k_2} + C_2$$

$$0 = C_1 \, \frac{k_1}{k_1 + k_2} - C_2$$

Daraus erhalten wir

$$C_1 = N_0 \qquad C_2 = N_0 \, \frac{k_1}{k_1 + k_2}$$

$$N_A = \frac{N_0 \, k_1}{k_1 + k_2} \left[\frac{k_2}{k_1} + e^{-(k_1 + k_2)t} \right]$$

$$N_B = \frac{N_0 \, k_1}{k_1 + k_2} \left[1 - e^{-(k_1 + k_2)t} \right]$$

N_A fällt also exponentiell ab, N_B steigt entsprechend an; für $t \to \infty$ wird $N_A = N_0 \cdot \dfrac{k_2}{k_1 + k_2}$, $N_B = N_0 \cdot \dfrac{k_1}{k_1 + k_2}$ bzw. $\dfrac{N_A}{N_B} = \dfrac{k_2}{k_1}$ (Gleichgewicht).

Abschnitt VI

Übungsaufgabe 1

a) Aus $V = v \cdot R \cdot T \cdot \dfrac{1}{p}$ folgt

$$p = \frac{v\,R}{V}\;T\,.$$

Wir nehmen einen festen Wert von V an (z.B. V = 100 l); dann ist p = f(T) die Gleichung der Niveaukurve für diesen Wert, also eine Gerade durch den Nullpunkt mit der Steigung $\dfrac{v \cdot R}{V}$

b) In Tab. 12 ist z für x $\geqslant$ 0, y $\geqslant$ 0 aufgeführt; wegen der quadratischen Abhängigkeit von x, y wird für die entsprechenden negativen Werte das gleiche z erhalten. Die Kurvenschardarstellungen z = f(x) und z = f(y) (Abb. 38) sind identisch. Die Funktionswerte sind an allen Stellen, für die $x^2 + y^2 = r^2$ gilt, gleich e^{-r^2}, also unabhängig von x und y gleich groß: die Niveaukurven sind also Kreise mit dem Radius r um den Koordinatenursprung (Abb. 39). Ein räumliches Modell der Funktion ist in Abb. 40 dargestellt.

Tab. VIII 12: Wertetabelle der Funktion $z = e^{-(x^2 + y^2)}$

x	y									
	0,0	0,2	0,4	0,6	0,8	1,0	1,2	1,4	1,6	1,8
0,0	1,000	0,961	0,852	0,698	0,527	0,368	0,237	0,141	0,077	0,039
0,2	0,961	0,923	0,819	0,670	0,507	0,353	0,228	0,135	0,074	0,038
0,4	0,852	0,819	0,726	0,595	0,449	0,313	0,292	0,120	0,066	0,033
0,6	0,698	0,670	0,595	0,487	0,368	0,257	0,165	0,098	0,054	0,027
0,8	0,527	0,507	0,449	0,368	0,278	0,194	0,125	0,074	0,041	0,021
1,0	0,368	0,353	0,313	0,257	0,194	0,135	0,087	0,052	0,028	0,014
1,2	0,237	0,228	0,202	0,165	0,125	0,087	0,056	0,033	0,018	0,009
1,4	0,141	0,135	0,120	0,098	0,074	0,052	0,033	0,020	0,011	0,006
1,6	0,077	0,074	0,066	0,054	0,041	0,028	0,018	0,011	0,006	0,003
1,8	0,039	0,038	0,033	0,027	0,021	0,014	0,099	0,006	0,003	0,002

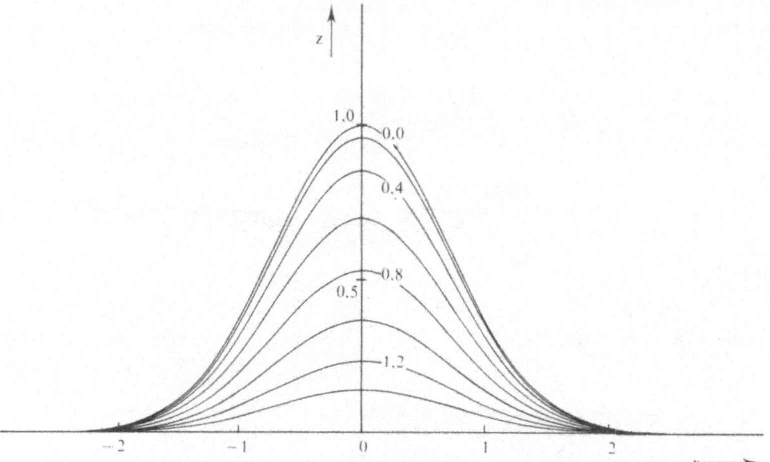

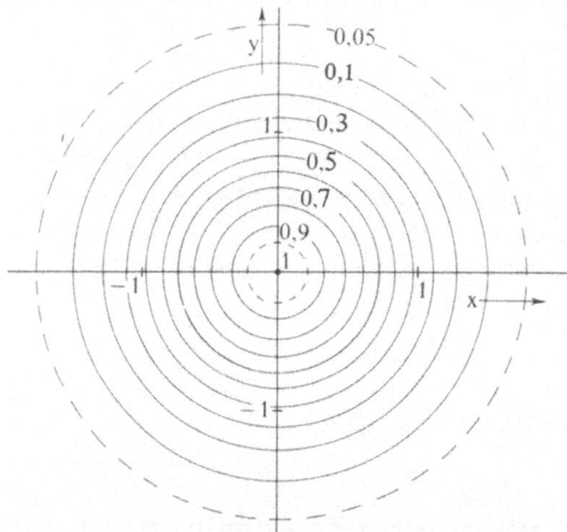

Abb. VIII 38
Kurvenschardarstellung von
$z = e^{-(x^2 + y^2)}$ für y = 0,0 0,2
0,4 0,6 0,8 1,0 1,2 1,4.

Abb. VIII 39
Niveaukurvendarstellung von
$z = e^{-(x^2 + y^2)}$ für z =
0,1 bis 0,9 im Abstand 0,1
(ausgezogen)
und für z = 0,05 und z = 0,95
(gestrichelt)

Abb. VIII 40
Räumliches Modell der Funktion
$z = e^{-(x^2 + y^2)}$. Die Kreise verbinden Punkte mit gleichen Werten
von z (Niveaukurven für z = 0,1
bis 0,9 im Abstand 0,1)

Übungsaufgabe 2

Wir geben für ψ einen bestimmten Wert vor, variieren r und berechnen nach (4a) die jeweils zugehörigen Werte von ϑ ; nach (4a) gilt

$$\vartheta = \text{arc cos} \left(\frac{r_0}{r} \; e^{\frac{r}{2r_0}} \; \psi/A \right).$$

Für r dürfen nur Werte $r \geqslant 0$ eingesetzt werden, für die der Klammerausdruck kleiner als 1 wird (sonst ist die arccos-Funktion nicht definiert). Abb. VI 6 entsteht, wenn die so erhaltenen Werte ϑ in Abhängigkeit von r aufgetragen werden (Tab. 13 für $\frac{\psi}{A} = 0,2$).

Damit wird zunächst nur die rechte Hälfte von Abb. VI 6 erhalten; da es nach Abb. VI 7 gleichgültig ist, ob wir ϑ in Richtung der positiven oder der negativen x-Achse auftragen, ergibt sich die linke Hälfte als spiegelsymmetrische Ergänzung. Denken wir uns die Kurve in Abb. VI 6 um die z-Achse gedreht, dann gelangen wir zu Abb. VI 5.

Tabelle VIII 13: Wertetabelle für die Niveaufläche in Abb. VI 6 mit $\psi/A = 0,2$.

$\dfrac{r}{r_0}$	$\dfrac{\vartheta}{\text{grad}}$	$\dfrac{x}{r_0}$	$\dfrac{z}{r_0}$
0,5	59	0,43	0,26
1,0	71	0,94	0,33
1,5	74	1,44	0,42
2,0	74	1,93	0,54
2,5	74	2,40	0,70
3,0	73	2,86	0,90
3,5	71	3,31	1,15
4,0	68	3,72	1,48
4,5	65	4,08	1,90
5,0	61	4,37	2,44
5,5	55	4,52	3,13
6,0	48	4,46	4,02
6,5	38	3,96	5,16
7,0	19	2,27	6,62

Statt von (4a) können wir auch von (4) ausgehen und $y = 0$ (Schnitt durch xz-Ebene) setzen; Auflösen nach $\dfrac{x}{r_0}$ ergibt

$$\frac{x}{r_0} = \pm \sqrt{4\left(\ln \frac{\psi}{A}\ \frac{r_0}{z}\right)^2 - \left(\frac{z}{r_0}\right)^2}$$

Tragen wir $\dfrac{x}{r_0}$ in Abhängigkeit von $\dfrac{z}{r_0}$ auf (Tab. 13), dann erhalten wir ebenfalls die Figur in Abb. VI 6.

Übungsaufgabe 3

Drehung um die x-Achse: $x' = x \quad y' = -z \quad z' = y$

$$\psi' = e^{-\frac{1}{2r_0}\sqrt{x^2 + z^2 + y^2}}\ \frac{y}{r_0} = \frac{r}{r_0}\ e^{-\frac{1}{2r_0}} \sin \vartheta \sin \varphi.$$

Drehung um die y-Achse: $\quad x'' = -z \quad y'' = y \quad z'' = x$

$$\psi'' = e^{-\frac{1}{2r_0}\sqrt{z^2 + y^2 + x^2}}\ \frac{x}{r_0} = \frac{r}{r_0}\ e^{-\frac{r}{2r_0}} \sin \vartheta \cos \varphi.$$

Übungsaufgabe 4

$$\left(\frac{\partial \psi}{\partial x_1}\right)_{x_2} = \frac{\pi}{L}\ \cos\left(\frac{\pi}{L}\ x_1\right)\sin\left(\frac{2\pi}{L}\ x_2\right) + \frac{2\pi}{L}\ \cos\left(\frac{2\pi}{L}\ x_1\right)\sin\left(\frac{\pi}{L}\ x_2\right)$$

$$\left(\frac{\partial \psi}{\partial x_2}\right)_{x_1} = \frac{2\pi}{L}\ \sin\left(\frac{\pi}{L}\ x_1\right)\cos\left(\frac{2\pi}{L}\ x_2\right) + \frac{\pi}{L}\ \sin\left(\frac{2\pi}{L}\ x_1\right)\cos\left(\frac{\pi}{L}\ x_2\right).$$

Damit erhalten wir die Bestimmungsgleichungen

$$\cos \frac{\pi}{L}\ x_1 \sin \frac{2\pi}{L}\ x_2 + 2 \cos \frac{2\pi}{L}\ x_1\ \sin \frac{\pi}{L}\ x_2 = 0$$

$$2 \sin \frac{\pi}{L}\ x_1\ \cos \frac{2\pi}{L}\ x_2 + \sin \frac{2\pi}{L}\ x_1 \cos \frac{\pi}{L}\ x_2 = 0$$

Wir drücken $\sin \dfrac{2\pi}{L}\ x_1$, $\cos \dfrac{2\pi}{L}\ x_1$, $\sin \dfrac{2\pi}{L}\ x_2$ und $\cos \dfrac{2\pi}{L}\ x_2$ nach (I 54) durch den einfachen Winkel $\dfrac{\pi}{L}\ x_1$ bzw. $\dfrac{\pi}{L}\ x_2$ aus und erhalten mit

$$A = \sin \frac{\pi}{L}\ x_1, \quad B = \sin \frac{\pi}{L}\ x_2$$

$$\sqrt{1 - A^2}\ 2B\ \sqrt{1 - B^2} + 2(1 - 2A^2)\,B = 0$$

$$2A(1 - 2B^2) + 2A\ \sqrt{1 - B^2}\ \sqrt{1 - A^2} = 0$$

Auflösung nach A und B

$$A = 0; \quad A = \pm \sqrt{\frac{2}{3}} = \pm\, 0{,}817; \quad B = 0; \quad B = \pm \sqrt{\frac{2}{3}} = \pm\, 0{,}817$$

Diese Lösungen ergeben im Bereich $0 \leqslant x \leqslant L$

$$x_1 = 0 \qquad x_1 = 0{,}304\,L \qquad x_1 = 0{,}696\,L \qquad x_1 = L$$

$$x_2 = 0 \qquad x_2 = 0{,}304\,L \qquad x_2 = 0{,}696\,L \qquad x_2 = L$$

Nach Abb. VI 4 entspricht die Kombination $x_1 = 0{,}304 \cdot L$, $x_2 = 0{,}304 \cdot L$ einem Maximum, die Kombination $x_1 = 0{,}696 \cdot L$, $x_2 = 0{,}696 \cdot L$ einem Minimum der Funktion ψ; die übrigen Kombinationen stellen keine Extremstellen dar.

Übungsaufgabe 5

Nach (20) gilt

$$\left(\frac{\partial \ln P}{\partial n_1}\right)_{n_2,n_3 \,\ldots} = 0$$

$$\left(\frac{\partial \ln P}{\partial n_2}\right)_{n_1,n_3 \,\ldots} = 0$$

$$\left(\frac{\partial \ln P}{\partial n_i}\right)_{n_1,n_2,n_{i-1},n_{i+1},\,\ldots} = 0$$

Nach (28a) ist somit

$$-\ln n_i = 0$$

$$n_i = 1$$

Es müßte also unter diesen Voraussetzungen jedes Energieniveau mit 1 Teilchen besetzt sein (das bedeutet, daß sowohl Teilchenanzahl wie Gesamtenergie unendlich groß sein müßten).

Übungsaufgabe 6

$$A = \cfrac{1}{\displaystyle\int\limits_{-\infty}^{+\infty} \int\limits_{-\infty}^{+\infty} \int\limits_{-\infty}^{+\infty} e^{-\frac{1}{r_0}\sqrt{x^2 + y^2 + z^2}} \left(\frac{z}{r_0}\right)^2 dx\, dy\, dz}$$

Dieses Integral können wir nicht wie in (38) in Einfachintegrale aufspalten, weil wir den Integranden nicht in Faktoren zerlegen können, die jeweils nur von 1 Variablen abhängen. Ähnlich wie bei $z = e^{-(x^2 + y^2)}$ können wir aber das Raumelement so wählen, daß sich die Aufspaltung dennoch durchführen läßt. Nach Abb. 41 wählen wir ein Volumenelement mit den Kantenlängen dr, $r \cdot d\vartheta$ und $r \cdot \sin\vartheta \cdot d\varphi$, wobei r von 0 bis ∞, ϑ von 0 bis π und φ von 0 bis 2π läuft. Dann ist

$$I = \int\limits_{x=-\infty}^{+\infty} \int\limits_{y=-\infty}^{+\infty} \int\limits_{z=-\infty}^{+\infty} e^{-\frac{1}{r_0}\sqrt{x^2 + y^2 + z^2}} \left(\frac{z}{r_0}\right)^2 dx\, dy\, dz$$

$$= \int\limits_{r=0}^{\infty} \int\limits_{\vartheta=0}^{\pi} \int\limits_{\varphi=0}^{2\pi} e^{-\frac{r}{r_0}}\left(\frac{r}{r_0}\right)^2 \cos^2\vartheta\, dr\, r\, d\vartheta\, r\sin\vartheta\, d\varphi$$

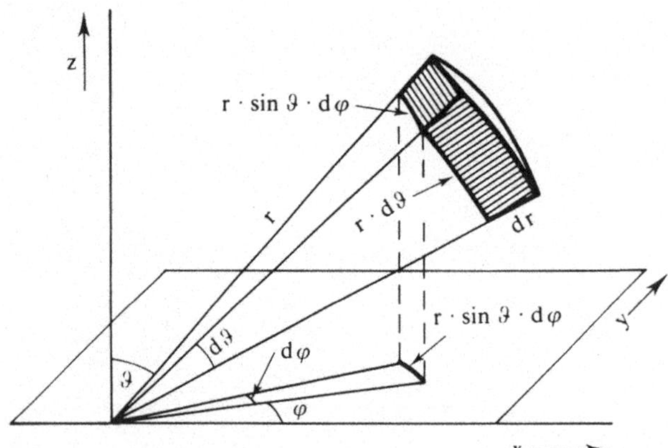

Abb. VIII 41
Volumenelement bei
Verwendung räumlicher
Polarkoordinaten.

Dieser Integrand stellt ein Produkt dar, dessen Faktoren jeweils nur von r, ϑ und φ abhängen.

$$I = \left[\int\limits_0^\infty \frac{1}{r_0^2} r^4\, e^{-\frac{r}{r_0}}\, dr\right] \left[\int\limits_0^\pi \cos^2\vartheta \sin\vartheta\, d\vartheta\right]\left[\int\limits_0^{2\pi} d\varphi\right]$$

$$= \left[r_0^3\, 4!\right]\left[\frac{2}{3}\right]\left[2\pi\right] = 32\,\pi\, r_0^3$$

Damit wird

$$A = \frac{1}{4\sqrt{2\pi\, r_0^3}}$$

Wir können natürlich auch versuchen, das Integral in der ursprünglichen Form zu lösen, ohne in einzelne Faktoren aufzuspalten:

$$I = \int\limits_{z=-\infty}^{+\infty} \left(\frac{z}{r}\right)^2 \left\{ \int\limits_{y=-\infty}^{+\infty} \left[\int\limits_{x=-\infty}^{+\infty} e^{-\frac{1}{r_0}\sqrt{x^2+y^2+z^2}}\, dx \right] dy \right\} dz$$

Wir müßten jetzt zuerst das Integral in der eckigen Klammer berechnen (y und z sind dabei wie Konstante zu behandeln), das Resultat (das nur noch von y und z abhängt) in die geschweifte Klammer einsetzen und entsprechend weiter zu verfahren. Das Ganze scheitert in diesem Falle nur daran, daß sich bereits das Integral über x nicht analytisch lösen läßt.

Übungsaufgabe 7

Nach (55) ist $\nu = \dfrac{1}{2}\sqrt{\dfrac{K}{L\,m}}\, n$

$$K = 10\ kp = 9{,}81\ 10^6 g\ cm/s^2$$

$$m = V\,\rho = 1\ m\ \pi\ 0{,}05^2\ cm^2\ 8\ g/cm^3 = 6{,}28\ g$$

$$\nu = \frac{1}{2}\sqrt{\frac{9{,}81\ 10^6 g\ cm/s^2}{100\ cm\ 6{,}3\,g}}\ n = n\ 62{,}4\ s^{-1} = n\ 62{,}4\ Hz$$

Die Saite schwingt also mit $62{,}4\ Hz$; $124{,}8\ Hz \ldots$

Abschnitt VII

Übungsaufgabe 1

1. $x_1^2 - 2 = 0$ bzw. $y = x^2 - 2$

Die Nullstelle liegt zwischen $x = 0$ und $x = 2$; mit diesen Werten nähern wir nach dem Newtonschen Verfahren weiter an (Tab. 14); wir erhalten $x = 1{,}4142$.

2. Aus der Kurvendiskussion II 73 wissen wir, daß die Nullstelle bei $x = -2$ eine doppelte Nullstelle ist. Wir nähern nach der Regula falsi und nach dem Newtonschen Verfahren (Tab. 15) an. Vor allem die Regula falsi konvergiert in diesem Fall sehr langsam.

Tab. VIII 14: Annäherung von $x_{P3} = \sqrt{2}$ nach dem Newtonschen Verfahren (Bedeutung der Symbole siehe Abb. VII 3).

	x_{P2}	y_{P2}	y'_{P2}	x_{P3}
1	2,0000	2,0000	4,0000	1,5000
2	1,5000	0,2500	3,0000	1,4167
3	1,4167	0,0069	2,8333	1,4142
4	1,4142	0,0000	2,8284	1,4142
5	1,4142	0,0000	2,8284	1,4142

Tab. VIII 15: a) Nullstelle von $y = x^2 + 4x + 4$ nach der Regula falsi ($x_{P2} = 0{,}0$)

	x_{P1}	y_{P1}	x_{P3}
1	-1,0000	1,0000	-1,3333
2	-1,3333	0,4444	-1,5000
3	-1,5000	0,2500	-1,6000
4	-1,6000	0,1600	-1,6667
5	-1,6667	0,1111	-1,7143
6	-1,7143	0,0816	-1,7500
7	-1,7500	0,0625	-1,7778
8	-1,7778	0,0494	-1,8000
9	-1,8000	0,0400	-1,8182
10	-1,8182	0,0331	-1,8333
11	-1,8333	0,0278	-1,8462
12	-1,8462	0,0237	-1,8571
13	-1,8571	0,0204	-1,8667
14	-1,8667	0,0178	-1,8750
15	-1,8750	0,0156	-1,8824
16	-1,8824	0,0138	-1,8889
17	-1,8889	0,0123	-1,8947
18	-1,8947	0,0111	-1,9000
19	-1,9000	0,0100	-1,9048
20	-1,9048	0,0091	-1,9091
21	-1,9091	0,0083	-1,9130
22	-1,9130	0,0076	-1,9167
23	-1,9167	0,0069	-1,9200
24	-1,9200	0,0064	-1,9231
25	-1,9231	0,0059	-1,9259
26	-1,9259	0,0055	-1,9286
27	-1,9286	0,0051	-1,9310
28	-1,9310	0,0048	-1,9333
29	-1,9333	0,0044	-1,9355
30	-1,9355	0,0042	-1,9375

Tab. VIII 15: b) Nullstelle von $y = x^2 + 4x + 4$ nach dem Newtonschen Verfahren

	x_{P2}	y_{P2}	y'_{P3}	x_{P3}
1	0,0000	4,0000	4,0000	-1,0000
2	-1,0000	1,0000	2,0000	-1,5000
3	-1,5000	0,2500	1,0000	-1,7500
4	-1,7500	0,0625	0,5000	-1,8750
5	-1,8750	0,0156	0,2500	-1,9375
6	-1,9375	0,0039	0,1250	-1,9688
7	-1,9688	0,0010	0,0625	-1,9844
8	-1,9844	0,0002	0,0313	-1,9922
9	-1,9922	0,0001	0,0156	-1,9961
10	-1,9961	0,0000	0,0078	-1,9980
11	-1,9980	0,0000	0,0039	-1,9990
12	-1,9990	0,0000	0,0020	-1,9995
13	-1,9995	0,0000	0,0010	-1,9998
14	-1,9998	0,0000	0,0005	-1,9999
15	-1,9999	0,0000	0,0002	-1,9999

Übungsaufgabe 2

Wir teilen den Integrationsbereich in 4 Streifen der Breite $\frac{1}{4}$ ein und erhalten damit die Wertetabelle

n	x_n	y_n
0	0	0
1	$\frac{1}{4}$	0,500
2	$\frac{1}{2}$	0,707
3	$\frac{3}{4}$	0,866
4	1	1,000

Somit ist

$$F \approx \frac{1}{2} \frac{1}{4} [1,0 + 2 \cdot 2,073] = 0,643 \text{ nach } (13)$$

$$F \approx \frac{1}{3} \frac{1}{4} [1,0 + 2 \cdot 0,707 + 4 \cdot 1,366] = 0,656 \text{ nach } (16)$$

gegenüber dem genauen Wert

$$F = \left| \frac{2}{3} \cdot x^{3/2} \right|_0^1 = \frac{2}{3} = 0,667$$

Die Simpsonformel liefert hier einen etwas besseren Wert als die einfachere Formel (13).

IX. Anhang

Seite

$$\int x \cos x \, dx = x \sin x + \cos x \qquad\qquad 239$$

$$\int x^n \cos x \, dx = x^n \sin x - n \int x^{n-1} \sin x \, dx \qquad\qquad 240$$

$$\int (x + a) \sin(x^2 + 2ax + b) \, dx = -\frac{1}{2} \cos(x^2 + 2ax + b) \qquad\qquad 238$$

$$\int \sin x \cos x \, dx = \frac{1}{2} \sin^2 x \qquad\qquad 241$$

$$\int \sin nx \cos kx \, dx = \frac{1}{2}\left[\frac{-\cos(n+k)x}{n+k} - \frac{\cos(n-k)x}{n-k}\right] \qquad\qquad 238$$
$$k \neq n$$

$$\int \sin^2 x \, dx = \frac{1}{2}(x - \cos x \sin x) = \frac{1}{2}\left(x - \frac{1}{2}\sin 2x\right) \qquad\qquad 112$$

$$\int_0^T \sin^2 \frac{2\pi}{T}\, t \, dt = \frac{1}{2} T \qquad\qquad 112$$

$$\int \cos^2 x \, dx = \frac{1}{2}(x + \cos x \sin x) = \frac{1}{2}\left(x + \frac{1}{2}\sin 2x\right) \qquad\qquad 101$$

$$\int \sin x \sin 2x \, dx = -\frac{2}{3}\sin x \cos 2x + \frac{1}{3}\cos x \sin 2x \qquad\qquad 241$$

$$\int \sin nx \sin kx \, dx = \frac{1}{2}\left[\frac{-\sin(n+k)x}{n+k} + \frac{\sin(n-k)x}{n-k}\right] \qquad\qquad 237$$
$$k \neq n$$

$$\int \sin^2 x \cos x \, dx = \frac{1}{3}\sin^3 x \qquad\qquad 238$$

$$\int \arcsin x \, dx = x \arcsin x + \sqrt{1 - x^2} \qquad\qquad 240$$

$$\int x\, e^{-x} \, dx = -e^{-x}(x + 1) \qquad\qquad 101$$

$$\int e^{ax} \, dx = \frac{1}{a} e^{ax} \qquad\qquad 99$$

$$\int x^2\, e^{-x} \, dx = e^{-x}(-x^2 - 2x - 2) \qquad\qquad 240$$

2. Zusammenstellung der graphisch dargestellten Funktionen

Seite

$$y = \frac{1}{\cos^2 x}$$ 95

$$z = \sin ax \cdot \sin by + \sin bx \cdot \sin ay$$ 157

$$y = \operatorname{tg} x, \quad y = \operatorname{ctg} x$$ 41

$$y = \operatorname{sh} x, \quad y = \operatorname{ch} x$$ 44, 45, 209

$$y = \arc \sin x$$ 43

$$y = \operatorname{cth} x - \frac{1}{x}$$ 231

3. Häufig benötigte Zahlenwerte

$$\pi = 3{,}141\ 592\ 654$$
$$e = 2{,}718\ 281\ 828$$
$$\ln 10 = 2{,}302\ 585\ 093$$
$$\lg e = 0{,}434\ 294\ 482$$
$$\pi^2 = 9{,}869\ 604$$
$$\pi^3 = 31{,}006\ 276$$
$$\pi^4 = 97{,}409\ 091$$
$$e^2 = 7{,}389\ 056$$
$$e^3 = 20{,}085\ 536$$
$$e^4 = 54{,}598\ 150$$

x	$\sqrt{x}$	$\sqrt[3]{x}$	2^x	e^x	$\ln x$	$\lg x$	$x!$
1	1,000	1,000	2	2,7	0,0000	0,0000	1
2	1,414	1,260	4	7,4	0,6931	0,3010	2
3	1,732	1,442	8	20,1	1,0986	0,4771	6
4	2,000	1,587	16	54,6	1,3863	0,6021	24
5	2,236	1,710	32	148,4	1,6094	0,6990	120
6	2,449	1,817	64	403,4	1,7918	0,7782	720
7	2,646	1,913	128	1096,6	1,9459	0,8451	5040
8	2,828	2,000	256	2981,0	2,0794	0,9031	40320
9	3,000	2,080	512	8103,1	2,1972	0,9542	362880
10	3,162	2,154	1024	22026,5	2,3026	1,0000	3628800
π	1,772	1,465	8,825	23,141	1,1447	0,4971	—
e	1,649	1,396	6,581	15,154	1,0000	0,4343	—

4. Literatur

Lehrbücher

E. Asmus: Einführung in die höhere Mathematik, De Gruyter, Berlin 1969.

B. Baule: Die Mathematik des Naturforschers und Ingenieurs, Band 1 bis 8, S. Hirzel, Leipzig 1966—1970.

G. Heber: Mathematische Hilfsmittel der Physik, Viewieg, Braunschweig 1968.

B. Hornfeck: Einführung in die Mathematik, De Gruyter, Berlin 1970.

A. Jeffrey: Mathematik für Naturwissenschaftler und Ingenieure, Verlag Chemie/Physik, Weinheim 1973.

Joos-Richter: Höhere Mathematik für den Praktiker, J. A. Barth, Leipzig 1968.

D. Kleppner, N. Ramsey: Lehrprogramm Differential- und Integralrechnung, Verlag Chemie, Weinheim 1972.

S. G. Krein, V. N. Uschakowa: Vorstufe zur höheren Mathematik, Vieweg Verlag, Braunschweig 1968.

D. Laugwitz: Ingenieur-Mathematik, Band I bis IV, Bibliographisches Institut, Mannheim 1964—1967.

R. Mackie, T. M. Shephard, C. A. Vincent: Mathematical Methods for Chemists, The English University Press, London 1972.

C. Perrin: Mathematics for Chemists, Wiley-Interscience, New York, London, Sydney, Toronto 1970.

G. Scheffers: Lehrbuch der Mathematik, De Gruyter, Berlin 1963.

B. Schramm: Grundlagen der Mathematik für Naturwissenschaftler, Verlag Chemie, Physik-Verlag, Weinheim 1974.

H. Sirk, M. Draeger: Mathematik für Naturwissenschaftler, Verlag Th. Steinkopff, Dresden 1972.

W. I. Smirnow: Lehrgang der höheren Mathematik, VEB Deutscher Verlag der Wissenschaften, Berlin 1971—1973.

J. Spoerel: Mathematik von der Schule zur Hochschule, De Gruyter, Berlin 1966.

F. H. Young: Grundlagen der Mathematik, Verlag Chemie, Weinheim 1973.

H. G. Zachmann: Mathematik für Chemiker, Verlag Chemie, Weinheim 1972.

Tabellenwerke

M. Abramowitz, I. A. Stegun: Handbook of Mathematical Functions, Dover Publ., New York 1964.

I. N. Bronstein, K. A. Semendjawew: Taschenbuch der Mathematik, Verlag Harri Deutsch, Zürich und Frankfurt 1973.

W. Gröbner, N. Hofreiter: Integraltafel, Teil I und II, Springer Verlag Wien 1961 und 1965.

F. Lösch: Siebenstellige Tafeln der elementaren transzendenten Funktionen, Springer Verlag, Berlin 1954.

H. Netz, G. Arnold: Formeln der Mathematik, Westermann Verlag, Braunschweig 1975.

K. Rottmann: Mathematische Formelsammlung, Bibliographisches Institut, Mannheim 1962.

I. M. Ryshik, I. S. Gradstein: Summen-, Produkt- und Integraltafeln, VEB Deutscher Verlag der Wissenschaften, Berlin 1957.

STUDIENBÜCHER

NATURWISSENSCHAFT UND TECHNIK

Bände 1/2   Horst-Dietrich Dietze
             Grundkurs in theoretischer Physik

Band 3   Wolfgang Klose
             Kleine Einführung in die moderne Festkörperphysik

Band 4   Klaus Dietrich Kramer
             Elektronik-Praktikum

Band 5   Wolfgang Kraus
             Stereochemie und Reaktivität organischer Verbindungen

Band 6   Horst-Dieter Försterling
             Mathematik für Naturwissenschaftler

Band 7   Walter Ameling
             Laplace-Transformation

Band 10   Rainer Dirl / Peter Kasperkovitz
             Gruppentheorie
             Anwendungen in Festkörper- und Atomphysik

Bände 11/12 Walter Ameling
             Grundlagen der Elektrotechnik I / II

Band 13   Karl-August Hempel
             Werkstoffe der Elektrotechnik

STUDIENBÜCHER
NATURWISSENSCHAFT UND TECHNIK

Bände 14/15/   Theodor Lehmann
16/17   Elemente der Mechanik
   Einführung
   Elastostatik
   Kinetik
   Schwingungslehre und Prinzipe der Mechanik

Band 18   Hermann Rau
   Einführung in die physikalische Chemie

Band 19   Hans-Dieter Baehr
   Physikalische Größen und ihre Einheiten
   Eine Einführung
   für Studenten, Naturwissenschaftler und Ingenieure

Band 20   Klaus Gersten
   Einführung in die Strömungsmechanik

Band 22   I. B. Golowanow / A. K. Piskunow / N. M. Sergejew
   Elementare Einführung
   in die Quantenchemie und Quantenbiochemie

»vieweg